U0183018

MEDIA'S
FUNCTION

IN
JAPAN'S
DISASTER EVENTS

TAKING
THE MAJOR EARTHQUAKES
IN JAPAN SINCE
THE 20TH CENTURY AS EXAMPLES

日本灾害事件中的媒介功能

以 20 世纪以来日本重大地震为例

高昊

著

社会科学文献出版社
SOCIAL SCIENCES ACADEMIC PRESS (CHINA)

序　言

　　人类自诞生之日起，就有各种各样的灾害相伴随。人类在与各种灾害的抗争中不断谋求生存和发展，但从来就没有摆脱灾害，从地震、海啸、台风等自然灾害，到传染病爆发的疫病灾害，人类始终在同灾害进行抗争。2019 年底开始蔓延的新冠病毒便是一个显著的例子。如何应对灾害，是人类面临的永恒话题。

　　在应对灾害方面，人类一直重视信息传播所发挥的作用。从人际传播时代，到大众传媒时代，再到新媒体、融媒体时代，灾害信息传播的功能与作用越来越凸显。获取和传播灾害信息已经成为人们应对灾害的重要行动指南。灾害中正确、及时的进行信息传播，对于减灾救灾有积极作用；反之，则有可能带来流言、谣言的散播，甚至引发恐慌、暴动等恶劣的社会群体行为。因此，系统地研究灾害中的信息传播，让灾害信息传播更好地服务于防灾减灾有着重要的意义。

　　邻国日本，是一个自然灾害频发的国家，其媒介的灾害应急能力在世界范围内被广泛认可。日本媒介何以能具备如此能力，何以能发挥积极作用，与其长期应对各种灾害不无关联。基于此，本书作者从日本灾害史出发，选取 20 世纪以来日本发生的 6 次重大地震事件作为研究背景，以媒介功能论为理论框架，探究媒介在地震事件中传播信息的状况及功能的体现。在此基础上，本书还从媒介实践、媒介传播特征以及媒介功能论的视角，考察日本媒介在灾害事件中的功能定位及发展变化，并从中探寻那些对我国媒介应对灾害事件具有启示作用的经验。

　　本书所涉及的地震事件时间跨度较长，贯穿了不同媒介类型发展的阶段。从研究的角度而言，涉及大量日文资料的收集及处理工作，研究难度较大。在日本国际交流基金会日本研究项目的立项资助下，笔者以外国人研究员的身份前往日本早稻田大学新闻学院开展为期近1年的专职研究工作。在灾害传播研究专家、早稻田大学新闻学院院长濑川至朗教授的学术帮助下，作者凭借扎实的日语功底和刻苦的钻研精神，最终顺利完成研究工作。

本书作者通过分析和研究大量第一手日文资料，梳理出日本不同历史时期和媒介发展阶段，各类媒介在灾害事件过程中的具体表现和功能发挥。其中，既有经验性的总结，又有失败教训的分析。一方面，为我国新闻传播学界开展日本灾害信息传播研究提供了基础性的成果；另一方面，为我国新闻传播学界关于灾害信息传播提供了实践层面的参考。本书所总结的日本媒介在灾害事件中形成的应急机制，为我国灾害应急管理相关部门以及媒介机构提升灾害应急水平，提供了重要的参考依据。

2020年，整个人类社会仍受到新冠肺炎这一疫病灾害的影响，世界仍处于新冠肺炎的防控和应对时期。这再一次提醒我们要正确认知和应对灾害的重要性。就学术研究而言，灾害中的信息传播将成为学术界持续关注的研究议题。我希望此书的出版不仅仅能够为灾害信息传播实践和学术研究提供有价值的参考，更期盼能够对提升全社会应对灾害能力方面有所助益。

雷跃捷

中国传媒大学传播研究院教授

湖南大学新闻与传播学院特聘教授、岳麓学者

2020年11月于北京

目　录

第一章　绪论 ………………………………………………………… 001

第一节　研究缘起 ………………………………………………… 001

第二节　研究意义和学术价值 …………………………………… 003

第三节　研究内容 ………………………………………………… 004

第四节　研究方法 ………………………………………………… 006

第五节　研究难点和创新之处 …………………………………… 007

第二章　社会学视野下的灾害与媒介研究 ……………………… 010

第一节　三种视角下的灾害概念 ………………………………… 010

第二节　灾害社会信息理论：研究灾害媒介信息传播的路径 … 014

第三节　灾害情境下基于媒介功能论的理论分析框架 ………… 025

第四节　日本主要地震事件中媒介传播的相关研究…………… 033

第三章　印刷媒介时代：关东大地震中的媒介功能研究 …… 044

第一节　关东大地震概况及本章研究思路 ……………………… 044

第二节　关东大地震与印刷媒介的发展 ………………………… 045

第三节　号外：震后非常时期信息传播的重要途径 …………… 048

第四节　逐步恢复中的报纸报道分析：以《东京日日新闻》为例 … 054

第五节　"朝鲜人虐杀"事件的报道分析 ……………………… 059

总　结　关东大地震中媒介功能之考察………………………… 062

第四章　电子媒介时代（1）：东南海地震、三河地震中的媒介功能

研究……………………………………………………………………… 068

第一节　被隐藏的地震——东南海地震、三河地震……………………… 068

第二节　关东大地震后日本媒介发展的主要特征………………………… 069

第三节　东南海地震及三河地震中媒介传播的研究思路及方法……… 084

第四节　东南海地震、三河地震中的报纸报道分析……………………… 086

第五节　广播媒体有关地震的报道情况…………………………………… 096

总　结　东南海地震和三河地震中媒介功能之考察…………………… 098

第五章　电子媒介时代（2）：新潟地震中的媒介功能研究………… 104

第一节　新潟地震概要……………………………………………………… 104

第二节　太平洋战争后日本媒介发展的主要特征………………………… 105

第三节　新潟地震中大众媒介功能的研究思路与方法…………………… 108

第四节　新潟地震中的报纸报道分析……………………………………… 111

第五节　新潟地震中的广播电视报道分析………………………………… 121

总　结　新潟地震中的媒介功能之考察………………………………… 132

第六章　多媒体时代：阪神大地震的媒介功能研究…………………… 141

第一节　阪神大地震概要及本章研究思路………………………………… 141

第二节　阪神大地震发生时的媒介环境特征……………………………… 142

第三节　阪神大地震中的报纸报道分析…………………………………… 148

第四节　阪神大地震中的广播电视媒介分析……………………………… 155

第五节　新媒介形式在阪神大地震中崭露头角…………………………… 164

总　结　多媒体环境下灾害中媒介功能的考察………………………… 171

第七章　媒介融合时代：东日本大地震中的媒介功能研究………… 178

第一节　东日本大地震概要及本章研究思路……………………………… 178

第二节　东日本大地震发生时的媒介环境特征…………………………… 180

第三节　东日本大地震中的报纸报道分析………………………………… 186

　　第四节　东日本大地震中的广播电视报道分析 ……………………… 197
　　第五节　东日本大地震中的新媒介与媒介融合 ………………………… 210
　　总　结　东日本大地震中的媒介功能之考察 …………………………… 222

第八章　日本灾害事件中媒介功能的变迁及媒介传播实践的启示 ……… 233
　　第一节　日本灾害事件中媒介功能变迁的考察 ………………………… 233
　　第二节　日本灾害事件中媒介信息传播实践的启示 …………………… 251

参考文献 ……………………………………………………………………… 265

后　记 ………………………………………………………………………… 276

第一章　绪论

第一节　研究缘起

灾害，是人类长期面临的一个永恒的现象。自古以来，人们都在寻找避免灾害、应对灾害的各种方式。这在我国古代的神话传说中可见一斑，无论是"后羿射日"，还是"大禹治水"，都讲述了人们试图找寻解决自然灾害对人类生产、生活影响的方法。虽说是神话故事，但从一个侧面也反映出早期的人类已经开始对灾害展开了研究，其研究的目的也不外乎减少、避免灾害带来的负面影响。

科学技术的进步给人们的生产和生活带来了巨大变化。然而，从某种意义上而言，科学技术的进步是在人类解决所面临的各种问题的基础上得以实现的，解决问题的过程实际上就是一种研究的过程。随着研究的不断深入和体系化发展，更加科学的、完善的学科体系得以建立，继而能够更加有效地指导人们的生产和生活。对灾害的研究也是如此，我国古代的先贤们，面对各种自然灾害，研究出了种种应对办法，如：为控制岷江水害，秦昭王末年秦国蜀郡太守李冰及其子，于公元前256年至前251年修建大型水利工程都江堰，在抵御水利灾害、实现有效灌溉等方面发挥了巨大的作用；东汉时期的张衡，面对东汉时期因多次发生的地震而引起的重大损失，经过多年研究，于公元132年发明了世界上第一架地震仪——候风地动仪，对人们能够及时知道地震发生时间、确定地震发生的大致方位发挥了积极的作用。

早期人类对灾害的研究，往往是在自然科学领域减少灾害对人们造成的消极影响，以确保人们正常的生产和生活，而在社会科学领域对灾害开展研究时间则相对较晚。直至 20 世纪 20 年代，人们才开始从社会科学的视角去关注灾害，主要关注灾害与社会的关系。经过几代人的不懈努力，灾害社会学作为一个学科分支逐渐受到学界的关注和肯定。

灾害的发生，往往伴随一定的物理性变化，使原有的社会系统发生不同程度的变化甚至遭到破坏。面对短时间内突然发生的社会系统的变化，与灾害相关的各种信息则成为人们在灾害情境下采取恰当行为的重要指南。有关灾害的信息正确、及时地传播，对于挽救灾害带来的损失、确保人员避免伤亡等方面具有重要的意义；反之，则会带来社会系统的大混乱，最直接的表现就是流言、谣言传播导致的恐慌等集群行为的发生。基于灾害信息传播的重要性，灾害中的信息传播活动也日益成为学界研究的焦点，这在早期的灾害社会学研究中也得以体现，即关注人们在灾害中的心理状态、灾害中的行为和活动，也是灾害社会信息理论路径的雏形。从 20 世纪50 年代起，以西方灾害社会学家为代表的研究者们越来越多地关注灾害中的信息传播活动，关注灾害与媒介的关系，关注媒介在灾害信息中的功能和定位，进而使灾害信息理论得以充分地发展。

在东方，与我国一衣带水的日本，因其地理和环境等特殊因素，是世界上公认的自然灾害大国。在长期应对各种自然灾害实践经验的基础上，日本灾害自然科学和社会科学研究均处于世界前列。就灾害社会科学研究而言，20 世纪 70 年代以后，在学习西方灾害社会学研究的基础上，日本结合本国实际，强化了灾害社会信息传播方面的研究，并将其发展成为灾害信息学的分支学科。从实践层面来看，日本的媒介在历次重大自然灾害事件中，在灾害信息传播层面积累了大量的宝贵经验。纵观日本媒介发展的进程，20 世纪以来的日本灾害史与媒介发展史有着密切的关系。重大灾害事件的发生，一方面是对处于不同发展阶段的媒介功能的检验；另一方面通过灾害中信息传播的实践经验和教训，反过来提升媒介应对灾害事件的能力，从而进一步丰富和完善媒介功能。

从古至今，我国也一直未能避免各种自然灾害的侵蚀。就近现代而言，唐山大地震、邢台地震、汶川地震、玉树地震、雅安地震等重大自然灾害，给人们的生活和生产带来了严重的破坏。而我国学界真正开始广泛关注灾害事件中媒介信息传播活动，是在 2008 年四川汶川地震以后。从灾害信息传播的实践层面来看，我国媒介尚存在一定的改善和发展的空间。

基于灾害信息传播活动在灾害事件中的重要性，以及邻国日本的媒介在灾害中的多年实践状况，本书通过考察日本灾害史上几次重大的灾害事件中媒介所发挥的功能，一方面梳理出日本作为世界上媒介较为发达的国家，其媒介在历次灾害事件中的功能发挥情况及其变迁轨迹；另一方面，在灾害事件中媒介功能发展变迁的基础上，总结出对我国灾害事件中媒介信息传播有益之处。

第二节　研究意义和学术价值

一　理论层面的意义和价值

第一，灾害事件中媒介信息传播的研究不单单是新闻传播学领域的研究问题，而且涉及社会科学诸多领域的问题。本书将对日本 20 世纪以来重大地震中有关媒介传播的研究置于灾害社会学理论的背景下，在对灾害情境下的媒介传播具体活动进行分析之前，系统地对灾害社会学及灾害社会学重要理论路径的发展变迁过程进行梳理。一方面，为后续研究提供一定的文献参考价值；另一方面，为本书的研究提供理论支撑。

第二，在对重大地震事件中的媒介传播活动进行分析之时，将媒介社会功能理论作为分析的理论框架。一方面梳理出不同灾害事件中媒介功能在灾害时间中的具体呈现；另一方面透过不同的历史阶段，考察媒介理论中所涉及的各个媒介功能的"变"与"不变"，一定程度上对媒介功能在灾害情境下的适用性进行验证，为媒介功能理论的后续研究和发展提供参照。

第三，本书所选取的地震事件都是在日本灾害史上具有较大影响力的事件。通过对这些事件中媒介灾害信息传播活动的研究和分析，虽不能完全还原日本 20 世纪以来灾害信息传播的全貌，但是这些具有代表意义的

"碎片"有一定的时间跨度，在某种程度上能够还原日本灾害信息传播的总体发展趋势，为进一步研究日本灾害媒介信息传播提供参考。

第四，本书中涉及的几次地震事件，尤其是 20 世纪初期的地震事件，以媒介的视角进行研究的成果仍不多。本书直接对历史年代时间较为久远的一手资料进行整理和分析，形成的研究成果具有一定的文献价值。

二 实践层面的意义和价值

第一，本书选取的灾害事件发生时间跨度较大，从 1923 年至 2011 年近 90 年的时间段中，媒介在灾害事件中的信息传播能力和水平也有所提升。在本书梳理的过程中，可以看出媒介在灾害事件中功能变迁的整个过程，一些具体的应对措施、策略的实施背景和原因都得以呈现。日本灾害信息传播发展的历程，对于我国新闻传播实践领域构建灾害信息传播体系，以及提升灾害信息传播水平方面都具有直接的参考意义和价值。

第二，本书选取的灾害事件虽然以日本自然灾害中最常见的地震为主，但是能体现日本媒介在灾害事件中的应变能力、信息传播的整体思路与框架，并在历史过程中呈现发展、变化的趋势。这些经验性的总结，不仅对于其他自然灾害事件中媒介信息传播具有借鉴之处，而且部分内容对于其他类型突发事件的信息传播实践亦有参考价值。

第三节 研究内容

本书共由八章内容构成，其中第一章为"绪论"，主要对日本灾害事件中媒介功能变迁的研究缘起、研究意义与价值、研究内容、研究方法及研究难点和创新之处进行概述。第二章为"社会学视野下的灾害与媒介研究"，是本书的基础理论及核心概念的文献综述章节，主要包括：从三种视角对灾害这一核心概念进行辨析；概述社会学视野下的灾害媒介信息研究进程及灾害社会学的主要理论路径；着重阐述与本书直接相关的灾害社会学重要路径之一的信息理论路径的发展历程、研究对象及研究内容；从社会功能论的视角，梳理媒介社会功能理论的发展历程，并将其放置灾害事件的情境下，勾勒本书分析的主要理论框架。第三章为"印刷媒介时代：关东大地震中的媒介功能研究（1923）"，本章是以 1923 年发生于日本关东地区的重大地震，即关东大地震为灾害事件的背景，结合当时的媒介发展背景，选取在该地震中唯一未中断发行的报纸《东京日日新闻》作为主要研究对象，分析处于印刷媒介时代背景下的大众媒介的功能发挥。第四章为"电子媒介时代（1）：东南海地震、三河地震中的媒介功能研究（1944、1945）"，本章选取太平洋战争时期发生于日本的两次重大地震作为研究背景，考察已经步入电子媒介时代发展第一阶段，即广播媒介时代背景之下的日本媒介，如何在地震中发挥功能，并结合当时的战争时代特殊背景，考察战争对灾害事件中信息传播的影响。第五章为"电子媒介时代（2）：新潟地震中的媒介功能研究（1964）"，选取发生于 1964 年的新潟地震作为研究背景。新潟地震发生时距离二战结束已有近 20 年，日本媒介发展也步入电子媒介时代的另一阶段——电视媒介时代。本章主要考察处于这一时代背景下的包括报纸、广播和电视在内的日本大众媒介在地震中的功能发挥。第六章为"多媒体时代：阪神大地震中的媒介功能研究（1995）"，选取处于多媒体时代发端期发生的阪神大地震为研究背景，考察在多媒体时代的情景下，既有的报纸、广播、电视等大众媒介在灾害中的信息传播所产生的变化，以及出现的新兴媒介形式是如何在灾害中崭露头角的。第七章为"媒介融合时代：东日本大地震中的媒介功能研究（2011）"，选取发生于 2011 年的东日本大地震作为研究背景。2011 年，包括日本在内的世界国家的媒介已经步入融合发展的阶段。本章主要考察在灾害事件中，传统媒体是如何继续发挥功能，新兴媒体是如何在灾害中发挥作用，以及传统媒体与新兴媒体在灾害事件中又是如何相融合、共同发挥作用的。第八章为"日本灾害事件中媒介功能的变迁及媒介传播实践的启示"，一方面在第三章至第七章的研究结论基础上，梳理出日本灾害事件中媒介功能变化的主要特征及变化的主要原因，并基于灾害社会学理论，归纳总结在灾害情景下不同媒介所发挥的功能本质属性。另一方面，基于前文的研究，概要式归纳出日本媒介在灾害信息传播实践层面值得我国借鉴的经验。

第四节　研究方法

一　研究方法概述

本书主要采用了文献研究法、内容分析法、个案研究法及比较研究法等研究方法。

1. 文献研究法

文献研究法贯穿整书的研究过程，大量的第一手文献资料是本书得以开展的重要基础。本书所使用的文献主要集中在以下几个方面。一是与灾害社会学、媒介功能理论相关的研究文献，这一方面的文献成为本书的理论基础。二是对各次地震发生时与日本媒介发展背景相关的文献梳理，这部分文献主要来源于日本新闻传播史、各媒体发展史等史料，以及各媒体在不同地震中活动的回顾总结性资料。三是各次地震中媒介信息传播的先行研究文献，本书在部分参照前人研究成果的基础上，对尚未涉及的部分内容进行补充研究。

2. 内容分析法

本书以分析各次地震发生时媒介信息传播情况作为主要的立足点。考虑所收集到的第一手媒介资料的现实状况及内容分析法的可操作性，本书对部分纸质媒体的地震信息传播情况研究采用了内容分析法。通过一段时期内媒介对地震报道量的变化及呈现的内容倾向变化，总结媒介在灾害事件中所发挥的功能特征。

3. 个案研究法

由于本书涉及众多的媒介形式，考虑内容分析法在操作层面有一定的难度，对部分媒介的信息传播活动研究采用了个案研究的方法。选择灾害事件中具有典型意义的媒体及其报道形式作为个案，如评论、连续报道、主题报道等，进行深入分析，由此总结媒介在灾害事件中的功能发挥状况。

4. 比较研究法

本书的最终落脚点是梳理出日本灾害事件中媒介功能的发展变迁，并透过其变化发展的特征归纳总结对我国媒介灾害信息传播活动有益之处。因此，本书一方面采用了纵向比较研究的思路，即比较日本历次地震中媒介信息传播的异同点，从而总结媒介信息传播发展变化的轨迹；另一方面，在总结值得借鉴的经验时，采用了横向比较研究的思维，在我国灾害信息传播发展现状的基础上，归纳日本灾害信息传播中可供我国借鉴的经验。

二　具体研究方案与思路

由于本书所选取的历次日本重大地震事件在时间跨度方面较大，不同的时代背景之下的媒介发展阶段和层次也有所区别，在具体的研究方案和思路设计方面有所区别。本书将在相关章节中分别阐述具体的研究方案与思路。

第五节　研究难点和创新之处

一　研究难点

1. 研究资料的收集

本书中所选取的部分地震灾害事件，距今年代已经较为久远，在获取第一手媒介内容资料方面存在一定的困难。一方面，由于历史原因，部分第一手媒介资料未能保存；另一方面，由于时代较为久远，部分资料未能实现数字化，资料的流通性存在一定的困难，尤其是部分地方媒介第一手媒介资料的收集较为困难。如：1923 年关东大地震中的部分报纸及号外已经无法找到；大量的广播电视原声资料因为保存困难、数字化程度不高、著作权等诸多因素，也无法直接获得。

2. 研究方法的使用

基于所收集到的第一手媒介资料的限制，能够使用的研究方法也有所局限。如：早期的报纸报道未实现数字化，大量原始资料以微缩胶卷的方式保留下来，无法实现检索、搜索功能，也无法实施精密的量化统计。因此，在使用内容分析法分析资料时，一方面需耗费大量的时间，另一方面也无法体现较强的普遍性和精确性。因此，本书的内容分析，只能反映出地震中某段时间内报道的整体趋势和内容倾向，其精确性有待提高。鉴于此，本书对媒介内容的分析，主要采用内容分析法与典型个案研究相结合的方式，以提升内容分析的科学性。

3. 相关理论的应用

有关灾害事件中媒介功能变迁的理论，最直接的便是媒介社会功能论。然而，单单使用媒介社会功能论不能完全把握日本灾害事件中媒介所发挥的具体功能变迁，只能做出概要式的归纳和总结。而通过对历次地震中媒介所发挥的具体功能总结，又难以对现有的理论进行补充或是突破，这也成为本书的又一难点。

4. 灾害事件中媒介功能的变迁

归纳灾害事件中媒介功能变迁，需要考虑政治、社会、经济及技术发展等多方面的因素。而仅仅从媒介所呈现的报道内容，难以直接总结、归纳功能变迁所涉及的种种变量，只能依据背景资料进行有限的分析。在现有的条件下，深层次地挖掘变迁所蕴含的变量及变量之间的关系是有困难的，这方面有待进一步研究。

二 创新之处

1. 选题的创新

本书从历史的视角，对日本几次重大地震事件中的媒介传播进行研究，并从中归纳出媒介传播变迁的特征。从现有的日本灾害事件的媒介传播研究的成果来看，虽然存在对部分地震中媒介信息传播的个案研究，但是尚无以纵向发展的思路系统地对灾害媒介信息传播进行的研究。即便是在现有的个案研究中，也缺少对一些地震事件（如关东大地震、东南海地震和三河地震及新潟地震）中媒介信息传播的研究。

2. 研究手段和方式的创新

尽管在收集资料方面存在一定的困难，但是本书在条件许可的范围内，使用了大量的第一手日语媒介资料展开分析。如：1923 年日本关东大地震中的《东京日日新闻》及号外新闻内容的分析全部使用第一手资料；东南海地震和三河地震的日本全国报纸内容的分析，也全部使用第一手资料；新潟地震新闻报道的内容分析使用的也是地方报纸，即《新潟日报》用微缩胶卷所保存的第一手资料；阪神大地震及东日本大地震的部分广播电视地震速报也使用了第一手资料；等等。

考虑到使用单一理论分析框架的局限性，本书主要从理论和实践两个层面对各次地震中媒介功能发挥进行分析和总结。媒介信息传播是实践性非常强的活动，一些创新性的举措和指导性强的经验都是在实践过程中产生的，因此，不能脱离实践层面对媒介功能进行分析。采用理论和实践两个层面相结合的方式进行分析，更能反映灾害事件中媒介所发挥的功能特征。

3. 研究意义的创新

在总结日本灾害事件中信息传播特点的基础上，从媒介基本属性的角度出发，梳理灾害情境下不同媒介形式的功能定位。一方面是对媒介属性相关理论的一种补充；另一方面，对于媒介实践领域而言，可以为灾害事件中媒介信息传播活动选择最佳的传播形式和渠道提供参考依据。

此外，本书从宏观、中观和微观三个层面归纳总结了日本灾害信息传播活动对于我国的借鉴意义，既有整体发展思路层面的启示，又有实际操作层面的经验，较为立体地提炼了日本灾害信息传播带来的历史和现实经验。

第二章　社会学视野下的灾害与媒介研究

第一节　三种视角下的灾害概念

灾害的自然与社会双重属性特质决定了灾害存在多学科交叉的研究历史与现状。自 20 世纪 20 年代灾害研究被引入社会科学范围以来，研究者们对灾害概念的探讨一直持续至今。随着时代的发展变化以及研究者的立场和研究领域的差异，学术界对灾害这一核心概念的理解也存在很大的分歧。

一　三种研究视角下的灾害

著名的灾害社会学家克兰特利①从 20 世纪 80 年代就开始组织 "What Is a Disaster"（什么是灾害）的大讨论，他本人也撰写过多篇有关灾害概念研究的文章和著作。罗纳德（W. P. Ronald）梳理了近 80 年来有关灾害概念的研究，并从研究者定义的不同角度将前期灾害概念研究分为 "经典灾害社会学研究"、"危险源视角" 和 "灾害社会现象说" 三个方面。② 本书根据罗纳德的划分方法，将现行灾害概念研究进行简要回顾。

（一）经典灾害社会学研究视角下的灾害

有关经典灾害社会学的研究，本书在灾害社会学发展进程里也会有所

---

① E. L. 克兰特利（E. L. Quarantelli）于 1982 年、1985 年、1995 年分别以 "What Is a Disaster" 为题撰写了有关灾害定义研究的论文；1998 年、2005 年、2012 年分别以 "What Is a Disaster" 为题出版编著，集结了众多研究者关于灾害基础理论研究的论文。

② W. P. Ronald, *Handbook of Disaster Research* (New York: Springer, 2007), pp. 1 – 16.

涉及。罗纳德笔下的经典灾害社会学研究，是指早期开展的灾害社会学研究，主要有三个显著研究，美军太平洋战争战略调查、1951 年至 1952 年芝加哥大学舆论研究中心开展的 8 次灾害事件研究以及 1952 年灾害研究小组成立后展开的一系列研究活动。这些研究奠定了经典灾害社会学研究的基础。这一时期，有三位学者明确对灾害概念进行界定，分别是华莱士、刘易斯、穆尔。华莱士（F. C. Wallace）认为，灾害"是一种处境，不只是一种冲击，更是一种'中断为缓解某种紧张情绪的正常有效情绪，并带来紧张情绪戏剧性高涨'的威胁"。刘易斯（M. K. Lewis）指出，灾害"打乱正常的社会秩序，导致物理性的破坏和死亡，从而使得人们必须放弃常规的期望加以应对"。穆尔（Moore）认为灾害"使得人们养成新的行为模式""生命的损失是其基本元素"。① 上述的概念界定主要从灾害带来的影响方面对灾害进行阐述，并没有明确指出灾害的本质特征。直到 1961 年，福瑞茨（C. E. Fritz）对灾害做出明确的界定："灾害是一个具有时间和空间特征的事件，对社会或社会其他分支造成威胁与实质损失，从而导致社会结构失序、社会成员基本生存支持系统的功能中断。"② 福瑞茨对灾害的界定虽然同前期的研究成果一样，都强调了灾害的负面影响，但是显得更为清晰，即在明确灾害是"事件"的同时，加以"时间和空间"的限制，并将灾害的侵害范围扩大至整个社会机构。这一概念，从社会学研究的视角而言，被称为经典界定，后来的研究者们进行概念界定时，都或多或少受其影响。如克瑞普斯（G. A. Kreps）在福瑞茨的定义基础上提出，灾害是"可在时间与空间层面观察到的事件，会导致社会或其较大的次级单位（社区、地区）产生实质性的损害或损失，破坏其正常运作的秩序。所有这些事件的起因和后果都是由社会结构、社会及其次级单位发展的程度决定的"。③ 经典灾害社会学研究者将灾害首先定义为"事件"，认为主要源自自然系统的物理

①　W. P. Ronald, *Handbook of Disaster Research* (New York: Springer, 2007), p. 7.

②　C. E. Fritz, *Contemporary Social Problems: An Introduction to the Sociology of Deviant Behavior and Social Disorganization* (New York: Harcourt, Brace & World, 1961), pp. 651 - 694.

③　G. A. Kreps, "Sociological Inquiry and Disaster Research," *Annual Review of Sociology* 10 (1984): 312.

性灾害事件会对既有的环境及社会系统产生侵害。

(二) 自然危险源视角下的灾害

灾害社会学研究也同样受到自然危险源视角的影响。自然危险源视角由地理学家吉尔伯特·怀特 (Gilbert White) 创立并发展起来，最早从这一视角研究灾害的大多是地理学家，因而受地理学科的影响较大。1976 年，吉尔伯特·怀特在科罗拉多大学 (University of Colorado) 成立了自然灾害研究中心。该中心主要致力于面对自然灾害的人类及社会性的防御研究。在这一视角下，灾害被认为是根源于社会性行为 (或非行为)，且这些行为限制了对适应极端环境的选项选择。[1] 如：约翰·奥利弗 (John Oliver) 将灾害定义为 "环境过程的一部分，这一过程大于预期的频率和幅度，并使得人类因其带来的重大损害而陷入困境"[2]；苏珊·凯特、菲利普·奥基夫、本·威斯纳等人对灾害的界定则接近地理学家的定义，他们将灾害定义为 "极端的物理事件与人类社会的脆弱性之间的相互作用"。[3] 也就是说，自然危险源视角中的灾害是自然环境与社会环境相互作用的结果。自然危险源视角对灾害的认知，从以结果为导向的灾害认知转向了灾害社会因素的考察，直接开启了以脆弱性 (Vulnerability) 和恢复力 (Resilience) 概念为基础的相关研究的大门，并进一步深化了对灾害本质的认识。[4] 罗纳德在分析了大卫·亚历山大、丹尼斯·米勒蒂 (David Alexander、Dennis Mileti) 等人有关灾害概念的界定后，认为 "这些定义不仅保留了灾害中的风险，而且放置在社会条件下进行检验，尤其注意脆弱性与恢复力"。[5] 克兰特利强调，"研究者首先需要从社会系统的角度来考察 (灾害)，因为社会系统才是真正的脆弱性

---

[1] Kathleen J. Tierney, "From the Margins to the Mainstream? Disaster Research at the Crossroads," *Annual Review of Sociology* 33 (2007): 503–525.

[2] W. P. Ronald, *Handbook of Disaster Research* (New York: Springer, 2007), p. 9.

[3] W. P. Ronald, *Handbook of Disaster Research* (New York: Springer, 2007), p. 9.

[4] 陶鹏、童星：《灾害概念的再认识——兼论灾害社会科学研究流派及整合趋势》，《浙江大学学报》(社会科学版) 2012 年第 2 期，第 111 页。

[5] W. P. Ronald, *Handbook of Disaster Research* (New York: Springer, 2007), p. 9.

源头"。[1] 从这一视角研究灾害的最大意义在于，打破了经典灾害研究中危害源自自然的观念，强调通过社会因素来寻找灾害的根源。

（三）灾害社会现象说

除了经典灾害研究和自然危险源视角下的灾害研究以外，还有一批研究者将社会变动包括在内的社会现象作为定义灾害的主要特征。最早从这一视角进行灾害定义的当数巴顿（A. H. Barton），他认为灾害是一种集群压力，"当一个社会系统无法满足其社会成员维系其所期待的正常生活时，便容易爆发集群压力"。[2] 克兰特利从以下特征来定义灾害："（1）突发的场合；（2）严重扰乱集结的社会单元秩序；（3）为应对干扰而采取计划外的行动；（4）在指定的时间和空间内产生意想不到的生活经历；（5）将有价值的社会现象置于危险状态。"[3] 他随后又强调，灾害的脆弱性体现在社会结构和社会系统的漏洞中。克兰特利的这一概念界定体现了强烈的社会性特征：脆弱性由社会系统中的关系建构，灾害基于社会变动的范畴。[4] 凯·埃里克森（Kai Erikson）也认为，灾害损失及灾害发生原因都是被"社会定义"的。[5] 卢塞尔·丹尼斯（Russell Dynes）认为，"灾害作为一种打破常态的场合，会导致社区付出更大的努力去保护、救济一些社会性资源"。[6] 罗森塔尔（U. Rosenthal）将灾害定义为社会性场合，与视为"贯穿于整个社会时间的激进变化"的社会变革相关。[7] 研究者们对灾害的定义认为

---

[1] E. L. Quarantelli, "A Social Science Research Agenda for the Disasters of the 21st Century," in W. P. Ronald and E. L. Quarantelli, eds., *What Is a Disaster? New Answers to Old Questions.* (Philadelphia: Xlibris, 2005), pp. 325 – 396.

[2] A. H. Barton, *Communication in Disaster: A Sociological Analysis of Collective Stress Situations* (New York: Garden City, 1969), p. 38.

[3] E. L. Quarantelli, "A Social Science Research Agenda for the Disasters of the 21st Century," in W. P. Ronald and E. L. Quarantelli, eds., *What Is a Disaster? New Answers to Old Questions* (Philadelphia: Xlibris, 2005), pp. 325 – 396.

[4] W. P. Ronald, *Handbook of Disaster Research* (New York: Springer, 2007), p. 10.

[5] K. T. Erikson, *Everything in Its Path: Destruction of Community in the Buffalo Creek Flood* (New York: Simon and Schuster, 1976), p. 254.

[6] R. R. Dynes, Coming to Terms with Community Disaster, *DRC Preliminary Paper* 248 (1997): 8.

[7] U. Rosenthal, "Future Disasters, Future Definitions," *What Is a Disaster: Perspectiveson the Question* (London: Routledge, 1998), pp. 146 – 159.

灾害作为一种社会中断，既源自社会结构，又可以通过社会结构层面的操作对灾害造成的损失进行补救，强调灾害这一现象与社会关系的深刻关联。

二　本书中的灾害界定

本书的研究对象是灾害中的媒介信息传播及其发展变迁，选取的主要灾害类别为地震。虽然地震是自然灾害的一种，但是研究地震中的媒介信息传播已经完全属于社会科学研究的范畴。在灾害事件中，媒介首先要将与"导致社会结构失序、社会成员基本生存支持系统的功能中断"相关的信息传播出去。因此，本书首先认同经典灾害社会学研究视野中的灾害定义，研究媒介在其中的信息传播行为。其次，媒介作为社会系统中的一个分支单元，其信息传播行为对社会系统的灾害应对、已破坏的社会系统恢复有着重要的作用，是对社会"脆弱性"的一种弥补。所以，本书也需要将灾害作为一个社会现象进行考察，研究媒介在这一社会现象中的功能发挥情况。

第二节　灾害社会信息理论：研究灾害媒介信息传播的路径

一　灾害社会学及其主要理论路径

（一）灾害社会学的学科界定

从 1920 年普林斯对哈利法克斯灾害事件进行社会学研究至今，灾害社会学研究已历经近百年。从西方国家或地区、日本以及中国灾害问题的社会学研究发展进程中可以看出，使用包括社会学在内的社会科学去研究灾害问题已经逐渐形成一种学术界的通识路径。然而，学术界至今仍在为灾害社会学是否可以成为社会学的一个独立分支学科进行争论。如：日本学者中森广道认为，从英语语言的使用角度来看，与"'灾害社会学'相对应的词语是'Sociology of Disaster'，而不是'Disaster Sociology'，也就是说实际上是'灾害的社会学',若要以'灾害社会学'为称,则必须通过对灾害进行研究得出该学科的特征,并由此而构建出相应的模型"。① 换言之,即便在灾害的社会学研究起源较早的西方社会,也尚未确定灾害社会学的学科地位。中村称"日本虽然在灾害问题的社会学研究方面积累了一定数量的成果,但是尚未形成独立的理论和相应的概念,将灾害的社会学研究称为'灾害社会学'尚为时过早","而目前的研究仅仅是'应用既有的社会学理论'来分析灾害事件"。② 田中淳认为,"目前基于个别研究领域的理论背景,从适合的领域选取灾害(事件)进行的研究较多,或者只是停留在对灾害(事件)记录层面上"。③

随着研究的日益深入,灾害的研究理论视野也在不断拓展。政治生态学理论、马克思主义理论以及环境学理论等对灾害社会学研究产生重要影响,这使原先研究范围就极其广泛的灾害社会学研究构建独立的分支学科过程变得更加困难。克兰特利曾指出,"比起做社会学者来说,我们更擅长研究灾害"④,意在强调灾害研究者们应当回归社会学理论视野。凯瑟琳·蒂尔尼(Kathleen J. Tierney)认为,"研究者们运用诸如社会不平等、社会性差异以及社会变迁等社会学的核心关注点使得灾害研究变得更为系统化"。⑤ 中森广道认为"在基于现有的研究成果基础上,需进行理论化和模型化的尝试,将现有的'灾害的社会学'发展为'灾害社会学'仍是一个长期的课题"。⑥ 田中淳认为,"若要构建灾害社会学这一学科,必须建立起灾害社会学固有的新的分析概念及研究课题"。⑦

---

① 中森広道「災害の社会学から災害社会学へ」『社会学論叢』、2010、38 頁。
② 中森広道「災害の社会学から災害社会学へ」『社会学論叢』、2010、38 頁。
③ 田中淳「日本における災害研究の系譜と領域」『災害社会学入門』東京：弘文堂、2007、33 頁。
④ E. L. Quarantelli, "A Social Science Research Agenda for the Disasters of the 21st Century," in W. P. Ronald and E. L. Quarantelli, eds., *What Is a Disaster? New Answers to Old Questions* (Philadelphia: Xlibris, 2005), pp. 325 – 396.
⑤ Kathleen J. Tierney, "From the Margins to the Mainstream? Disaster Research at the Crossroads," *Annual Review of Sociology* 33 (2007): 503 – 525.
⑥ 中森広道「災害の社会学から災害社会学へ」『社会学論叢』、2010、39 頁。
⑦ 田中淳「日本における災害研究の系譜と領域」『災害社会学入門』東京：弘文堂、2007、33 頁。

虽然对灾害社会学是否已经形成分支学科有所争议，但是使用传统社会学的理论和方法研究灾害问题已经形成共识，专业的分支学科的建立无疑对学科的发展而言是有利的，这也需要相关研究者的长期努力。就本书而言，将灾害事件中的媒介功能变迁放置于社会学理论背景下进行探讨，实际上也是在使用社会学理论研究灾害事件中的某个具体的问题，应属于"灾害的社会学"研究范畴，处于尚未形成成熟的灾害社会学学科中，考虑到学术界的使用习惯，本书统一简化表述为"灾害社会学"。

（二）灾害社会学研究的主要理论路径

从前文灾害社会学研究成果来看，目前灾害的社会学研究范围已经覆盖到社会学的各个领域。可以说，对灾害的研究涉及社会学乃至社会科学的所有领域。早在 1980 年，克兰特利就对灾害社会学研究的主要内容划分为两个部分，"一部分的研究以社会心理学的视角关注个体，尤其是受灾者；另一部分的研究以社会学视角关注组织和社区"。① 实际上，后来日本对灾害的研究也大致体现在这几个方面。日本学者野田隆将灾害社会学的研究划分为社区和社会、个人以及组织三个层面。② 田中淳在结合西方国家和日本灾害社会学研究的基础上，将灾害社会学的研究概括为三个主要路径：社会信息理论路径、组织理论路径及社区理论路径。

1. 社会信息理论路径

由研究灾害中的心理状态和行为而产生发展出的信息传递的需求。早期灾害社会学研究，如美军战略空袭调查等，主要是从社会心理学层面关注处于紧急事态中的个人及社区的反应，尤其是对灾害中的恐慌（Panic）的研究。通过对恐慌的研究，研究者们发现灾害中研究对象经常出现对待恐慌的不良反应。于是，研究者们开始将研究重心转向"如何传递信息以引导人们在灾害中反应恰当"，如美国的特纳（R. H. Turner）撰写的《地震预报和公共政策》一文、日本东京大学新闻研究所"灾害与信息"研究团

① E. L. Quarantelli, Sociology and Social Psychology of Disasters: Implications for Third World and Developing Countries, *DRC Preliminary Paper* 66 (1980): 4.
② 野田隆『災害と社会学システム』東京：恒星社厚生閣、1997、2 頁。

队有关地震预报的研究，都引起很大的反响。该研究路径必须以"信息接收者为合理性的'适应性主体'"为前提，基于该假定，研究者们在促成避难等应对灾害行为的要因分析，信息的内容、表现以及媒介信息传播等方面展开一系列研究并积累了大量研究成果。

2. 组织理论路径

灾害发生后，相关的行政部门和志愿者组织实施应对措施，开展救援活动。组织理论路径是研究行政部门和志愿者组织等种种灾害救援组织的各自行动及相互关联状况，其源头也是美国。该理论路径下最有名的研究当属以克兰特利和丹尼斯（R. R. Dynes）两位研究者为主导的灾害研究中心（Disaster Research Center，下文简称 DRC）对灾害救援组织的构造及功能分类的分析。在 20 世纪 80 年代的日本，东京大学新闻研究所对长崎暴雨灾害中行政组织间的关联状况进行研究；1995 年阪神大地震后，对非营利组织（NPO）及志愿者组织等应急组织的研究也迅速得以发展。

3. 社区理论路径

如前文所述，在灾害社会学研究的先驱者普林斯等人的研究中，对受灾地区中所蕴藏的社会变动进行了重点关注。日本学者也针对日本海中部地震、阪神大地震等灾害事件，对受灾地区所产生的社会性影响进行了长期的研究。从地震发生到恢复重建的整个过程，不只给灾害源带来了短暂冲击，还引起受灾社区深刻变化的一系列过程。这一理论路径下所研究的问题很显然是社会学领域一直关注的问题；从实践意义方面而言，这一路径的研究和思考对于解决灾后社会重建等问题有着现实意义。

田中淳的灾害社会学研究路径分类方法，从内容来看本质上与克兰特利、野田隆是一致的。田中淳提出的社会信息论的路径，是基于社会心理学视角来关注灾害中人的心理活动和行为，从而得出灾害中信息传递的重要性结论，然而信息传递的最终落脚点还是在"人"这一层面。

本书主要是考察灾害中媒体信息传播功能的发挥，所研究的内容属于灾害社会学范畴。按照田中淳的分类方法，本书主要采用社会信息理论的研究路径，同时社区媒体在日本灾害事件中所发挥的功能也不可小视，因此社区理论研究路径对本书也起到补充作用。

二 灾害社会学研究中的社会信息理论路径

信息传播是灾害事件中不可忽视的一个重要环节，灾害中的信息传播状况和规律成为灾害社会学研究者关注的重要领域。同灾害社会学的其他研究领域一样，与灾害信息传播相关的研究也是最早起源于美国。从 20 世纪 50 年代开始至今，灾害社会学研究已经形成较为完善的社会信息理论路径。

（一）西方灾害社会信息理论路径的起源和发展

灾害社会学研究的先驱者克兰特利总结分析了早期（从 20 世纪 50 年代至 60 年代末）灾害社会学领域有关信息传播尤其是与大众媒介相关的研究，认为早期的研究关注大众媒介的警报功能多于大众媒介自身的运作过程。[①] 克兰特利列举了布鲁耶特（J. Brouillette）[②]、斯托林斯（R. Stalling）[③] 及安德生（W. Anderson）[④] 等人在这一时期展开的相关研究，认为研究者们肯定了大众媒介在灾害中的警报传递功能，但是研究视角只局限于警报功能本身，忽视了大众媒介的组织运作及非警报类信息传播的研究。[⑤] 这一时期的美国国家民意研究中心（National Opinion Research Center，简称 NORC）以及灾害研究中心（DRC）对灾害中大众媒介的传播研究也有所欠缺。截至 20 世纪 60 年代末，仅有 3 例研究直接涉及灾害中的媒介传播。[⑥] 克兰特

---

① E. L. Quarantelli, The Social Science Study of Disasters and Mass Communications, *DRC Preliminary Papers*116 (1987).

② J. Brouillette, A Tornado Warning System: Its Functioning on Palm Sunday in Indiana, *DRC Working Paper* 5 (1966).

③ R. Stallings, A Description and Analysis of the Warning Systems in the Topeka, Kansas tornado of June 8, 1966. *DRC Research Report* 20 (1967).

④ W. Anderson, "Tsunami Warning in Crescent City, California, and Hilo, Hawaii," In Committee on the Alaska Earthquake of the Division of Earth Sciences National Research Council, *The Great AlaskaEarthquake of 1964: Human Ecology*, National Academy of Sciences, Washington D. C., pp. 116 – 124.

⑤ E. L. Quarantelli, The Social Science Study of Disasters and Mass Communications, *DRC Preliminary Papers* 116 (1987).

⑥ E. L. Quarantelli, The Social Science Study of Disasters and Mass Communications, *DRC Preliminary Papers* 116 (1987).

利认为早期研究者忽视灾害中大众传播研究的原因主要有①以下几个方面。一是研究者们没有认识到大众媒介在灾害中的双重作用，即事件的报道者和防灾救灾的主要组织者，甚至有人认为大众媒介只是一个不完全可信的二手信息源。二是与当时的大众传播研究本身有关联，20 世纪 60 年代除了市场调查和社会调查等采用量化研究，其他的社会科学研究方法并没有被广泛地应用到大众传播研究中。三是受经费限制，早期的政府性研究资助对该领域投资兴趣不大，难以将研究基金投入灾害中的大众传播研究；再者政府性研究资助机构更多地认为大众媒介是报道者而非灾害应急措施的参与者。这一时期，除了美国以外，加拿大、日本及法国也相继开展了相关研究，但是总体而言都受到美国研究的影响，总体特征与美国的研究类似。

进入 20 世纪 70 年代以后，灾害社会学研究开始重视灾害中的大众传播活动。1980 年，克瑞普斯（G. Kreps）、拉尔森（J. Larson）回顾了美国 20 世纪 70 年代的相关研究，从其列举的文献数量来看，已经超过 20 世纪 60 年代的研究成果的数量；从文献的内容来看，这一时期灾害中的大众传播研究的范围较前期有所拓展，使非警报类的信息传播、大众媒介组织运作以及媒介在灾害中的功能发挥等方面的研究得以开展。DRC 作为当时灾害社会学的研究重镇，在这一时期也开始关注灾害与大众传媒相关领域的研究。1986 年，DRC 出版报告《大众媒介和灾害：资料目录》②，报告中收录了 DRC 中有关灾害与大众媒介的 26 个不同的研究成果以及 29 种不同出版物。单就 DRC 的研究成果来看，截至 20 世纪 60 年代末仅有 1 项成果，70 年代增加至 12 项，进入 80 年代后共有 13 项。可以看出，从量化研究的角度而言，70 年代以后相关的研究成果数量有大幅度增加。

然而从整个灾害社会学研究的范围来看，这一领域的研究仍然处于相对弱势的地位。克兰特利，结合克瑞普斯和拉尔森所列举的相关文献、DRC

① E. L. Quarantelli, The Social Science Study of Disasters and Mass Communications, *DRC Preliminary Papers* 116 （1987）.

② B. D. Frideman, L. S. Lockwood and D. Zeidler, *Mass Media and Disaster: Annotated Bibliography* （Newark, Delaware: Disaster Research Center, University of Delaware, 1986）.

的研究成果以及美国以外其他国家或地区的研究成果，曾预估世界范围内灾害与大众媒介直接相关的研究成果不超过 50 项。而从灾害社会学研究的大范围来看，截至 1979 年底，仅仅是 DRC 就已经对 353 次不同类型的灾害进行了研究，其研究成果达到 1080 项。① 克兰特利一并指出，从当时的研究成果来看，灾害与大众媒介的研究中还存在一些领域仍未被涉及，如灾害中国际通讯社研究、全国性媒体研究、有线广播电视研究、杂志研究等方面的研究成果甚少；而且从 DRC 的研究成果来看，对一般纸媒的研究数量超过对广播电视媒体的研究数量，但对私人广播电视台的研究数量要超过对私人报纸的研究数量。

从研究方法来看，克兰特利研究中所列举的文献，采用内容分析法和深度访谈法对灾害中媒介传播行为进行研究的占多数，一些研究在这两种方法基础上对不同媒介之间进行比较研究。从研究视角来看，这些研究多是针对某一灾害事件中大众传媒的传播活动和行为，多是经验主义的研究。克兰特利认为，“除了经验主义研究，虽说灾害中大众媒体运作相关的理论成果也在增长，但是总体而言尚未能形成一定气候”。② 1980 年，美国国家研究委员会组织“灾害和大众媒体研究小组”出版《灾害与大众媒体》（*Disasters and the Mass Media*）一书，从“前期美国灾害报道回顾”“国际视野”“全国和地方视角”“灾害警报、灾害救援和大众媒介”“媒介灾害报道：正面性和负面性”“研究需求和应用”这六个部分，系统地对大众媒介在灾害报道中的作用进行了研究。这一研究被认为是在“灾害与大众媒介”领域进行理论性研究的尝试，其中克瑞普斯提出了一些相关研究问题和政策性议题：他提出的主要研究问题是要确定在灾害的每个阶段到底发生了什么事情，他认为研究者需要评价大众媒体有关灾害报道的真实性，需要评价媒体传播的公开信息和教育节目所到达的程度，还需要评价灾害报道所

---

① E. L. Quarantelli, Inventory of Disaster Field Studies in the Social and Behavioral Sciences 1919 – 1979, *DRC Miscellaneous Report* 32（1984）.

② E. L. Quarantelli, The Social Science Study of Disasters and Mass Communications, *DRC Preliminary Paper* 116（1987）: 17.

带来的公众感知、态度和行为等方面的效果；而在政策性议题方面，他
建议研究大众媒介在传播灾害预防和警报、公共教育方面所履行的责
任，以及这些作用产生的障碍。① 拉尔森认为，"现有的有关大众媒体和
灾害方面的认识多是基于专业性媒体、在政府部门和志愿者组织中工作的
个人或经历过灾害的人们的第一手经验。只有相当少的研究可以被认为是
社会科学研究"。② 他从传播学的线性传播模型和系统理论出发，对灾害中
的大众媒体信息传播进行了理论建构，其目的是打破以往经验主义研究的
束缚，为后来的灾害中大众媒介研究提供一个理论性的示范。

　　20 世纪 70~80 年代的灾害中的大众传播研究，尽管仍有一定缺憾，
但是总体而言，这一时期的研究已形成一定规模，为后续研究打下了坚
实的基础。一方面原因在于 1978 年美国国家科学研究委员会成立的
"灾害与大众媒体"专业委员会，专门研究灾害中大众媒体的功能和作
用，该委员会于 1980 年公开出版的《灾害与大众媒体》的研究报告成
为该领域具有里程碑意义的研究成果。另一方面原因在于专业灾害研究
机构 DRC 的推动，以克兰特利为首的灾害社会学家从 20 世纪 70 年代
起就将灾害中的大众传播活动与运作作为重要的研究视角，在一定程度
上起到了引领性作用；DRC 的另一个贡献在于，其研究范围不只停留在
美国国内，世界其他国家灾害事件中的大众传播行为也是其研究对象，
如 1989 年、1990 年和 1993 年，DRC 公布了三次与日本研究者合作的
研究成果，对美国和日本两个不同国家灾害事件中大众传播活动进行了
比较研究。

　　事实上，从 20 世纪 90 年代以后的文献来看，以 DRC 公布的与大众传

---

① G. Kreps, "Research Needs and Policy Issues on Mass Media Disaster Reporting," in Committee on Disasters and the Mass Media ed. , *Disasters and the Mass Media*: *Proceedings of the Committee on Disasters and the Mass Media Workshop* (Washington, D. C. : National Academy of Sciences, 1980), pp. 35 – 74.

② James F. Larson, "A Review of the State of the Art in Mass Media Disaster Reporting," in Committee on Disasters and the Mass Media ed. , *Disasters and The Mass Media*: *Proceedings of the Committee on Disasters and the Mass Media Workshop* (Washington, D. C. : National Academy of Sciences, 1980), p. 80.

播相关的研究成果为例，无论从数量还是研究方法和视角来看，都未能大幅度超越 20 世纪 90 年代之前的研究。研究者们还是习惯针对某一次或某几次灾害事件中大众媒介的传播状况进行研究，而且多是使用内容分析和深度访谈的研究方法，给理论性建构方面留有一定的研究空间。

（二）日本灾害社会信息理论路径的发展

无疑，有关灾害信息传播的研究发端于美国，早期日本灾害信息传播研究也受到美国的影响。但是正如克兰特利所言，灾害中的大众传播研究后来成为日本灾害社会学研究的一个重要关注的焦点。[①] 与美国由社会学研究者最早关注灾害信息传播活动不同，日本最初关注这一领域的是大众传播研究学者。

1978 年 6 月 15 日，日本颁布《日本大规模地震对策特别措施法》，该法与之前颁布的《水防法》（1949 年）、《气象业务法》（1952 年）、《日本灾害对策基本法》（1961 年）共同构成日本灾害应急对策的基本法律体系。而《日本大规模地震对策特别措施法》中首次明确地将"警戒宣言"制度化，规定内阁总理大臣在接到气象厅长官有关地震预报信息的报告后，在确认紧急实施地震防灾应急对策时，要经由内阁同意后，才可以发布与地震灾害相关的警戒宣言，并必须执行一系列相关措施。这一法律的出台，带来了一个课题，即如何有效发挥警戒宣言的功效，涉及警戒宣言的发布时机和方式、警戒宣言的传达方式和途径、警戒宣言可能带来的负面效果等一系列问题。这就使灾害中的信息发布和传播成为社会和学界关心的热点问题。同年，伊豆大岛近海地震中，出现混淆地震震级和震度等的余震信息，导致社会混乱造成社会恐慌，这使人们更加关注"灾害中如何正确传播信息"这一问题。

在这样的背景下，东京大学新闻研究所成立"灾害与信息"研究小组，由冈部庆三牵头开始了灾害与信息传播的相关研究。"灾害与信息"研究小

---

① E. L. Quarantelli, The Social Science Study of Disasters and Mass Communications, *DRC Preliminary Paper* 116 (1987): 8.

组早期的研究议题主要集中在"地震信息的传达与居民反应""灾害警报与居民的应对""'警戒宣言'误报与居民反应"等方面，即主要研究地震预报、灾害警报、警戒宣言以及灾害相关信息的传播和接受过程等领域的问题。以冈部庆三为首的研究团队逐渐成为日本灾害社会学的重要流派之一，即以大众传播理论为研究视角，对灾害信息传播与接收过程展开研究的灾害社会信息传播流派。冈部庆三与安倍北夫、秋元律郎两位学者共同构筑日本灾害社会学研究的三大流派。冈部庆三的后继研究者田崎笃郎和广井修等人延续其研究思路，继续开展灾害中社会信息传播领域的研究，现已经形成相对成熟的理论体系，成为日本灾害社会学研究的重要路径。

三　日本灾害社会信息理论的主要研究内容

如前文所述，日本学者们在长期对灾害中的信息传播研究过程中，逐渐形成了灾害社会学研究的重要理论路径。由于各国灾害信息传播的实际情况存在差异，所呈现的理论视野和框架也会有所差异。以田中淳为代表的日本学者，归纳总结了在日本的社会背景之下，灾害社会信息理论研究的主要内容。

（一）灾害社会信息理论的研究对象

田中淳认为，灾害信息理论是灾害信息论，是以减灾即减轻受害程度为目标，从信息论的观点出发进行研究的领域。从信息的生产过程、传播过程、接收过程、表现及效果的总体出发，探寻最有效的方略。具体而言，为了保护人们的生命和财产安全，维持社会正常秩序，研究如何将警报、避难劝告、防灾对策的实施情况、风险信息等与灾害相关的种种信息进行有效发挥。[①] 也就是说，灾害信息研究的理论出发点是包括大众传播理论在内的与信息相关的理论；其主要研究对象是研究灾害中信息生产、传收，信息的表现方式及产生的效果；其研究的落脚点是在探寻灾害中信息传播最有效方略的基础上，有效发挥与灾害相关的各种信息的功能，以达到减

---

① 田中淳「災害情報論の布置と視座」『災害情報論入門』東京：弘文堂、2008、18 頁。

轻灾害带来的种种破坏和损失的目的。

(二) 灾害社会信息理论的研究目标和视角

田中淳认为,灾害信息论的终极研究目标是"可能遭受灾害损失的所有主体,共享经过科学评价的有关灾害危险性及应对状况的信息,通过采取适当的应对行动,减少一经灾害发生造成的损失"。[①] 基于研究的总体目标,结合日本相关学者已有的研究成果和研究动态,田中淳总结出日本灾害社会信息理论所关注的主要研究问题有:如何使信息成为守护所有人的信息、灾害中信息如何有效获取和使用、灾害信息的共享、与灾害中人们行为密切相关的信息以及如何通过信息传播实现减灾功能,等等。[②]

四 总结

从灾害社会学发展过程来看,对灾害中信息传播路径的关注最早出现在美国。以克兰特利为首的 DRC 从 20 世纪 70 年代以来,持续关注着灾害中的信息传播活动,并积累了一定的研究成果。其更大的贡献在于,以世界的整体视角来关注灾害中的信息传播活动,并将这一研究路径拓展至世界范围。日本灾害信息理论的发展便是一个很好的例证。

无疑,日本开展灾害社会学研究是受到了美国的影响,早期开展灾害社会学研究的安倍北夫等人将美国灾害社会学研究的经验和成果引入日本,给灾害研究带入一个新的领域。同样,关注灾害中的信息传播也是受美国研究的影响,这既体现在受到以 DRC 为首的研究机构积累的研究成果的影响,也体现在 DRC 直接与日本研究者的合作上。经过多年的发展,东京大学新闻研究所"灾害与信息"研究小组虽几经更名,但在"灾害与信息"研究领域,一代代的研究者们凭着积累的大量研究经验,延续并发展这一研究路径,逐渐形成日本特有的灾害信息理论,成为日本灾害社会学研究的三大路径之一。

---

① 田中淳「災害情報論の布置と視座」『災害情報論入門』東京:弘文堂、2008、20-21頁。
② 田中淳「災害情報論の布置と視座」『災害情報論入門』東京:弘文堂、2008、20-23頁。

　　本书研究的是日本灾害事件中的媒介功能及其变迁轨迹。媒介是传播各种信息的重要载体，信息的生产、传播、接收过程，以及信息表达方式及效果都涉及媒介功能的发挥。在灾害中，灾害警报、避难劝告、防灾对策的措施、风险信息等与灾害相关的种种信息的有效传播需要依赖媒介。因此，发挥媒介功能对于保护人们生命和财产安全、维系社会正常秩序等有着重要作用。而对媒介功能的研究无疑是灾害社会信息理论研究的重要部分。灾害社会信息理论研究的主要目标和视角为本书提供了重要的研究视野。

第三节　灾害情境下基于媒介功能论的理论分析框架

一　何谓功能

　　媒介功能理论作为大众传播理论中的重要流派，其理论渊源是社会学中的功能主义理论。有关"功能"（Function）这一术语，莫顿（Robert K. Merton）认为虽然在众多学科和日常生活中已经被广泛使用，但是在社会学研究中尚处于含糊不清的状态。他列举了常用的五种用法：一是最为通用的用法，即功能代表通常带有仪式性质的公共集会或节日活动[1]；二是将"功能"这一术语等同于"职业"（Occupation）这一术语[2]；三是功能常被用来指代具有一定社会地位的要员的活动，更具体而言，是某一官职或政治地位的占据者[3]；四是由莱布尼茨（G. Leibniz）将"Function"一词引入数学领域，用来指代所考察的一个变量与另一个变量或其他众多变量之间具有的相关关系，即该变量可以由其他变量来表达，或者由其他变量来决定取值，也就是数学中常用的"函数"[4]，这一带有函数意义的术语也经常被社会学家们所使用，但是他们经常与另一个具有"相互依存"、"相

---

[1]　Robert K. Merton, *Social Theory and Social Structure* (Glencoe: Free Press, 1957), p. 20.
[2]　Robert K. Merton, *Social Theory and Social Structure* (Glencoe: Free Press, 1957), p. 20.
[3]　Robert K. Merton, *Social Theory and Social Structure* (Glencoe: Free Press, 1957), p. 21.
[4]　Robert K. Merton, *Social Theory and Social Structure* (Glencoe: Free Press, 1957), p. 21.

互关系"或"相互依赖的变化"含义的术语表达相混淆；五是部分来源于"功能"这一术语原来的数学意义，但更多的是由生物学引申而来，被理解为"有助于维持有机体的生命过程或有机过程"。[①]

在这五种使用方式中，莫顿认为第五种含义对于功能分析是最为重要的，也是社会学和人类学中使用最多的一种。虽然不同的研究者对功能这一术语在具体定义和使用上有所区别，如：拉德克利夫-布朗（A. Radcliffe-Brown）认为社会功能是"重复发生的生理过程之功能，即介于该过程及需求（存在所必需的条件）之间的协调""任何重复发生活动的功能，如对犯罪行为的惩罚或是葬礼仪式，都是功能作为一个整体在社会生活中发挥的作用，并且是功能在保持结构性的持续方面做出的贡献"[②]；而马林诺夫斯基（B. Malinowski）如此描述功能主义理论，"这种理论旨在按其功能、按其在文化整体系统中所发挥的作用、按其在这种系统内互相联系的方式来解释所有发展阶段的人类学事实"。[③] 虽然两位学者对这一含义中的功能表述和解释有所区别，但是两位学者都将功能研究的核心看作"在社会中社会或文化环节所发挥的作用"的研究。

二 媒介功能论：以功能主义的视角分析大众传播

社会学的功能主义理论为媒介研究提供了一个功能主义的分析框架。如上文所述，社会学对"功能"的解释和研究主要采用第五种用法，即从整个社会系统的角度来考察某一成员系统在整体系统中所发挥的作用，以及与其他成员系统之间的相互联系和作用方式。基于此，麦奎尔（D. Mc-Quail）认为媒介功能理论的基本假设是，尽管大众传播可能会带来潜在的功能失调（扰乱性或有害的）后果，但是其主要功能是倾向于促进社会整合、延续及维持社会秩序。[④] 社会被视为由相互联系着的运作部门或子系统

① Robert K. Merton, *Social Theory and Social Structure* (Glencoe：Free Press, 1957), p. 21.
② Robert K. Merton, *Social Theory and Social Structure* (Glencoe：Free Press, 1957), p. 22.
③ Robert K. Merton, *Social Theory and Social Structure* (Glencoe：Free Press, 1957), p. 22.
④ Denis McQuail, *McQuail's Mass Communication Theory*, 6th Edition (London：SAGE Publications Ltd, 2010), p. 64.

组成的持续不断的体系，每个部门或子系统都为社会系统的持续和秩序做出应有的贡献，大众媒介也可被视为这一系统中的成员之一。有组织性的社会生活被或多或少地要求不断维持精确、连贯、支持、完整的社会运作及社会环境局面。正是通过连贯的方式回应不同个体和社会机构的要求，大众媒介为整个社会带来意想不到的裨益。①

最早开始用功能主义理论对大众传播在社会中的功能进行明确阐释的是拉斯韦尔（Harold D. Lasswell）。他从生物学的角度出发，考察人类社会、动物社会和有机体组织内部结构以及构成要素之间的相互作用，认为生物界的现象在这些组织内部都能找到与之相对应的。拉斯韦尔在 1948 年发表的论文《社会传播的结构与功能》中，归纳了大众传播在社会中的主要功能：一是监视环境，揭露对社区以及组成要素价值地位产生的威胁或是提示出现的机会；二是使社会构成要素之间相互协调以适应环境；三是传承社会文化遗产。②

拉斯韦尔的这一媒介功能论为大众传播研究提供了一种新的理论研究路径，也被后来的研究者广泛使用。随着大众传播和媒介自身的发展和后来学者研究的逐步深入，拉斯韦尔的这一媒介功能论也得到进一步发展。1957 年，威尔伯·施拉姆（Wilbur Schramm）归纳了大众传播在社会中的几项功能：一是如同古代信使般地帮助人们守望地平线；二是帮助人们对出现在水平线上的挑战和机会进行回应，并在相应的社会行为中使舆论一致；三是帮助人们向社会新成员传播社会文化；四是娱乐大众；五是帮助人们销售商品以保证经济系统健康地运转。③ 从施拉姆的归纳中不难看到其中有拉斯韦尔媒介功能论的影子：施拉姆笔下的"守望地平线"可以理解为拉斯韦尔的"环境监视"；"对出现在水平线上的挑战和机会进行回应"在某种程度上是"适应环境"的体现；"向社会新成员传播社会文化"实则

① Denis McQuail, *McQuail's Mass Communication Theory*, 6th Edition (London: SAGE Publications Ltd, 2010), p. 98.

② Harold D. Lasswell, "The Structure and Function of Communication in Society", in Wilbur Schramm ed., *Mass Communication* (Urbana: University of Illinois Press, 1960), p. 130.

③ Wilbur Schramm, *Responsibility of Mass Communication* (New York: Harper & Brothers Publishers, 1957), pp. 32 – 34.

是文化传承的具体承载方式。施拉姆这一有关媒介功能论断的发展之处在于增加了大众传播的"娱乐"和"商品销售"功能，这与两位研究者所处时代的媒介发展环境不无关联，施拉姆增加的这两项大众传播功能在新媒介环境下的今天仍然发挥重要的作用。

赖特（Charles R. Wright）总结了大众传播功能主义分析的四种类型。第一种是在最广泛的抽象层面上，认为大众传播自身就是一种社会进程，这是众多现代社会中被模式化、可重复的现象。这一层面需要解决的基本问题是对于个人、群体、社会和文化系统而言，采用一种大众传播的形式，公开、迅速地将自己传播至庞大、错杂、匿名的受众群体中，并形成一个复杂而又费用浩大的正式组织，其意义是什么？[①] 与第一种类型相比，第二种分析类型略微窄化，将大众传播的每一种具体的方式（如报纸、电视）作为分析的项目进行关注。[②] 第三种类型是将功能主义分析路径用于对大众传播中的任意大众媒介或组织的制度性分析，用以检验大众传播组织内部一些已经被重复、模式化的运作。[③] 第四种类型也是大家在大众传播功能理论发展上赋予较高期待的一种类型，它用来解决通过大众传播渠道展开的基础性传播活动的意义是什么的问题。[④] 赖特将拉斯韦尔归纳的媒介功能论纳入第四种类型，并在其基础上增加了"娱乐"功能，"是指大众传播意在使用其可能有效的所有方式来博得大众的欢乐"。[⑤] 而有关这一层面的大众传播社会功能，赖特较早前从社会学的角度进行解读，他认为媒介的环境监视功能主要有两个积极效果：一是提供世界上出现的诸如暴风、军事袭击等迫在眉睫的威胁及危险事件的相关信息；二是有助于诸如股市、销售、

---

① Charles R. Wright, "Functional Analysis and Mass Communication", *The Public Opinion Quarterly* 24（1974）：606 - 607.

② Charles R. Wright, "Functional Analysis and Mass Communication", *The Public Opinion Quarterly* 24（1974）：607.

③ Charles R. Wright, "Functional Analysis and Mass Communication", *The Public Opinion Quarterly* 24（1974）：608.

④ Charles R. Wright, "Functional Analysis and Mass Communication", *The Public Opinion Quarterly* 24（1974）：608.

⑤ Charles R. Wright, "Functional Analysis and Mass Communication", *The Public Opinion Quarterly* 24（1974）：609.

航海和娱乐活动等社会日常机制的运行。他同时将拉斯韦尔认为的"协调功能"看成"解释与规约",将传承文化及娱乐功能看成媒介社会化的过程。① 赖特的大众传播功能论最大的意义在于将大众传播中可能使用功能论视角进行分析的部分进行了梳理,突破了之前的研究者们过度依赖生物学的分析路径的局限,将大众传播从社会系统的内部解放出来,从社会变迁、制度分析、媒介传播特质以及媒介在社会系统中的基础性作用等层面进行分析,更能体现大众传播的社会性意义。

1982 年,威尔伯·施拉姆在拉斯韦尔、赖特、博尔丁等人研究成果的基础上,将大众传播的社会功能细分为政治功能、经济功能及一般社会功能三个方面(见表 2 - 1)。

表 2 - 1　传播的社会功能

政治功能	经济功能	一般社会功能
监视(收集情报)	关于资源及买卖机会的信息	有关社会规范、角色等信息;接受或拒绝这些信息
协调(解释情报;制定、传播及执行政策)	解释信息,制定经济政策;市场的运作及控制	协调公众理解和意愿;社会控制的运行
社会财产、法律及习俗的传承	经济行为的启蒙	向新社会成员解释社会规范和角色的解释
—	—	娱乐功能(休闲活动、从工作与现实问题中的解脱、附带的学习以及社会化)

资料来源:Wilbur Schramm and William E. Porter, *Men*, *Women*, *Messages*, *and Media*:*Understanding Human Communication Second Edition* (New York:HARPER & ROW PUBLISHERS, 1982), p. 28。

施拉姆进一步分析,每个功能都存在内外两个方面(见表 2 - 2)。

在细分后的媒介功能中,从政治及经济视角出发的研究者对大众传播的娱乐功能并没有予以太大的关注。施拉姆认为,拉斯韦尔不提及大众传播的娱乐功能,无疑是他认为娱乐功能并非政治进程中的必需要素,而历史会

① Charles R. Wright, *Mass Communication*:*A Sociological Perspective* (New York:Random House, 1959), pp. 18 - 23.

表 2 - 2　传播功能的内外面

功　　能	外观面	内在面
社会雷达	寻找、传递信息	接受信息
信息操作，决策管理	劝说、命令	解释、决策
传授知识	寻找及教授知识	学习
娱乐	愉悦	享受

　　资料来源：Wilbur Schramm and William E. Porter, *Men, Women, Messages, and Media: Understanding Human Communication Second Edition* (New York: HARPER & ROW PUBLISHERS, 1982), p. 28。

对他的观点表示异议。[①] 对于现行研究者们采取多元视角分析大众传播的社会功能，施拉姆认为与单因素分析法相比更不能令人满意，其论述的范畴并不够清晰，并且在对娱乐功能方面的分析表现一致的忽视。[②]

　　日本学者竹内郁郎从社会学的视角，对大众传播的社会功能进行了总结。他沿用前文所述莫顿有关功能（Function）的定义，认为功能有作为函数意义的功能、作为必要 - 补充关系的功能、作为作用的功能及作为具体活动的功能等四个层面。基于此，他认为大众传播有四大社会功能：一是函数意义上的大众传播过程中的功能，主要体现在关于大众传播过程的各种模式中，具体而言，如何从具体现象中确定其外延，如何选择模式中构成要素的变量及其变量之间的关系以及如何公式化，其中充分体现了函数的意味；二是作为媒介特征意义上的功能，基于不同媒体特有的机械性、物理性等属性，大众传播方式呈现不同的特点，这一特点有时候会被称为媒介功能；三是大众传播的社会性使命，即人们对大众传播的期待，或是大众传播应承担的使命，也被称为大众传播功能；四是作为大众传播活动的功能，具体是指大众传媒在现实中所进行的各种传播活动，被称为大众传播的功能。[③] 他认为，作为大众传播活动的功能与作为大众期待的使命这一功能紧密相连，大众传播活动是使命得以实现的具体体现。竹内郁郎对大众传播社会功能的分析与赖

①　Wilbur Schramm and William E. Porter, *Men, Women, Messages, and Media: Understanding Human Communication Second Edition* (New York: HARPER & ROW PUBLISHERS, 1982), p. 27.

②　Wilbur Schramm and William E. Porter, *Men, Women, Messages, and Media: Understanding Human Communication Second Edition* (New York: HARPER & ROW PUBLISHERS, 1982), p. 27.

③　竹内郁郎『マスコミュニケーションの社会理論』東京：東京大学出版会、1990、60 - 68 頁。

特所界定的社会功能有所类似，他们都是从社会学的视角将大众传播置于相对宏观的社会系统层面来考虑其功能。而对于施拉姆1957年归纳的五点大众传播的社会功能，竹内郁郎认为能够或多或少地体现社会期待和使命功能的色彩，但是更能明显地看出是大众传播具体活动的呈现。

麦奎尔对前人的研究进行了系统的归纳和总结，将大众传播的社会功能分为信息、联系、持续、娱乐、动员五个方面。具体而言，信息功能主要体现在给大众提供社会及世界所发生的事件及状况，显示权力关系和促成创新、适应和进步；联系功能主要体现在诠释与评论事件及信息的意义，支持既有的权威与规范、社会化、协调相互独立的活动、达成共识、设定优先次序并明确相关的位置；持续功能主要体现在表达主流文化、认可亚文化及新文化的发展上，维持并促进共同的价值；娱乐功能主要体现在提供给大众娱乐、消遣及放松的途径，缓解社会紧张感；动员功能主要体现在宣传政治、战争、经济发展、工作及宗教领域中的社会目的的活动。① 麦奎尔的归纳基本上是对前人大众传播的社会功能研究的概括和总结，同时他也指出这样的归纳并不能完全涵盖大众传播的社会功能，而且所列出的功能之间还存在交叉的情况。他认为还需要考虑媒介自身及媒介个体使用者的观点，媒介功能还能够或多或少地指代媒介的客观工作任务，或指代媒介使用者眼中的动机与获得的利益。②

三　灾害社会学视野下的媒介功能分析框架

本书研究的是日本灾害事件中媒介功能的变迁，研究的重点是在不同时期的日本所发生的灾害事件中媒介是如何发挥其功能的，尤其是社会性功能。媒介功能理论作为传播学的重要理论范式，虽然在一定程度上存在缺陷，但是仍能够为本书提供一个功能主义的研究视角和理论框架。灾害是社会非正常状态的一种表现，按照现有的媒介功能理论，可以分析在社

---

① Denis McQuail, *McQuail's Mass Communication Theory*, 6th Edition（London：SAGE Publications Ltd，2010），pp. 98 - 99.
② Denis McQuail, *McQuail's Mass Communication Theory*, 6th Edition（London：SAGE Publications Ltd，2010），pp. 98 - 99.

会非正常状态下媒介功能是否能够正常发挥作用。大畑裕嗣、三上俊治认为，灾害时期大众媒介应当发挥以下功能：一是迅速提供与受灾情况及灾害事件的性质等相关的正确、可靠的信息，帮助处于危机状态中的人们认知正确的情况，即环境监视功能；二是促使人们采取合适的应对行为，即行动指示功能；三是缓和人们心理层面的不安，防止社会恐慌的发生，即缓解不安功能；四是根据实际受害情况的详细传递，从外部获得对受灾地及受害者的援助，即资源动员功能；五是通过评论及宣传（Press Campaign）① 探讨灾害的原因，提出灾害防治对策，即舆论形成功能。② 可以看出，大畑裕嗣、三上俊治按照既有的媒介（大众传播）社会功能理论框架对灾害中媒介功能进行了界定，将大众传播置于灾害这样一个特殊环境中进行功能上的对应。毫无疑问，基于基础信息传播的环境监视功能在灾害中显得格外重要，非常态下的社会脆弱性更容易凸显，更容易造成环境的变化；提供及时可信的信息是为了使人们采取更合理的灾害应对行为，这可以归结为媒介的联系、协调功能；灾害除了会给环境带来物理性的变化外，对于人们的心理也会产生一定的冲击，一方面，大众媒体可以通过信息更新的方式来缓解人们对未知情况的紧张和怀有的不安情绪；另一方面，也可以通过专业的心理干预行为对人们进行心理调适，这一功能的发挥与前期研究者们笔下的娱乐功能所能达到的情绪缓解和释放在某种程度上是一致的，但是娱乐功能使人达到愉悦的状态在灾害的情境下似乎难以适用，因此不能完全对应媒介的娱乐功能；通过媒介传递相关信息获取外界的援助，以及通过评论及宣传等方式形成社会舆论，都是为了达到某种社会性的目的，从本质上而言都属于媒介的动员功能。

基于传播理论学界一直延续发展至今的媒介功能理论，并结合大畑裕嗣、三上俊治有关地震中所期待的大众媒介功能论述，构建本书所研究的

---

① 此处日文原文为プレス・キャンペーン，该词是源于英语 Press Campaign 的外来语。Press Campaign 本来的意思是为了参加竞选等活动而进行的报纸宣传，考虑到此处上下文背景，将该词翻译为宣传。

② 大畑裕嗣・三上俊治「関東大震災下の「朝鮮人」報道と論調（上）」『東京大学新聞研究所紀要』、1986（35）、36－37頁。

灾害中媒介功能的理论分析框架如下。

1. 环境监视功能

主要考察灾害的情境下，媒体能否迅速地、及时地提供有关灾害事件本身、受灾原因、受灾情况等与灾害相关的基础信息，以帮助受灾者正确认识环境的动态变化。而媒体在灾害来临之际做出的预告、警告等信息传播行为，也是大众媒介环境监视功能的重要体现。

2. 联系功能

主要考察灾害中媒体能否围绕灾害进行诠释或评论，从而实现社会构成要素之间的互相协调，来更好地应对灾害发生后环境的变化。具体而言，针对媒体的深度报道、解释性报道及评论文章，促成全社会范围内灾害应对策略的形成。

3. 缓解压力功能

在灾害背景下，一方面，媒体通过与灾害相关的基本信息的传播来达到缓解灾后社会系统变化形成的社会压力；另一方面，媒体通过特定内容的信息传播，消除人们的紧张情绪和社会压力，防止恐慌等集群事件的再发生。

4. 动员功能

灾害发生后的动员功能也可以分为两个层面来进行考察。一是精神层面的动员，即思想动员功能，是为了达到某种特定的社会目的。具体到灾害事件中，往往是通过发挥动员功能的作用，实现救援、共同应对、防灾、灾后复兴等目的。二是资源动员功能，即在传递受灾区的受灾情况的基础上，实现外界对受灾地及受灾者的支援。

5. 经济功能

考察灾害事件中媒介的经济功能，一方面体现在大众媒介能否为震后恢复重建提供资源及买卖机会的信息上；另一方面，媒介经济功能的恢复情况是媒介本身在灾害事件中复苏的重要考察指标。

第四节 日本主要地震事件中媒介传播的相关研究

由于本书涉及的重大地震事件发生的时间跨度较大，媒介发展所处的阶段也不尽相同，从前期研究的结果来看，无论是从研究程度和研究偏向来看都存在一定的差异。本书将按照不同地震事件进行文献梳理，在每个地震事件表述之下按照涉及的媒介种类进行回顾，试图勾勒出学者们对日本相关重大地震研究的图谱。

一　关东大地震中媒介传播研究相关文献回顾

有关关东大地震中大众媒介的研究成果并不是很多，相关的研究成果回顾主要集中在对报纸的研究上，分为两种类型。

一个研究重点是从历史的角度对大众媒介在地震过程中的活动及行为的记载，这些文章或章节散落在各种史志中。如1924年出版的《大正大震火灾志》中设专栏记述震灾中的媒介传播情况，其中千叶龟雄的《大灾时的报纸的活跃》从"大灾与报纸的活动""重建前的苦斗""重建后的现状""各报社的势力消长""震灾后的新闻编辑与新闻思想"等多方面对地震中报纸的传播状况进行了分析，这篇文章为后来有关关东大地震中媒介的研究奠定了基础。其他有关这一议题的记述可见于不同时期的与日本新闻史相关的书籍中，如伊藤正德的《报纸五十年史》（1939）、日本报纸研究联盟出版的《日本报纸百年史》（1961）、春原昭彦四个版本的《日本报纸通史》（1974、1985、1987、2003）、山本文雄两个版本的《大众传播史》（1970、1981），等等。伊藤正德在书中专列一章"关东大震灾与报纸"，从地震中报社遭受的损失、报社的活动及恢复重建、《大阪朝日新闻》与《大阪每日新闻》的活跃程度以及政府对言论的管控等多方面，较为详细地论述了地震中报纸的活动。《日本报纸百年史》主要描述了地震中各家报社的号外之战；《日本报纸通史》从东京地区的报社在地震中遭受的损失和震后东京地区报业的情况两个方面进行简要记述；《大众传播史》概述了关东大地震中报社的生存状态以及报纸对灾害中流言的报道状况。历史性的文献主要是在事实记录的基础上，记录关东大地震中报社的新闻活动以及震后报业的变革发展，尤其重点记录了当时东京的各大报社以及报社人员为了在灾害中向大众传播灾害信息、恢复报社的正常运作而做出的努力工作。

另一个研究重点是在关东大地震中媒介对"朝鲜人虐杀"事件报道的

研究，相关文献主要分为两个方面。一是三上俊治、大畑裕嗣对关东大地震中东京和日本其他地区以及朝鲜报纸共计 17 家报社有关"朝鲜人虐杀"事件进行了系统地内容分析和定性分析①②③。二是以"朝鲜人暴动"流言报道为中心的研究。姜德相的《捏造的流言：有关关东大地震中朝鲜人虐杀》《有关关东大地震中朝鲜人暴动流言》④⑤，从历史的角度探讨"朝鲜人暴动"流言的起因，他以"官宦捏造说"为基本立场，认为流言是当时日本政府发布戒严令后，在戒严军队、警察等力量的主导下开始的虐杀行为，在官方支持和承认的基础上，民间也开始"积极"加入朝鲜人虐杀活动当中，权力机关以戒严令为名传播"朝鲜人暴动"的流言，将国民的不满情绪通过管理引导为凶恶的排外心理。山田昭次以日本东北、信州、京都阪神、中国、九州地区的地方报纸从 1923 年 9 月 3 日至 10 日有关"朝鲜人暴动"流言的报道进行分析，探讨当时地方报纸如何报道"朝鲜人暴动"谣言、民众采取何种行为以及在大正民主运动潮流下的年轻人如何面对"朝鲜人暴动"谣言和"朝鲜人虐杀"事件。⑥ 福冈启子通过对关东大地震中日本东海地区丰桥市所发行报纸的相关报道的分析，探讨在该地区"朝鲜人暴动"流言是如何被传播开的，并据此推定当时丰桥市民对待朝鲜人的态度，但是并没有对各家报社所持的倾向性态度进行分析。⑦

在上述的文献中，只有三上俊治、大畑裕嗣的研究直接涉及灾害中的媒介功能，他们沿用媒介功能理论，认为灾害中的媒介具有环境监视、行

① 三上俊治、大畑裕嗣「関東大震災下の「朝鮮人」報道の分析」『東洋大学社会学研究所年報』、1985 (18)、41 - 70 頁。
② 大畑裕嗣・三上俊治「関東大震災下の「朝鮮人」報道と論調（上）」『東京大学新聞研究所紀要』、1986 (35)、36 - 37 頁。
③ 大畑裕嗣・三上俊治「関東大震災下の「朝鮮人」報道と論調（下）」『東京大学新聞研究所紀要』、1987 (36)、145 - 258 頁。
④ 姜德相「つくりだされた流言—関東大震災における朝鮮人虐殺について」『歴史評論』281 号、1963、9 - 21 頁。
⑤ 姜德相「関東大震災下朝鮮人暴動流言について」『歴史評論』281 号、1973、21 - 30 頁。
⑥ 山田昭次「関東大震災朝鮮人暴動流言をめぐる地方新聞と民衆—中間報告として」『在日朝鮮人史研究』、1979 (12)、81 - 91 頁。
⑦ 福岡啓子「関東大震災時豊橋における朝鮮人暴動に関する流言報道」『愛大史学』、1997 (6)、113 - 152 頁。

动指示、缓解不安情绪、资源动员以及舆论形成这五大功能，并通过对当时报纸进行全面的内容分析，证明关东大地震中的报纸发挥了完全不同的功能。三上俊治、大畑裕嗣的研究一方面为本章节进一步了解日本关东大地震中"朝鲜人虐杀"事件的媒介功能提供了重要参考，另一方面为本书构建研究灾害情境下媒介功能的理论框架提供了依据。

二 东南海地震及三河地震中媒介传播研究相关文献回顾

由于东南海地震及三河地震在很长一段时间内被隐藏的特殊情况，有关这两次地震中媒介传播的前期研究并不多，目前所知的文献有：木村玲欧的《战时报道管制下的震灾报道——地方报纸如何报道震灾》，以两次地震受灾地区的地方报纸《中部日本新闻》中有关地震的报道作为研究对象，得出"该报对地震的受灾情况未能做出详细的报道"的结论；小野真依子的《战时报道管制下的震灾报道分析》，以受灾地区的地方报纸《中部日本新闻》《伊势新闻》《信浓每日新闻》《静冈新闻》中相关地震的报道作为主要研究对象，同时对地震后日本全国性报纸《朝日新闻》和美国《纽约时报》有关地震的报道进行比较分析。[①] 两个研究都侧重于对有关地震报道概况的陈述，未能就战时报道体制进行深入分析，但是这两篇文章也为包括本书在内的相关研究工作，提供了部分基础性的研究资料。

此外，从资料收集的角度来考虑，现有的先行研究都是选择报纸媒介来考察东南海地震和三河地震中媒介传播的状况，有关广播媒介对两次地震报道的研究几乎没有。

三 日本新潟地震中媒介传播研究相关文献回顾

与新潟地震中媒介传播直接相关的文献主要有两方面。

一部分散见于各类记述性的历史资料中，以大众媒介自身尤其是新潟地区的媒介对地震中的媒介传播活动的记录为主。如：新潟日报社编写的《地震中的新潟日报》（1965）；NHK 新潟支局编写的《新潟地震与广播电

---

① 小野真依子「戦時報道管制下の震災報道」早稲田大学修士論文、2010。

视：非常灾害中广播电视的作用》（1964）；BSN 新潟放送编写的《新潟放送 15 年发展历程》中将新潟放送在新潟地震中的报道活动进行详细记录①②③；《NHK 年鉴 1965》也特别突出记录了新潟地震中广播报道的情况④。此外，新潟市编写的《新潟地震志》中也对地震中新潟地区大众媒介传播活动进行记录⑤。

另一部分文献则是直接对新潟地震中媒介传播活动进行分析和研究，代表性的文献有广井修的《新潟地震与灾害报道》，文章介绍了《新潟日报》在地震后的反应、号外内容以及震后一周报道的内容，其中对震后一周报道进行了分类别的量化统计，还包括 NHK 新潟支局震后应对策略、地震当天广播报道的情况，商业广播 BSN 新潟放送的应对策略和地震当天报道的内容。该篇文章将地震发生地新潟市当地的所有大众媒介形式作为分析对象，较为全面地归纳出震后紧急期内当地媒介的反应。⑥ 虽然该文章是目前发现的文献中研究新潟地震中媒介传播较为全面的一篇，但是文章中尚未涉及全国发行的报纸对新潟地震的报道，并且只选择了地震发生后较短的时间内的报道作为研究对象。另一篇论文，藤原惠的《新潟地震的新闻报道》以全国报纸《朝日新闻》、《每日新闻》和《读卖新闻》对新潟地震后两天内的主要报道进行简要分析，并对 NHK 新潟支局的应对措施和报道情况进行简要介绍。⑦ 该文章以记述、归纳为主，并无学术性分析。

上述文献回顾一方面为本书梳理新潟地震中媒介传播活动的整体情况提供了历史资料；另一方面为本书研究新潟地震中具体媒体传播活动，提供了研究视角和具体操作思路等方面的参考。

---

① 新潟日報社『地震のなかの新潟日報』新潟：新潟日報社、1965。
② NHK 新潟放送『新潟地震と放送：非常災害における放送の役割』新潟：NHK 新潟放送、1964。
③ BSN 新潟放送『新潟放送 15 年のあゆみ』新潟：BSN 新潟放送、1967。
④ 日本放送協会『NHK 年鑑 1965』東京：日本放送出版協会、1965。
⑤ 新潟市『新潟地震誌』新潟：新潟市、1966。
⑥ 広井脩「新潟地震と災害報道」『月刊消防』、1987（7）、44 – 51 頁。
⑦ 藤原恵「新潟地震の新聞報道」『関西学院大学社会学部紀要』第 9・10 合併号、1964、41 – 48 頁。

四　阪神大地震中媒介传播研究相关文献回顾

（一）有关阪神大地震中报纸报道的研究

考察已有的研究文献，研究者们有关阪神大地震的报纸报道的研究，主要集中在以下几个方面。一是对报道内容进行细化分类，按照类别对报道进行量化统计分析，总结不同类别的报道数量的变化趋势。代表性的研究是荏本孝久、望月利男的《阪神·淡路大地震相关的新闻报道信息整理——根据地震时间序列变化的分析》。二是按照报纸的发行范围，比较在震区发行的报纸与在非震区发行的报纸在报道数量和内容上的区别。代表性的研究有中林一树、村上大和的《阪神·淡路大地震相关的新闻报道的比较分析——阪神版与东京版信息的差异》。三是对阪神大地震中报纸发行的号外研究，羽岛知之对阪神大地震中的发行的号外进行了量化统计分析。

上述研究成果解决了日本全国范围内发行的报纸有关阪神大地震报道的量化统计分析以及面向震区和非震区在报道数量和内容的区别，并对全国范围内有关地震的号外进行了量化统计分析，但尚存在欠缺，如：现有的灾区地方报纸报道情况的文献大多是史料性的记载或是当时采编人员的业务总结，科学、系统地对报纸报道情况进行内容分析的研究尚未发现；号外作为震后非常时期信息传播的重要载体，目前发现的相关研究中只停留于对号外发行数量的统计上，而并无对号外具体内容的研究成果；等等。

（二）有关阪神大地震中广播电视报道的研究

阪神大地震中广播电视报道的研究主要集中在以下几个方面。

一是广播电视从业者对地震中报道活动的回顾和总结，其中部分研究直接对当时的报道内容进行概述性的分析，归纳报道内容的特色和不足。如：大西胜也的《NHK·史上最长时间的灾害放送》，详述了NHK综合电视、教育电视和FM在震后一周的主要报道情况[1]；平塚千寻的《备受受灾

---

① 　大西勝也「NHK史上最長の災害放送」『放送研究と調査』、1995（5）、4－5頁。

者关注的地方商业广播电视》一文，介绍了受灾地神户 SUN – TV、广播关西（AM 神户）以及兵库 FM（FM 神户、Kiss FM）三家商业广播电视在灾害中的报道活动①；川端信正、广井修的《阪神·淡路大地震与广播报道》一文，以 NHK、AM 神户、MBS 每日放送、ABC 朝日放送及 OBC 大阪广播为分析对象，对地震中的广播报道内容情况进行介绍，该文章的最大贡献在于将上述电台在地震当天的报道原文进行整理记录，为后续研究提供了珍贵的样本资料②；三上俊治的《阪神·淡路大地震中的安否信息分析》一文对此次地震中广播的安否信息报道进行综合分析③；广井修在《灾害放送的实态与课题》一文中，指出阪神大地震中广播电视台存在应急反应有迟缓、安否信息系统不完善以及生活信息提供不足等问题。④ 这一类型的研究，为本书了解阪神大地震中广播电视媒体的信息传播活动提供了基础。

二是基于多媒体环境的背景考察作为广播电视新形态的地域广播电视在地震中发挥的作用。这类的研究主要针对灾害中社区广播和闭路电视如何发挥作用进行总结，如：平塚千寻的《作为地域灾害信息机构的闭路电视》介绍了受灾地的淡路无色闭路电视（ACT）、明石闭路电视（ACTV135）、神户闭路电视、芦屋闭路电视、西宫闭路电视（CVN）、尼崎闭路电视（CWA）、伊丹闭路电视等电视台的信息传播情况，并总结闭路电视在地震中所发挥的功能。⑤ 而对社区广播的研究在时间上相比较 CATV（Cable TV）显得略微滞后，在地震发生的当年并未出现对社区广播研究的文章。随着社区广播在灾害中发挥的作用在实践过程中逐步得以肯定，后续的有关研究文章也相继出现，然而尚未发现对阪神大地震中社区广播如何进行信息传播的个案研究，大部分研究只是将此次地震作为促进日本社区广播发展

① 平塚千尋「被災者の目線に徹した地元民」『放送研究と調査』、1995（5）、8–9 頁。
② 川端信正・廣井脩「阪神・淡路大震災とラジオ」『放送東京大学社会情報研究所調査研究紀要』、1996、83–95 頁。
③ 三上俊治「阪神・淡路大震災における安否放送の分析」『東洋大学社会学部紀要』、2002（1）、119–133 頁。
④ 広井脩「災害放送の実態と課題」『放送研究と調査』、1995（5）、22–25 頁。
⑤ 平塚千尋「地域災害情報機関としてのケーブルテレビ」『放送研究と調査』、1995（6）、22–23 頁。

的契机进行表述，这为本书提供了一个研究的空间。

三是从灾害社会信息论的视角综合考察广播电视在灾害中的作用和功能。如小田贞夫在《阪神大地震与广播电视》中从媒介功能的视角归纳广播电视媒介在阪神大地震中所发挥的特色作用，并将广播电视置于多媒体环境中，与其他类型的媒介进行比较，考察广播电视所发挥的作用[1]；小田贞夫在《灾害广播电视的评价与课题——灾区问卷调查的分析》一文中，将NHK放送文化研究所与大阪、神户放送局联合组织的灾区问卷调查结果进行整理，总结广播电视在阪神大地震中所发挥的作用，并在此基础上探讨广播电视在灾害中的功能和地位。[2] 这一部分的研究，已经开始结合日本灾害社会信息论探讨媒介在灾害中的具体功能。虽然在这一时期研究成果仍然不够丰富，但是其也为后续的研究提供了一个重要的研究视角。

（三）有关阪神大地震中互联网信息发布的研究

川上善郎、田村和人等的《阪神大地震与互联网——互联网、NIFFTY服务器的灾害信息内容与构造》一文中，以当时日本流行的NIFFTY电脑服务器和ASAHI NET网站为研究对象，对基于互联网技术的信息传播进行总结。[3] 五藤寿树《灾害中互联网的使用与课题——以阪神大地震为例》，概述神户市内的互联网网页信息对该地震的报道情况，并介绍美国相关网站传播震灾信息的方式，文章以概述为主。[4] 这一方面的研究数量较少，且仅停留在对具体个案的描述层面，但是能够说明互联网在日本应用早期，相关的研究者已经开始探讨新的媒介形式对于灾害信息传播的意义。

五 东日本大地震中媒介传播研究相关文献回顾

由于东日本大地震距今发生的时间较近，而且受灾范围较大、受灾程

① 小田貞夫「阪神大震災と放送」『放送研究と調査』、1995（5）、2–3頁。
② 小田貞夫「災害放送に評価と課題——被災地アンケート調査の分析から」『放送研究と調査』、1995（5）、10–21頁。
③ 川上善郎・田村和人・田畑暁生・福田充「阪神大震災とコンピュータ・ネットワーク：インターネット、ニフティサーブ等における震災情報の内容と構造」『情報研究』、1995（16）、29–54頁。
④ 五藤寿樹「災害時におけるインターネットの利用と課題 阪神大震災の事例から」。

度较深，各学术领域对东日本大地震相关的研究成果较多，新闻传播学界也不例外。总体而言，东日本大地震中的媒介传播研究成果除了研究内容随着媒介环境的改变有所拓展以外，其研究方法也较前几次地震研究而言更加科学化，以内容分析、文本分析为代表的实证研究方法开始大量运用到研究当中，积累了大量的数据资料，为本书提供了基础数据。按照不同媒介区分，主要的研究成果如下。

（一）有关东日本大地震中报纸报道的先行研究

东日本大地震中对报纸报道的先行研究，相比较其他类型的媒介研究而言，成果较少。一是因为报纸作为最传统的印刷媒介，在历次地震中所发挥的功能已经处于相对稳定的状态；二是因为随着媒介环境的变化，新媒介在灾害中的功能以及与传统媒介融合的趋势愈加明显，因而更多的研究者将视角放在新媒介在灾害中的功能研究上。

除了每次地震后都出现的一系列业内的业务文章总结外，大部分的成果集中于对全国报纸和部分地方灾区报纸的内容分析，分析其报道内容的变化趋势和内容倾向。如早稻田大学花田研究室《报纸是否正确传播了大地震——学生们的报纸版面分析》一书中，集合了早稻田大学学生和老师收集的对东日本大地震中全国报纸和灾区地方报的报道情况，研究方法多为内容分析法[1]；渡边良智的《报纸的东日本大地震报道》对全国报纸和地方报纸共 5 家报纸为研究对象，分析其报道的总体概况、头版报道内容及社论，比较全国报纸与地方报纸对地震内容报道的异同[2]；铃木雅雄、上出义树、沈霄虹等对《读卖新闻》和《朝日新闻》在震后三个月的报道进行量化统计，并通过分析社论和投稿专栏，分析报纸对有关核辐射的态度和内容偏向。[3]

---

[1]　花田達朗・教育学部花田ゼミ『新聞は大震災を正しく伝えたか』東京：早稲田大学出版部、2012。

[2]　渡辺良智「新聞の東日本大震災報道」『青山学院女子短期大学紀要』、2011、70－71 頁。

[3]　鈴木雄雅・上出義樹・沈霄虹他「東アジアにおけるマス・メディア規範理論構築への手がかり：3・11 東日本大震災及び福島原発事故報道から」『コミュニケーション研究』（43）、61－78 頁。

（二）有关东日本大地震中广播电视报道的先行研究

关于广播电视在东日本大地震中的传播研究是研究者们的重点之一。除了业界进行的业务报道文章以外，对广播电视在地震中的应急对策、报道内容以及功能定位相关的研究成果较多。如：NHK 文化研究所《放送研究与调查》推出地震中的电视研究系列文章，《东日本地震发生时，电视报道了什么（1，2）》（媒体研究部节目研究小组）、《东日本大地震发生后的24 小时内电视信息传播的推移》（田中孝宜、原由美子，2011 年 11 月）等基本还原了日本主要电视台在地震中的详细报道情况；《3 月 11 日，如何看待东日本大地震的紧急报道》（瓜知生，2011 年 7 月）则从收视调查的角度对地震当天电视节目进行分析。丹羽美之、藤田真文（2013）在其编著的《媒体震动：电视·广播与东日本大地震》中分三个部分，即广播与大地震、电视与大地震、核泄漏事故报道，以灾区当地广播电视的报道为主要样本，对地震中的灾区广播电视报道的具体情况进行介绍，并分析广播电视报道核泄漏事故的方式及其内容偏向。[1]

由于广播在地震中的功能再次被确认是有效的，尤其是临时灾害广播方式在东日本大地震中的迅速发展，对东日本大地震中广播功能的探讨以及临时灾害广播的研究也成为热点。如：岛崎哲彦、山下信的《灾害信息与广播功能》；藤吉洋一郎《宫城县的广播放送所发挥的作用》；宇田川真之、村上圭子的《东日本大地震中临时灾害广播的活动状况》；等等。

（三）有关东日本大地震中新媒介传播的先行研究

东日本大地震中的新媒介传播是整个媒介传播研究中的重点。一方面全球的媒介发展已经步入新媒介时代，对新媒介的关注是必然趋势；另一方面，新媒介在灾害中普遍地发挥功效，但在东日本大地震当属首次。

研究者们对震中新媒介传播的研究主要分为两个方面。一是新媒介本

---

① 丹羽美之・藤田真文『メディアが震えた：テレビ・ラジオと東日本大震災』東京：東京大学出版会、2013。

身作为新闻媒体、信息传播主体所展开的活动，如：远藤薰的《媒体如何报道大地震·核泄漏事故》一书中专门列出章节对新媒介在地震中的具体传播行为进行介绍①；Video Research Interactive 调查公司出具的调查报告《东日本大地震中生活者的互联网媒体接触行为》，对地震中人们接触互联网传播的行为进行具体分析。② 二是传统媒介如何借助新媒介平台，通过新旧媒介的融合在地震中发挥作用，如：远藤薰的《媒体如何报道大地震·核泄漏事故》的部分章节对新媒介与传统媒介在地震中联合报道进行介绍③；藤代裕之、河井孝仁《东日本大地震中报社的 Twitter 使用状况差异及其原因》《东日本大地震中使用社交媒体进行信息流通的特征》，主要对主要报社如何使用 Twitter 等社交媒体进行灾害信息传播进行分析和评价④；村上圣一的《东日本大地震·广播电视如何使用互联网》对公共广播电视 NHK 以及在京商业电视、灾区部分商业电视如何使用基于互联网传播的新媒介进行信息传播进行详细介绍和分析⑤。

上述的研究成果首先为本书提供了地震发生后媒介信息传播的基本情况，一些调查研究还为本书提供了基础数据。由于相关的研究至今仍在进行之中，相关的文献也处于动态更新之中。综观上述研究内容，比较而言，灾区新媒介传播的研究成果相对宏观的概述多于个案研究，尤其是对灾区广播电视、临时广播的个案分析相对较少；虽有部分媒介发挥功能的研究文章，但多是停留在媒介所发挥的具体功能上，上升至理论层面的探讨较少。

---

① 遠藤薫『メディアは大震災・原発事故をどう語ったか』東京：東京電機大学出版局、2013。

② Video Research Interactive. 東日本大震災における生活者のインターネットメディア接触行動，http://www.videoi.co.jp/data/document/VRI_3.11booklet.pdf, 2011 – 10 – 1/2014 – 02 – 11.

③ 遠藤薫『メディアは大震災・原発事故をどう語ったか』東京：東京電機大学出版局、2013。

④ 藤代裕之，河井孝仁「東日本大震災におけるソーシャルメディアを利用した情報流通の特徴」『社会情報学会（SSI）学会大会研究発表論文集』、2012、271 – 274 頁。

⑤ 村上聖一「東日本大震災・放送事業者はインターネットをどう活用したか」『放送研究と調査』、2011（6）：13 – 15 頁。

第三章 印刷媒介时代：关东大地震中的
媒介功能研究

第一节 关东大地震概况及本章研究思路

一 关东大地震概况

关东大地震是发生于 1923 年（大正 12 年）9 月 1 日上午 11 点 58 分的一次里氏 7.9 级大地震，是日本近代化以来发生于首都地区的唯一一次巨大地震，受灾范围广泛，涉及南关东地区至东海地区（包括东京都、神奈川县、千叶县、埼玉县、茨城县、静冈县及山梨县）。[①] 关东大地震还引发了东京地区的大型火灾，并导致大量建筑物坍塌，爆发泥石流灾害及海啸，造成超过 10 万的死亡人数。[②] 据推断，由此次地震带来的直接经济损失达到 55 亿日元，也有说超过 100 亿日元，相当于当时日本国家预算的 4 ~ 7 倍。[③] 关东大地震对于整个日本尤其是关东地区来说，是一个致命的打击，地震本身造成的影响加之由地震带来的次生灾害火灾、海啸及泥石流，更加剧了灾害的严重程度。关东地区的交通、通信、电力等关乎人们正常生

---

① 日本内閣府『1923 関東大震災報告書』中央防災会議災害教訓の継承に関する専門調査会、2006。
② 有关关东大地震的死亡人数，不同的研究者在数据上有所分歧。诸井孝文、武村雅之两位学者于 2004 年在比较各种资料的基础上，得出死亡人数约 105385 人、房屋损害数为372659 的结论。日本内阁府的报告书也引用了该数据。
③ 日本内閣府『1923 関東大震災報告書』中央防災会議災害教訓の継承に関する専門調査会、2006。

活所必需的生命线设施遭到严重破坏，导致社会系统无法正常运行。同样，关东地区的主要媒介报纸和杂志也遭受重创，大部分报社和杂志社被地震带来的火灾烧毁，这样就使地震中的信息传播变得尤为困难（后文将详述）。信息传播渠道的不通畅，也造成了关东地区谣言四起，其中有关"朝鲜人暴动"的谣言甚至还酿成严重的"朝鲜人虐杀"事件，使原本在自然层面的灾害又增添了人祸的因素。总之，关东大地震给包括新闻传播体系在内的社会系统带来了重创，本章将着重研究此次地震中新闻媒体的整体状况以及功能发挥情况。

二 具体研究思路与方法

对关东大地震中的媒介研究，主要从三个方面入手：一是立足现有的历史性文献，对地震中媒介所采取的应急措施和应对举措进行归纳总结；二是对当年报纸报道的原文进行研究，分析其报道中所呈现的媒介功能与特征；三是参考部分先行的研究中对关东大地震尤其是"朝鲜人虐杀"事件的内容分析研究，归纳媒介功能。

在研究报纸报道方面，主要采取个案分析法。本书选取关东大地震中唯一一个从未中止出版发行的报纸《东京日日新闻》（《每日新闻》的前身）作为研究对象，选取该报纸在震后一个月内（从 1923 年 9 月 1 日至 9 月 30 日）的所有报道，分析该报纸在震后非常时期和逐步恢复正常出版秩序后的报道所显现的媒介功能特征。

第二节 关东大地震与印刷媒介的发展

一 关东大地震发生前：关东地区印刷媒介正处于蓬勃发展阶段

从时代发展的脉络来看，关东大地震发生的 1923 年正处于大正末期。① 1923 年，日本尚处于印刷媒介时代，主要的大众媒介传播形式为

---

① 日本大正时期从 1912 年 7 月 30 日开始，直至 1926 年 12 月 25 日结束。大正结束以后，日本进入昭和时期。

报纸和杂志等纸质媒介，直至大正时期尾声的 1925 年，日本才开始出现广播业务。从日本新闻发展史的角度而言，大正时期一方面被称作报刊发展的成熟时期，另一方面当时又是广播作为新媒介形式出现的初创时期。春原昭彦认为，大正时期日本报纸成熟的表现主要有五方面：一是这一时期的报纸开始打破藩阀[①]官僚政治，主张民主；二是报纸界内部继续前期的相互竞争，尤其是在社会版面的报道方面竞争更为白热化；三是国际新闻报道方面的发展，报社开始外派记者，众多记者都曾参与巴黎和会（1919 年）、华盛顿会议（1921 年）等国际会议报道；四是报社内部从组织上强化政治部和社会部，采访方法也在这一时期确立；五是关东大地震让大阪系报纸《每日新闻》和《朝日新闻》称雄全日本，而东京系报纸除了《读卖新闻》外，其余大部分报纸在遭受地震打击后逐渐衰弱，从而形成三大报纸三足鼎立的局面。[②] 除了报纸，杂志和书籍也在 1918 年、1919 年前后迎来发展的黄金时期。这一时期的日本出版了大量文艺、科学、哲学等学术著作的译本，虽说在日本本土学界内出版的具有世界影响力的著作比较少，但是震前出版界的壮观景象仍是前所未有，无论是数量还是质量都达到了全盛状态。[③] 总而言之，在关东大地震发生之前，包括报纸、杂志及书籍在内的日本印刷媒介已经发展到一个相对成熟的阶段。

二 关东大地震：给关东地区印刷媒介带来致命打击

关东大地震对东京地区包括书刊和报纸在内的印刷媒介产生重要的影响。以报纸为例，地震发生前的那一年 8 月，东京各地区报纸的发行数量从大体上看东京系的报纸《报知新闻》在东京和其他地区的合并发行量为 34 万份，居首位。《国民》与《时事新报》的发行量也

---

① 藩阀，这是对日本近代政治制度的一种特殊称谓，是对明治年间占据政府和军队要职的南日本诸藩（长州、萨摩、土佐、肥前）出身集团的一种批判性称呼。西方将其称为明治寡头制（Meiji oligarchy）。

② 春原昭彦『日本新聞通史四訂版』東京：新泉社、2003、140 - 141 頁。

③ 震災と出版界『大正大震火災誌』、1924、84 頁。

超过 30 万份。《读卖新闻》与《万朝报》的发行量都在 10 万份左右。大阪系的《东京日日新闻》发行量为 24 万～25 万份，《朝日新闻》的发行量也大致如此。① 关东大地震的发生，对于正处于向上发展期的东京各大报纸来说无疑是致命性的打击。以报纸为例，当时东京 16 家日报社中只有 3 家在地震中免遭火灾烧毁：东京日日新闻社、报知新闻社和都新闻社，其余 13 家报社的房屋包括印刷机器在内全部被烧毁。

地震给报社带来的损失情况，从现存的史料中可见一斑。东京朝日新闻社被火灾烧毁，其引起的发行量和规模在当时东京地区的报纸中领先，因而受到的损失也较大。"东京朝日新闻社也受到了大火的袭击。因为是新建的大楼，地震中就只是受到让玻璃窗破损这种程度的破坏，社员也都平安无事。但是因为自来水管道受到破坏，到了半夜，报社的房子完全卷入了烈火中，报社的功能被夺走了。当时除去东京日日新闻社和报知新闻社两个报社外，其余的报社悉数被烧毁。东京朝日新闻社报纸发行量多，因此社内设备也是大规模的，所以在地震中遭受的损失最大，恢复重建也是最困难的。"② 与东京朝日新闻社类似，地震前读卖新闻社也建成新社大楼，预计在 1923 年 9 月 1 日晚召开新社成立庆祝大会，然而在会议开始的 6 个小时前也遭受了地震和火灾的侵袭。"第一次的激震，本社的电力、煤气、自来水管道等一齐停止运转。轮转机无法工作，活字板也全部散落无法使用……夜晚，刚完成的新社大楼在完成典礼前只剩下了天花板和外墙，最终大楼被完全烧毁。"③ 即便是免遭火灾烧毁的报社，在一定程度上也遭受到破坏。东京日日新闻社、报知新闻社以及都新闻社的活字印刷板均在地震中倒塌，活字呈散落状态，加之电源、煤气、自来水管道以及通信的断绝，使正常的印刷工作也无法进行。因此，关东大地震后，东京地区的报业基本处于瘫痪状态。

① 読売新聞社『読売新聞八十年史』東京：読売新聞社、1955、44 頁。
② 朝日新聞社『朝日新聞七十年小史』東京：朝日新聞社、1949、190 頁。
③ 読売新聞社『読売新聞百二十年小史』東京：読売新聞社、1994、101 – 102 頁。

第三节　号外：震后非常时期信息传播的重要途径

一　灾害带来的物理性破坏与信息需求之间的矛盾

关东大地震发生后，原有信息传播的条件和渠道遭到破坏，使整个东京乃至关东地区的信息传播环境被迫改变。从信息传播的硬件设施来看，当时主要的大众传播媒介报纸，其出版所需要的活字板、印刷机，乃至报纸生产所需的物理空间、报社及印刷厂都受到重创，整个报纸生产流程遭到破坏；从发行的渠道来看，当时关东地区的交通也处于瘫痪状态，报纸发行也存在严重的问题；地震带来的次生灾害，对报业的工作人员来说也是严重的挑战，在实现信息传播的同时人身安全问题也不容忽视。总体而言，关东大地震后信息生产和信息传播环节都存在困难。同时，关东大地震作为破坏性极强的地震，还伴随火灾、海啸等重大次生灾害的发生。人们所处的物理环境和生活环境在瞬间发生改变，加之人们对灾害的不确定性缺乏认知，更需要通过各种信息作为人们在灾害中采取恰当行为的判断依据。这就形成了信息生产、信息传播的困局与信息需求、信息接收之间的矛盾，这一矛盾的解决是媒介发挥功能的重要前提。

二　号外：震后非常时期解决信息需求与传播之间矛盾的有效途径

关东大地震后，东京地区的报纸在无法正常出版的情况下，以发行报纸的暂时替代物——号外的方式来实现信息的生产和传播。各家报纸都竞相采用发行号外的方式来传播信息，这在当时形成了一场"号外之战"。在当时的情境下，免遭火灾的三家报社在1923年9月1日地震当天即发出号外的有三家报社：东京日日新闻社、报知新闻社和时事新报社。

（一）《东京日日新闻》号外的出版与发行

东京日日新闻社在地震后立即做出了应急对策。"东京日日新闻社在第一震过后便觉察到了事态的严重性，一方面在保护报社用房的同时，基于城户主编'绝对不能让报纸休刊'的方针下，随即就决定出版号外。"① 然而，东京日日新闻社的活字印刷板在地震中散落，并且因为煤气、电力的中断，出版印刷版的号外也有很大困难。"（员工们）煞费苦心地将散落一地的活字从地上捡起并重新整理，在印刷部长久保田辰彦先生的指挥下，在四楼的临时用房中使用脚踏式机器，手动印刷了数百枚第一号外，于下午 2 点左右发放了出去。"② 用同样的办法，《东京日日新闻》于当日下午 5 点左右，又发出了第二号外。由于当时活字的整理存在相当大的困难，因此第一号外和第二号外都使用了最基本的活字进行印刷。

《东京日日新闻》第一号外只有一条消息，标题是《本日的大地震房屋倒塌、死伤无数火灾四起》，消息主体为："本日上午 11 时 55 分，由于伊豆大岛的东海线发生地震，东京府下及神奈川、千叶、静冈各县均有大激震，震幅四寸。市内的本所、浅草、深川岛等低海拔地区（震感）最为强烈，房屋倒塌，死伤无数。发生火灾的主要地区如左所示……"③ 第二号外的内容比第一号外的内容丰富许多，共计 12 条消息，其中头条刊登了源自东京大学地震研究室公开发布的信息，"震源为伊豆大岛的海底，为安政以来的强震，后续将进入平稳期，东大地震教室发表"④，介绍了地震震源、地震程度、主要受灾情况和地震发展态势等基础信息。其余的 11 条消息均为地震以及火灾的受灾情况，其中《凄惨的市中穿行记，从万世桥到丸之内》记录了记者外出采访所见到的东京市区震后的惨状，记录时间为当日下午 1 点 30 分。

然而，通过手工印刷的号外数量有限，只能供张贴用，不能满足更大范围内市民对信息的需求，这就迫使社内人员需要解决印刷的问题。1923 年 9 月 2 日，东京日日新闻社与群马县前桥地区的上毛新闻社进行交涉，将已经发行的第一号外和第二号外在其印刷厂内又增印了共计 10 万份左右。⑤

① 毎日新聞社『毎日新聞七十年』東京：毎日新聞社、1952、222 頁。
② 毎日新聞社『毎日新聞七十年』東京：毎日新聞社、1952、222 頁。
③ 東京日日新聞社「東京日日新聞第一号外」1923 年 9 月 1 日。
④ 東京日日新聞社「東京日日新聞第二号外」1923 年 9 月 1 日。
⑤ 毎日新聞社『毎日新聞七十年』東京：毎日新聞社、1952、222－223 頁。

其中，约 5 万份分送至东京日日新闻社所在市内的各大销售点，剩余部分在东京都和千叶县地区进行分发。根据现存的数据库检索，在关东大地震中东京日日新闻社的号外发行一直持续到 1923 年 9 月 5 日，共计发行号外 6 份。

（二）《报知新闻》号外的出版与发行

与东京日日新闻社一样，报知新闻社的房屋虽然没有遭到地震和火灾的侵袭，但是正常使用的活字印刷板同样散落一地，电力、煤气、自来水等动力能源也都断绝，正常的报纸出版工作无法正常进行。与东京日日新闻社不同的是，报知新闻社在地下仓库中存有备份的活字，省却了整理活字的麻烦。1923 年 9 月 1 日下午 3 点左右，报知新闻社出版了第一号外，消息标题为《全市大半化成烧土，死伤数上万》[1] 同样，最初报知新闻社出版的号外也是用手工印刷、誊写或在新闻报纸上直接手写新闻的方式，只够小范围内地张贴或发放。由于当时东京地区的电信联络处于瘫痪状态，为了将关东大地震的信息让更多地方的人知晓，扩大信息的传播范围，报知新闻社派出记者携带报道材料前往通信通畅的前桥地区，将号外内容发往各地分社，使地震相关信息得以在全国范围内传播。1923 年 9 月 3 日，报社又派人驱车将大量纸质新闻送往前桥地区，印刷号外 10 万余份送回东京市内派发；9 月 4 日，在茨城县水户市印出的 5 万份号外发往东京市内的同时，东京报社本部也刊发了半页纸的号外。[2] 特派记者在前桥地区的报道活动一直持续到 9 月 7 日。[3]

（三）《时事新报》号外的出版与发行

据史料记载，时事新闻社是关东大地震发生当日发行号外的第三家报社。"时事新闻社在遭遇地震后随即付出异常的努力，于下午 2 点印刷出号外。由于活字板和动能都被中断无法印刷，只好用手动印刷的机器印刷

---

① 報知新聞社『報知七十年』東京：報知新聞社、1941、66 頁。
② 千葉亀雄「大災当時の新聞の活躍」『大正大震火災誌』、1924、58 頁。
③ 報知新聞社『報知七十年』東京：報知新聞社、1941、67 頁。

出数百份……同时，报社前往东京机械制作所购买了现成的轮转机、铅板机及其他设备，并借用了东京打字机公司的第二工厂。第三天，将重建的报社本部迁移至庆应义塾的讲堂，同日下午出版半页大的号外。"[①] 从此段记述可以看出，虽然报社遭受了火灾的侵蚀，但是时事新报社第一时间内使用号外恢复信息传播功能，并从硬件方面为恢复正常的信息传播活动做出努力。

（四）其他报社号外出版与发行情况

除了前文所述三家报社当天立即发行号外以外，东京的其他报社也以发行号外的方式来传播地震信息，相比较上述三家，其他报社发行号外在时间上稍有滞后。根据有记载的文献考证，都新闻社"于9月2日上午10时召集社员，出版誊写版号外，由社员分头在市内各地张贴……9月3日，因活字整理完毕，印刷发行了半页纸大小的号外，但是由于动能尚未恢复，只能以一个小时600张的速度印刷"[②]；东京朝日新闻社从9月4日开始发行号外，直至9月11日[③]；读卖新闻社"从9月6日开始至11日结束，使用手动印刷机每天出版2页的号外"[④]。

三　典型号外分析：以《东京日日新闻》号外为例

根据对现存资料的收集，关东大地震发生当天（1923年9月1日）所发行的号外中，目前能完全阅读原文的仅剩《东京日日新闻》的号外，本书将分析该号外特色的基础上，归纳号外在地震中的具体功能体现。

（一）号外的发行时间和持续时间

前文也有所提及，《东京日日新闻》的"第一号外"是地震当天即9月1

---

① 伊藤正徳『新聞五十年史』東京：鱒書房、1943、291頁。
② 土方正巳『都新聞史』東京：日本図書センター、1991、303頁。
③ 東京朝日新聞社「東京朝日新聞号外」1923年9月4日—1923年9月11日。
④ 読売新聞社『読売新聞百二十年小史』東京：読売新聞社、1994、102。

日下午3点左右发出的，当天下午5点左右又发出了"第二号外"；9月2日，该报社正常出版《东京日日新闻》朝刊，停发号外；从9月3日至5日，在正常出版朝刊的同时，并行发行号外。9月6日以后，完全恢复正常报纸的出版与发行。

（二）号外的出版形式

从现存的资料来看，《东京日日新闻》的"第一号外"都是活字印刷版本，未出现誊写版本。其中，9月1日的"第一号外"的版面仅有1/4纸面大小；"第二号外"的版面为1/2纸面大小。从9月3日至9月5日的号外版面均为1/2纸面大小。

（三）号外使用的体裁

从9月1日至5日《东京日日新闻》的号外来看，所使用的都是单一的消息体裁，没有出现言论及通常意义上的报纸专栏。

（四）号外的主要内容

从数量来看，《东京日日新闻》号外在关东大地震中共发出56条消息。从号外内容来看，可以分为以下几类：（1）有关地震的基本情况、余震信息及灾害中的受灾情况；（2）政府、军队、政党、企业及其他部门的应对措施信息；（3）能源、资源、交通、信息等生命线恢复信息；（4）避难、避难场所、临时住宅、受灾者等相关信息；（5）救援、支援、捐款及志愿者活动相关信息；（6）其他与地震无关的信息。根据上述分类，将各自报道所属类别进行量化统计，可以知晓《东京日日新闻》在震后初期所报道的内容主要集中在"有关地震的基本情况、余震信息及灾害中的受害情况""政府、军队、政党、企业及其他部门的应对措施信息""能源、资源、交通、信息等涉及生命线的信息"这三个方面，所占比例分别为37%、28%和22%；"救援、支援、捐款及志愿者活动相关报道"达11%，有关"避难、临时住宅等的报道"较少，仅占2%（见图3-1）。

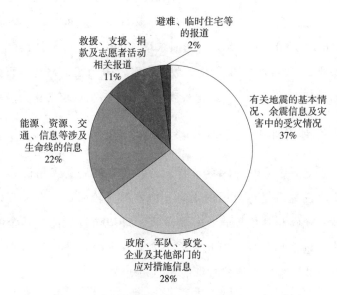

图 3 - 1　《东京日日新闻》号外报道内容分类
（从 1923 年 9 月 1 日至 1923 年 9 月 5 日）

四　号外的功能定位

（一）号外是对报纸在灾害情境下无法发挥功能的弥补

从关东大地震的日本各报社发行的号外情况来看，在报纸无法正常刊发的时间段内，也就是地震后混乱时期，号外作为一种特殊的媒介形式，在一定程度上承担了信息传播的功能，成为地震后混乱期信息传播的主要渠道。从这个意义而言，号外的出现是对报纸无法正常发挥功能的弥补。

（二）号外成为当时获取灾害信息的重要来源

从号外的发行方式和传播范围来看，由于地震后东京的交通处于瘫痪状态，号外的发行主要靠张贴和街头发放的方式，也有报社，如东京日日新闻社利用原有的网络状贩卖点进行号外的发行。号外的印刷点基本都在东京的周边地区，如茨城县的前桥、水户地区，通过在这些地方大量印刷再送回东京市内发行的方式来实现最大范围的发行。明确的发行数字，现在已经无法考证，现有的资料只有 1923 年 9 月 2 日《东京日日新闻》号外"在前桥加印 10 万份左右，5 万份送回东京"的记载；按照地震前《东京日日新闻》报纸 24 万～25 万发行量的数字来看，10 万份的号外发行数量已经具备一定的地区覆盖能力，在一定程度上缓解了信息供求的压力。

（三）号外并不能完全取代报纸的功能

从关东大地震中号外的内容来看，主要刊载震后受灾情况、各部门应对措施及生活设施恢复等方面的消息，内容都比较简短，也没有评说和解释性的文章，就媒介功能而言，只是体现了环境监视功能，其余的功能在当时的情境下也很难实现。因此，关东大地震中的号外只是非常时期的特殊媒介形式，并不能完全取代报纸的功能和地位。

第四节　逐步恢复中的报纸报道分析：以《东京日日新闻》为例

如前文所述，关东大地震对东京地区的报业冲击甚大，在短时间内恢复正常出版发行秩序显然十分困难。在地震中未遭受火灾侵袭的报社在恢复重建方面相对享有优势。从现有能收集到的 1923 年的报纸原文来看，《东京日日新闻》于 9 月 2 日出版朝刊、《报知新闻》于 9 月 5 日出版日刊、《都新闻》于 9 月 8 日出版朝刊、《东京朝日新闻》于 9 月 12 日出版朝刊、《读卖新闻》于 9 月 16 日出版日刊。其中，《东京日日新闻》从震后第二天起即开始正常出版，从未中断。出于研究样本的完整性考虑，本书以《东京日日新闻》为研究对象，选取其 1923 年 9 月出版的所有朝刊作为样本，分析其在地震中的功能发挥。

一　版面数量：反映出版的动态

本书选取《东京日日新闻》朝刊 1923 年 9 月（从 9 月 2 日至 9 月 30 日）的报纸作为样本，考察版面数量的变化。据统计数据显示，9 月 8 日前该报纸都只有 2 个版面，从 9 月 8 日至 13 日维持在 4 个版面；14 日之后有小幅度增长，14 日、15 日增至 6 个版面，16 日达到 8 个版面；从 17 日至 21 日又恢复至 4 个版面；22 日以后，除 22 日、25 日、27 日、29 日为 8 个版面外，其他均为 4 个版面。而在关东大地震发生前的同年 8 月，《东京日日新闻》朝刊的正常版面为 12 个版面。震后一个月左右，受到物理条件的影响，报纸出现并维持在 2 个版面，随后基本稳定在 4 个版面，个别日期版面有所增加。

版面的数量可以反映一个报纸的信息量承载程度，从图 3 - 2 呈现的数字来看，震后一个月的报纸版面尚未恢复到震前的水平。因此，震后报纸在信息量承载方面有所减弱。

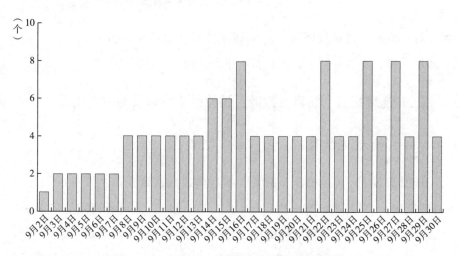

图 3 - 2　《东京日日新闻》朝刊版面数量走势
（从 1923 年 9 月 2 日至 9 月 30 日）

二　头条的内容：反映报纸关注的重点

《东京日日新闻》朝刊从 9 月 2 日至 30 日的 29 条头条，内容主要集中在地震受灾情况，皇室活动与应对措施，政府、军队及其他机构的应对措施这三个方面，只有 3 条头条与地震无直接关联。按照这几个类别进行分类，得出各类别头条数量的比例见图 3 - 3。

29 条头条新闻中有超过一半数量是有关政府、军队及其他机构应对措施的内容，表明该报纸在这段时期的关注重点在政府及相关部门采取怎样

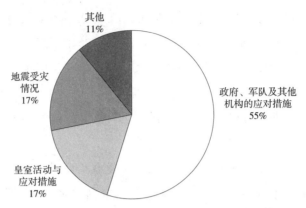

图 3 - 3　《东京日日新闻》新闻头条内容分类
（从 1923 年 9 月 2 日至 9 月 30 日）

的应对措施上。相比较而言，受灾情况虽然在报纸中也大量出现，但是在头条出现的频率相对较少，而且基本出现在地震后的一周以内。

三　连续报道、解释性报道、评论性文章以及专栏的情况

（一）典型连续报道

1923 年 9 月，《东京日日新闻》朝刊典型的连续报道主要有以下几个。《巡看死市》（9 月 5 日第一报、9 月 5 日第二报），由记者在震后的东京各地巡回采访，记录当时震后的受灾情况和惨状。《东海道观察记》（9 月 8 日、9 日及 11 日），由特派记者水谷生赴横滨、户塚、大船、镰仓、箱根等受灾较为严重的东海道地区进行实地采访，记录该地区人们震后的生活状态。1923 年 9 月 19 日，水谷生再次撰写文章记录东海道地区人们重建家园的姿态。典型连续报道主要针对的是关东地区的受灾情况以及人们生活的实态。

（二）解释性报道

相比连续报道，震后《东京日日新闻》朝刊的解释性报道较多，共出现 7 篇：9 月 5 日《此次大地震与安政地震的情况相同》（东京大学地震学教室主任、理学博士今村明恒）、9 月 6 日《大型的塌陷地震不会再有关东绝对放心》（气象台台长中村）、9 月 10 日《如何做才能免遭震灾》（今村

明恒）、9 月 11 日《二百二十日（9 月 12 日）也（有雨），无须担心，余震也会减弱》（中央气象台冈田博士）、9 月 20 日至 22 日由今村明恒连续撰写3 篇系列文章《为了下次地震大地震杂谈》。这些文章都是地震气象领域的专家从科学的角度详细说明地震的成因、类型以及应对的对策，带有明显的科普性质。

（三）评论性文章

考察抽取的样本中社论、评论、论说等评论性文章，9 月 19 日之前整个《东京日日新闻》未出现评论性文章。从 19 日开始在头版头条位置连续出现评论性文章（见表 3－1）。

表 3－1　《东京日日新闻》关东大地震相关评论文章目录

日　　期	评论文章标题
9 月 19 日	请提供职位、急需立案
9 月 20 日	职业介绍、培养自治心
9 月 21 日	对新外相的期待、从容的国民
9 月 22 日	教育的中断、政党的正确姿态、自助吧
9 月 23 日	陆相的训示、反应灵敏的得失
9 月 24 日	物资供给令、财产的重大损失、芝浦的大停贷
9 月 25 日	将大学搬至郊外、请以笑容呈现吧
9 月 26 日	支付延缓的撤销、重建的一个标语
9 月 27 日	被忽视的横滨市和神奈川县、好好利用横滨吧
9 月 28 日	期待地方人士的奋起、重建费用的问题
9 月 29 日	支付延缓令的撤销、接下来是创业资金的问题
9 月 30 日	中止灾民补贴的是非——如何提供失业对策

评论的内容，主要集中在震后如何恢复重建这一主题上，针对因为地震而遭受破坏的社会系统的多方面，提供恢复重建的建议；针对政府的应对措施，如延缓支付令、灾民补贴政策等，展开讨论并提出意见和建议。自 26 日起连续刊载的主题讨论"帝都复兴策"，向社会公开征集东京恢复重建的方案，虽然征集的方案有的带有一定的论说成分，但更多的是针对"复兴"提出意见；读者来信专栏"角笛"中也时常会出现读者对某件事情的看法。

（四）专栏的设置

在地震后的一段时间内，《东京日日新闻》朝刊基本都是以刊载零散的消息为主。直到1923年9月19日恢复读者来信专栏"角笛"，才出现每天以一个主题选择性刊登读者的来信，如19日的主题是"街头之感"，20日的主题是"产业第一的弊端"，23日的主题是"暴利令与电车"，等等。1923年9月27日以后，地震前的常设专栏逐渐恢复，27日恢复小说连载专栏继续刊载菊池幽芳的小说《她的命运》，并恢复歌词刊载专栏《日日歌坛》，28日恢复象棋专栏。

四 广告的刊载：广告慰问文的出现

从震后直至同年9月5日，《东京日日新闻》朝刊未刊登任何广告。虽然9月20日，报纸才恢复"日日案内"广告专栏字样，但实际上该报的广告刊载于9月6日开始出现，而且广告在整个报纸版面中占一定的比例（见图3-4）。

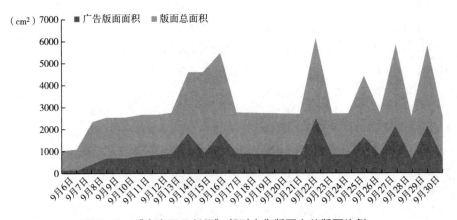

图3-4 《东京日日新闻》朝刊广告版面占总版面比例

其广告的主要内容和样式，以下面两个例子来表现：9月6日首先刊登了"日本电报通信社（电通）于帝国宾馆宴会场入口处急速恢复业务，处理通信及广告相关事宜"的广告；9月7日，便开始出现大量商家刊登的"某某某公司对关东大地震表示慰问"字样的广告。

五 避难者名单的刊登

1923 年 9 月 16 日的《东京日日新闻》在当日第 5 版、第 6 版及第 7 版的位置中刊登了避难者名单，共占据 2 个半版面。避难者名单由"财团法人东京市政调查会救护部临时事务所"整理发布，名单格式为姓名加所在避难地点的简写（报纸对避难地点简写首先就进行了说明）。截至 1923 年 9 月底，《东京日日新闻》仅发布避难名单一次。

六 《东京日日新闻》晚报的出现

《东京日日新闻》自 1872 年 3 月 29 日（明治五年壬申二月廿一日）创刊以来，只有在 1885 年（明治 18 年）创办过晚报（夕刊）。时隔 38 年，在关东大地震后的同年 9 月 19 日，《东京日日新闻》再次恢复晚报。经查阅社史，明治时期因为大众对报纸的时效性要求并不是太高，加之一天发行早报和晚报两种版本的报纸，大大增加了发行的成本，所以《东京日日新闻》取消了晚报的发行。而在关东大地震发生前，报社为纪念东宫殿下（昭和天皇）成婚，决定出版晚报。"9 月 16 日开始，本报每天版面扩大至 12 页，其中 4 页作为 9 月 15 日的晚报（出版日为 16 日）发行。"① 然而，因为关东大地震的影响，晚报推迟到 9 月 19 日才得以正式发行。《东京日日新闻》决定重新恢复晚报是出于经营的考虑，大正时期以后，该报社通过在东京市内直营的方式，开始扩张直营销售点，然而在实际运营的过程中，销售部门发现单一的日报已不能够满足市场的要求，市场第一线也存在对晚报的需求。因此，当时的营业局理事吉武鹤次郎说服了本山彦一社长做出发行晚报的决定。

第五节 "朝鲜人虐杀"事件的报道分析

关东大地震后，在东京都和神奈川县等受灾较为严重的地区，各种谣言四起，其中流传最多的是有关"朝鲜人暴行"的谣言，如："朝鲜人趁火

---

① 东京日日新闻、1923 年 9 月 1 日朝刊。

灾放火""朝鲜人强奸""朝鲜人抢劫""朝鲜人往井里投毒""朝鲜人投放炸弹""杀伤本土人""与军队交战中"[1]，等等。有关谣言产生的时间，根据地震次年警视厅发布的《大正大震灾志》记录，大致产生于（1923 年）9 月 1 日下午的 3 点。而 9 月 2 日下午至 9 月 3 日，谣言开始在以东京和横滨为主的受灾区域内大范围传播。[2] 从 1923 年 9 月 1 日晚开始，以神奈川县和东京都为起点，谣言迅速传至日本的全国各地，以青年团、在乡军人会为主的自警团相继成立，开始了对大量的朝鲜人以及被误认为朝鲜人的日本人和中国人进行虐杀的暴行。此外，在戒严令下一部分军人和警察也实施了对大量朝鲜人的虐杀行为。[3] 有关此次虐杀中死亡的人数，日本司法省（现为法务省）的调查报告书中称被害的朝鲜人为 233 人，被误杀的日本人和中国人分别为 58 人和 3 人。对该数字，姜德相、金承学、吉野照作等人均持异议，大畑裕嗣、三上俊治在三人的调查结果基础上，推断当时被虐杀的朝鲜至少有 3000 人，最多有可能超过 6000 人。[4] 这是一起典型的因灾害中谣言而引起的集群行为，造成了严重的不良后果。根据媒介功能论，灾害中大众媒介能够发挥的一项重要功能便是"缓减不安"功能，理应对灾害中的谣言起到消减作用，从而避免恶性集群行为的发生。大畑裕嗣、三上俊治对 1923 年 9 月 1 日至 12 月 31 日的 6 份东京报纸、8 份日本国内地方报纸、3 份朝鲜报纸中刊登的有关朝鲜人事件的报道进行了详细的内容分析，本书将结合该研究考察媒介在"朝鲜人虐杀"事件中的功能表现。

首先，从新闻报道数量上而言，有关"朝鲜人虐杀"事件的报道，东京的报纸中未遭火灾损失的《东京日日新闻》和《报知》的数量较多，分别为 93 条和 83 条。[5]

---

[1] 吉河光贞『関東大震災の治安回顧』東京：法務府特別審査局、1949、25–27 頁。
[2] 吉河光貞『関東大震災の治安回顧』東京：法務府特別審査局、1949、25 頁。
[3] 大畑裕嗣・三上俊治「関東大震災下の「朝鮮人」報道と論調（上）」『東京大学新聞研究所紀要』、1986（35）、47 頁。
[4] 大畑裕嗣・三上俊治「関東大震災下の「朝鮮人」報道と論調（上）」『東京大学新聞研究所紀要』、1986（35）、48 頁。
[5] 大畑裕嗣・三上俊治「関東大震災下の「朝鮮人」報道と論調（上）」『東京大学新聞研究所紀要』、1986（35）、73 頁。

　　其次，对朝鲜人的称呼。在关东大地震中，各个报纸对朝鲜人的称呼存在差异，主要的称呼有"朝鲜人""不逞鲜人""鲜人""不平鲜人""不逞之徒、不逞之辈、不逞团""一般鲜人、朝鲜人""善良鲜人"，等等。其中冠以"不逞""不平"字样的均带有贬义色彩。大畑裕嗣、三上俊治将整个事件分成五个阶段：第一阶段（从9月1日至6日）震灾后混乱期；第二阶段（从9月7日至15日）《治安维持令》公布后；第三阶段（从9月16日至10月19日）新闻检阅强化期；第四阶段（从10月20日至23日）朝鲜人相关报道的解禁期；第五阶段（从10月24日至12月31日）解禁以后时期。① 在对朝鲜人称呼上，第一阶段以"不逞鲜人"称呼的报道居多，到第二阶段慢慢以"朝鲜人"称呼取代（前者），解禁后"鲜人"的称呼压倒性地变多，而"不逞鲜人"的称呼（阶段）较第三阶段又有所增多。②

　　再次，统计报道中有关"行为"的内容来看，其中涉及"朝鲜人发生了暴行"的报道最多，其次是"自警团等发生了暴行"。在抽样的6份东京报纸中，"朝鲜人所发生的暴行"中报道最多的是"杀人"和"放火"，其次是"暴行"，随后为"交战、袭击"和"掠夺、强盗、抢夺"。③ 以《东京日日新闻》为例，1923年9月3日第一版便刊登"不逞鲜人在各处放火，帝都发布戒严令，三百年文化化成一场梦，夷为墓地的大东京"的新闻④，将东京的火灾归罪于"不逞鲜人"的"各处放火"。

　　最后，表现形式和信息源。从表现形式来看，所有的报道中以"断定"形式出现的约占3/4；单看"朝鲜人的暴行"这一类目，以"断定"形式出现的报道有所减少，相反地以未注明出处的"传闻"形式出现的报道超过平均数值。从信息源来看，以东京报纸为例，"未记载、来源不明"的报

①　大畑裕嗣・三上俊治「関東大震災下の「朝鮮人」報道と論調（上）」『東京大学新聞研究所紀要』、1986（35）、73頁。
②　大畑裕嗣・三上俊治「関東大震災下の「朝鮮人」報道と論調（上）」『東京大学新聞研究所紀要』、1986（35）、91－92頁。
③　大畑裕嗣・三上俊治「関東大震災下の「朝鮮人」報道と論調（上）」『東京大学新聞研究所紀要』、1986（35）、86頁。
④　東京日日新聞、1923年9月3日。

道占 79.1%、来自"公共机构、公职人员"的报道占 15.7%。[①]

总　结　关东大地震中媒介功能之考察

一　实践的视角：关东大地震中媒介所发挥功能的总体评价

（一）号外的发行：缓解了震后信息传播困难与信息需求之间的矛盾

在关东大地震中，以印刷媒介为主的大众媒介在面对地震、火灾带来的物理性的灾害，无法正常出版时，以号外这种特殊的媒介形式进行信息传播，在一定程度上缓解了信息传播困难与信息需求之间的矛盾，成为关东大地震震后一段时期内信息传播的重要渠道和途径。

关东大地震中号外发行的另一个重要意义在于，使号外成为之后日本历次灾害事件中的重要传播形式。虽然在灾害中使用号外这一传播形式并不是始于关东大地震，但是关东大地震中号外的功能呈现，使之成为日本灾害事件中解决信息传播困难的重要形式。

（二）避难者名单的刊登：日本大众媒介安否信息发布的雏形

在关东大地震中，以《东京日日新闻》为代表的报纸，开始以大篇幅的版面刊登避难者的名单，其主要目的是便于读者找寻在地震中失去联络的亲友，使报纸成为人与人之间获取联络的重要工具。这也是日本灾害传播史上以全版报纸刊载名单的方式刊登安否信息的较早记录。[②] 从后来的几次地震媒介报道的情况来看，刊登避难者名单、死伤人员名单成为媒介报道的必需内容，并且逐步发展成现在日本灾害事件中相对稳定的"安否信息"的样式。因此，从媒介灾害报道史角度而言，关东大地震中的避难者

---

① 大畑裕嗣・三上俊治「関東大震災下の「朝鮮人」報道と論調（上）」『東京大学新聞研究所紀要』、1986（35）、86 頁。

② 笔者查询了有关关东大地震之前的明治时期重大地震的报纸报道，尚未发现存在避难者名单的专栏。至于关东大地震中的避难者名单专栏是否是首次，有待继续考证。

信息名单的发布具有重要的历史地位。

（三）慰问广告的刊登：逐步形成灾害中媒介广告的固定模式

由前文对《东京日日新闻》的个案研究中，可以获知关东大地震后该报纸的广告仍占据较大的分量。一方面，可以体现广告商对报纸的信赖程度，在震后恢复营业或开始业务之时，便想到通过报纸这一媒介进行宣传，广而告之；另一方面，以慰问广告形式刊登，既能够照顾到社会心理，又能够起到自我推广之功效。关东大地震中慰问广告的刊登，不仅是日本灾害报道史中的较早记录，而且逐渐成为印刷媒介甚至广播等电子媒介刊登广告的固定模式。

二　理论的视野：媒介功能理论框架下的分析

（一）媒介的正功能

1. 环境监视功能的发挥

就本书的研究对象《东京日日新闻》的主要内容来看，大多数集中在震后的受灾情况、政府的应对措施以及与人们日常生活相关的生命线恢复进展等方面。除了一般消息以外，连续性报道也对震后受灾情况进行了较为详细的传播。可以说，就当时的传播条件而言，《东京日日新闻》的报道基本将震后关东地区的社会动态呈现了出来。从时间段而言，《东京日日新闻》几乎未间断出版，而其他报纸是以号外加正常出版报纸的方式，基本保证了信息传递的通畅，起到了监视环境的作用。然而，有关关东大地震中发生的重大集群事件——"朝鲜人虐杀"事件方面的报道，当时的媒体并未能够准确地提供事件的真实信息，并未能发挥环境监视的功能。

2. 经济功能的发挥

有关媒介的经济功能，施拉姆进行过详细的论述。虽然后来的有关媒介功能的研究者中未直接提及此功能，但是经济功能是媒介不可抹杀的功能之一。从关东大地震中的报纸来看，《东京日日新闻》从1923年9月6日以后便开始恢复广告版面的刊载，而且在版面的数量和时间的持续性方面呈现一定的稳定性。一方面是由于地震之前的大正时代，报业已经进入相对成熟阶段，有着相对稳定的市场基础，对于报社想要恢复到震前的状态也急需要商业行为，即刊登广告；另一方面，由于地震对整个社会的冲击，商业体系在地震后也处于崩溃状态边缘，随着重建工作的展开，商家也逐步迈入重建阶段，而在报纸上刊登重新营业的信息成为震后阶段内广告的主要内容。另一个现象便体现在报纸的定价上，号外作为单纯的信息传递都是免费发放，随着报纸正常的出版，以《东京日日新闻》为例，由刚恢复出版时的 1 日元逐步增至 3 日元，再到后来晚报出现后早晚报合计 4 日元的定价，这也体现了报社对经济利益的需求。《东京日日新闻》晚报的出现实际上也是出于经营层面的思考，虽然在地震发生之前报社已有了开办晚报的计划，后因地震的发生发行时间有所推迟，但是从客观结果来看，晚报的出现对报社的复兴和地位的巩固产生了不可忽视的作用。

3. 联系功能的发挥

地震后，以《东京日日新闻》为代表的报纸刊登了一系列有关地震的科学层面的解释性文章，有利于帮助人们在地震中采取正确的行为，发挥了一定的科普功能。此外，避难者名单的刊登，也起到了人与人之间相互联系的作用。

4. 动员功能的发挥

在观点和言论的表达方面，《东京日日新闻》从地震恢复期开始即在头版推出有关震后重建的系列评论文章，其中有对震后重建的建议、有对政府措施的评价、有对普通市民的激励等。这些评论文章，一方面推动了政府层面在震后重建措施的更有利地进行；另一方面从精神层面给予普通市民积极重建的动力。

5. 缓解压力功能的发挥

在关东大地震中，《东京日日新闻》以及其他的报纸并没有完全发挥正面的功能，尤其是在"朝鲜人暴行"流言的处理方面，反而加剧了大众的不安情绪，导致恶性的集群行为——"朝鲜人虐杀"事件的产生。

（二）媒介的负功能："朝鲜人虐杀"事件中媒介的负面影响

从对关东大地震中媒介在"朝鲜人虐杀"事件中的表现来看，面对

"朝鲜人暴行"的谣言，当时的报纸发挥了负面的作用：一是对朝鲜人的称呼存在歧视；二是从报道内容上直接报道关于朝鲜人"杀人""放火""抢劫"等不实消息；三是报道方式上以来源不明的消息、推断等非客观的方式报道所谓的"朝鲜人的暴行"。基于上述的传播内容和形式，谣言非但没有被制止，反而引发了更为严重的集群行为，即"朝鲜人虐杀"事件。分析其背后的原因，主要有以下几方面。

一是灾后物理条件改变导致信息传播的受阻。一般而言，地震后出现谣言的概率较高，这与信息传播和解释的不充分不无关系。地震后，通信和交通方式的中断，使人们无法通过正常的信息渠道去验证谣言的真实程度。虽然各大报社也通过号外这一特殊的媒介形式传播有关灾害的信息，但是号外的传播速度终究无法与口头传播的速度相提并论。因而，在当时的环境下，号外和报纸在信息无其他渠道确定的情况下自然成为可靠的信息源，而从报纸报道的内容来看，信息接受者很容易认为"朝鲜人暴行"就是事实。从这个意义而言，报纸有无法推卸的责任。

二是大众媒介过度依赖官方信息源。从前文对《东京日日新闻》头条内容分析情况来看，不难发现政府的活动与应对措施占了绝大部分，这从某种程度上体现了当时报纸的关注焦点和视角的"官方"倾向。另外，从东京的报社对朝鲜人事件报道的信息来源的统计来看，从公共机构和公务人员处得到消息的可能性较高。这一点，从 Quarantelli 的文章中也可以得到佐证，他认为灾害发生后大众媒介的信息来源有出现依赖于政府等公共机构的倾向。[①] 根据《关东大地震的治安回顾》的记载，"横滨市内的相关谣言最早发生的时间是在 9 月 1 日晚上，地点在山手町警察署管内""晚上八九点左右，朝鲜人放火的谣言不仅仅在山手町警察署管内，还传播至加贺、伊势佐木町各警察署管内"。[②] 由此可以看出，在谣言的初发时期，警察机构便已经误认"朝鲜人暴行"为事实，并广泛地进行传播。这对于依赖公

---

① E. L. Quarantelli, The Command Post Point of View in the Local Mass Communication System. *DRC Preliminary Paper* 22（1975）：9 – 10.

② 吉河光贞『関東大震災の治安回顧』東京：法務府特別審査局、1949、26 頁。

共机构信息的报纸来说，便成为无须核实的新闻来源。

三是戒严令和新闻检阅制度的实施。关东大地震后，经过当时的临时内阁会议讨论批准，在关东地区实施戒严令，之后又针对报纸、杂志等印刷物实施新闻检阅制度，这两个措施的实施也对当时的新闻报道产生了很大的影响。首先，当时发布戒严令的主要目的就是针对所谓的"朝鲜人暴行"，这从一些史料和当时新闻报道中可以得到佐证。如9月2日当时的警视厅向各警察署发布的命令：

> 有关取缔不逞者之文件
> 为避免灾害之时乘势放火等狂暴行动的发生，现在淀桥、大塚等地设置检举场所，对不逞者加强警戒、严格取缔，以防疏漏。①

官方发布戒严令的前提就是默认"朝鲜人暴行"这一谣言是事实，导致当时严重依赖政府信息的媒体直接按照官方的意图进行报道，如9月3日《东京日日新闻》直接将东京的火灾归罪于"不逞鲜人"的"各处放火"。其次，警视厅实行的新闻检阅制度直接封锁了有关"朝鲜人虐杀"事件的相关报道。9月1日，警视厅以保证信息真实性、维护社会安定秩序和净化社会风气为由，发布新闻检阅令。9月1日地震发生后，警视厅特高课先是发布新闻检阅令："鼓励各警察署高级官员对管制区域下的报纸、出版物的检阅和取缔倾注全力，在确保发布正确的信息、防止谣言被刊载的同时，对扰乱安定秩序和有伤风化的报道实行严格的取缔和司法处分。"②

随着"朝鲜人暴行"谣言的确定，以及"朝鲜人虐杀"事件的出现，警视厅强化了新闻检阅制度。9月3日，警视厅向各新闻机构发布警告，要求不得刊登与"朝鲜人暴行"谣言的相关报道："最近有关朝鲜人妄动的流言及虚传之事极多，在灾害容易使人心昂奋之非常时期，传播如此谣言只会徒增社会不安。因此，有关朝鲜人报道需特别慎重对待，全面禁止刊载。若今后发现出版物刊载上述内容，将禁止售卖发行……"③

---

① 警視庁『大正大震火災誌』、1924、30 頁。
② 警視庁『大正大震火災誌』、1924、506 頁。
③ 警視庁『大正大震火災誌』、1924、513 頁。

　　在戒严令和新闻检阅制度下，报纸、杂志等大众媒介的报道内容在一定程度上受到了限制。封锁消息所带来的直接后果是人们无法通过大众媒介确认"朝鲜人暴行"谣言的真实性，在某种程度上促进了谣言的进一步传播和虐杀事件的升级。

第四章 电子媒介时代（1）：东南海地震、三河地震中的媒介功能研究

第一节 被隐藏的地震——东南海地震、三河地震

东南海地震是 1944 年 12 月 7 日下午 1 点 36 分左右于日本东海地区发生的一次里氏 7.9 级大地震。有关此次地震的名称，宫村认为因为日本南海道地区基本没有受害，应当称为东海道地震或者东海地震。[①] 最初地震发生时，当时的日本中央气象台以"远州滩地震"来命名，后来该气象台在 1945 年出版的报告中将名称更换为"东南海地震"，这一名称被广泛沿用至今。东南海地震的受灾地区较广，涉及爱知县、三重县、静冈县、岐阜县、奈良县、滋贺县、和歌山县、大阪府、山梨县、石川县、福井县、兵库县及长野县等 13 个府县。[②] 东南海地震还引发了较大的海啸，三重县和和歌山县的受灾情况最为严重。有关东南海地震的死伤人数，现一般使用饭田汲事的调查结果，即死亡人数总计 1202 人，受伤人数 2853 人；住房完全毁坏 16380 户，非住房完全毁坏 18119 户。[③]

在东南海地震发生 37 天以后，即 1945 年 1 月 13 日凌晨 3 点 38 分，在东南海受灾区爱知县东部三河地区发生里氏 6.8 级地震，被称为三河地震。

[①] 宫村摄三「東海道地震の震害分布（その一）」『東大地震研究所彙報』、1946、99－134 頁。

[②] 内閣府「災害教訓の継承に関する専門調査会報告書」『1944 東南海地震・1945 三河地震』，http：//www.bousai.go.jp/kyoiku/kyokun/kyoukunnokeishou/rep/1944－tounankaiJISHIN/pdf/5_chap1.pdf，2007、16 頁。

[③] 飯田汲事「1944 年東南海地震の地変、震害および発生について」『愛知工業大学研究報告』、1976、88 頁。

根据饭田汲事的统计数据，三河地震中的死亡人数为 2306 人，受伤人数为 3866 人；完全毁坏住房 7221 户，完全毁坏非住房 9187 户。①

　　由于这两次地震发生在太平洋战争期间，而且日本已经明显呈现败阵的局面，出于战略考虑，这两次地震被当时的日本军队和政府"秘密处理"，隐瞒了地震灾害的真相。由于新闻媒体也受到战时体制的影响，未能够对其进行充分报道。直到 20 世纪 70 年代，地震学研究学者重新审视这两次地震的发生机制和实际的受灾情况，进而世人才逐渐知晓东南海地震和三河地震的真相。

　　本章通过对处于战争背景下的东南海地震和三河地震大众媒体的新闻传播状况进行研究，总结两次地震中媒介发挥的功能。

第二节　关东大地震后日本媒介发展的主要特征

　　关东大地震后日本大众媒介发展的情况，需要考虑两个背景因素：一是关东大地震对媒介的影响，即地震后媒介恢复和发展的情况；二是考虑到本章所选取的两次地震均发生在太平洋战争期间，不可忽视日本战时体制对媒介的影响。因此，本章分两个阶段来考察关东大地震后日本媒介发展的总体状况。

一　第一阶段：关东大地震后报纸的复苏与广播的登场

（一）报纸呈集中化发展趋势

　　有关关东大地震后报业的复苏，山本文雄在《日本大众传播史》一书中认为震后日本报业集中化发展倾向更为明显，大阪系报纸垄断化现象更为突出。②

---

① 内閣府「災害教訓の継承に関する専門調査会報告書」『1944 東南海地震・1945 三河地震』，http：//www.bousai.go.jp/kyoiku/kyokun/kyoukunnokeishou/rep/1944－tounankaiJISHIN/pdf/5_chap1.pdf，2007、117 頁。

② 山本文雄『日本マスコミュニケーション史』東京：東海大学出版会，1981。

1. 报业集中化发展的倾向更加明显

关东大地震发生之前，日本的报业已经开始出现集中化发展的倾向。第一次世界大战后经济的迅速膨胀对报业产生影响，报纸广告收入增加、发行数量激增，报纸企业也得以膨胀，报纸完全成为营利事业。直至大正中期，主要的（几家）报社都基本变更为股份公司，资金也急速增长。[①] 关东大地震的发生，使报纸集中化的现象更为明显，一方面在地震中受损程度较轻的报社抓住其他报社重建的"有利时机"进行资本扩张；另一方面，一些原本经营就存在问题的报社由于地震的影响而一蹶不振，被排除在竞争圈外。这样，报业的集中化现象更为凸显。地震前后东京地区报业声誉的排名如下。

地震前报社排名：报知新闻、东京日日新闻、东京朝日新闻、国民、时事新报、万朝、大和、读卖新闻、都、中央、中外、东京每日、二六；地震后排名：报知新闻、东京日日新闻、东京朝日新闻、时事新报、都、国民、读卖新闻、中外。[②]

可以看出，相互竞争的报社有所减少，报业的集中化倾向得以增强。

2. 大阪系报纸垄断化现象更为突出

一是借助雄厚的资金，使用现代化设备提升新闻报道的速度，使其他资金相对薄弱的报社处于劣势。进入昭和时期[③]后，日本报业之间开始了以使用飞机及电子图片传送机等现代化设备为主导的报道之战。以资本雄厚的《朝日新闻》《大阪每日新闻》为首的大阪系报纸，在大正天皇葬礼（1927 年）、张作霖遇难（1928 年）以及昭和天皇登基典礼（1928 年）等重大活动和事件中，使用飞机空运图片的方式成功解决异地事件图片刊登困难的问题。在昭和天皇登基典礼报道中的照片，是《大阪每日新闻》使用日本本土产的传送机传送的，在典礼前一直使用从法国进口的电子图片传送机传送照片；另一家大阪系报纸《朝日新闻》使用德国进口的传送机在短时间内将天皇登基的照片传播出去。二是通过贩卖协议等营销手段获得市场竞争的优势。大正末期（20 世纪 20 年代），大阪系报纸《东京朝日

[①] 山本文雄『日本マスコミュニケーション史』東京：東海大学出版会、1981、125 - 126 頁。

[②] 山本文雄『日本マスコミュニケーション史』東京：東海大学出版会、1981、126 頁。

[③] 日本的昭和时期始于 1926 年，结束于 1989 年，历时 64 年。

新闻》和《东京日日新闻》两家报社进行了提升报纸定价和广告定价的卡特尔协议，对东京系报纸予以沉重打击。然而在达成排挤东京系报纸的目的后，《东京朝日新闻》和《东京日日新闻》之间又展开了发行数量之争，之前达成的协议最终也被打破。在这两个报纸竞争的间隙，《读卖新闻》利用强有力的地方报纸贩卖网络，扩大自己报纸的发行范围，取得不错的效果。至此，东日本地区的报业形成《东京朝日新闻》、《东京日日新闻》和《读卖新闻》三家独占的局面。

（二）新兴电子媒介——广播的登场

纵观世界广播史，第一个广播电台 KDKA 于 1920 年 11 月在美国的匹兹堡成立。在 KDKA 电台正式开播前，日本便开始了无线电话实验。1915 年 6 月日本出台《无线电信法》，该法的第一条是"无线电信及无线电话由政府掌管"①，明确了政府对无线电信和无线电话的主管权；第二条是"左边所示无线电信及无线电话，根据命令规定，获得主管大臣许可后方可私设"②，从法律上许可私设无线电信和无线电话。从法律出台至关东大地震这一期间，以报社为主的机构开展了一系列无线电话的实验，形成了一股无线电热潮。这股热潮因为关东大地震的发生而暂时中断。然而，正是关东大地震中出现信息传播不畅，引发大规模的集群行为，日本政府更加意识到无线电和广播的重要性。1923 年 12 月 20 日，即关东大地震的全面重建时期，日本通信省发布《放送用私设无线电话规则》（大正 12 年通信省令第 98 号），规定了欲建设、运营放送局（广播电台）的机构以及欲设置接收机收听节目的人所需要的手续以及必须遵守的事项。③ 该规则发布后，再次激发了地震中已退去的民间广播热潮。截至 1924 年 5 月，通信省共收到 64 件申请书④，申请者以各大报社为主，报社在获批后便开展了一系列的公开实验，如：1924 年 1 月，大阪朝日新闻社用广播介绍皇太子成婚典礼；同年 4

---

① 『無線電信法』、1915 年 6 月。
② 『無線電信法』、1915 年 6 月。
③ 日本放送協会編『20 世紀放送史（上）』東京：日本放送協会、2001、25 頁。
④ 日本放送協会編『20 世紀放送史（上）』東京：日本放送協会、2001、25 頁。

月，朝日新闻社在小石川中学和日比谷公会堂进行公开的广播实验；同月，大阪每日新闻社在该社与百货店之间的拐角处使用广播公开众议院议员选举的开票状况；等等。① 广播公开实验不只是在东京、大阪等大城市进行，也同样在松山、和歌山、新潟、横滨、札幌等地进行，广播热从大城市一直扩散到地方。②

面对全国范围内开办的广播热潮，日本通信省最先只通过了三家广播电台的开办申请，即东京广播电台（东京放送局，呼号 JOAK）、大阪广播电台（大阪放送局，呼号 JOBK）和名古屋广播电台（名古屋放送局，JOCK）。1925 年 3 月 22 日早晨 9 点 33 分，东京广播电台在位于东京芝浦地区的直播间内传出日本广播的第一声。同年 6 月、7 月，大阪广播电台、名古屋广播电台也开始播音。这三家成立初期都是独立的法人，节目编排也是相互独立的。然而，日本政府认为应当将广播作为国家思想的传播途径，应置于强力的管制之下。1926 年 4 月，日本通信省发出指令，将三家电台解散，成立新的社团法人——日本放送协会。协会的本部设在东京，下设关东（东京市）、东海（名古屋市）、关西（大阪市）、中国（广岛市）、九州（熊本市）、东北（仙台市）、北海道（札幌市）七个分部。日本放送协会成立后的主要任务便是依靠分部来打造全国性的广播播出网络。到了1928 年 11 月，全国性的广播播出网络得以建成。

二 第二阶段：大众媒介成为战时宣传的舆论工具

一方面，进入昭和时期以后，日本的大众媒介呈现蓬勃发展的态势；另一方面，从 1931 年九一八事变日本发动侵华战争开始，到 1937 年七七卢沟桥事变日本全面发动侵华战争，再至 1941 年 12 月太平洋战争的全面爆发，日本的军国主义思想日益膨胀，日本的大众媒介也逐渐被军方和政府所掌控，成为战时宣传的舆论工具。本书从管制媒介的机构、依据、方式等方面，考察战时媒介体制的形成与特征。

① 日本放送協会編『20 世紀放送史（上）』東京：日本放送協会、2001、26 頁。
② 日本放送協会編『20 世紀放送史（上）』東京：日本放送協会、2001、26 頁。

（一）媒介管制机构的成立

1. 国家级通讯社的组建

1931 年九一八事变以后，日本政府和军部为了强化对外宣传，希望成立类似于英国路透社、美国联合通讯社（AP）及美国合众社（UPI）的国家级通讯社。但是，当时的日本政府和军部在信息发布上相对独立，信息互通和内容统一尚存在问题。为整合日本外务省与陆军、海军在信息和宣传方面的资源，1932 年，以外务事务次官为委员长，外务、陆军、海军、内务、通信各省参加的非正式的信息委员会成立，每周与外务省会合。[①] 然而，当时日本已经存在电报通讯社和新闻联合通讯社，为实现这两大通讯社的合并与重组，成立新的国家级通讯社，日本已经将这一行动当作"通信国策"，成为信息委员会的主要任务。

新闻联合通讯社是以大阪朝日新闻、大阪每日新闻、东京朝日新闻、东京日日新闻、报知新闻、国民、中外、时事新报等报社作为会员而组建成立的非营利性通讯社。[②] 而电报通讯社则是以地方报纸为主要股东的营利性公司，从事通信和广告方面的业务。[③] 从这两家通讯社的官方背景来看，新闻联合通讯社得到外务省支持，而电报通讯社得到陆军的支持，合并两家通讯社等于是实现政府与军部在信息领域利益的一致性。从支持"国策"的角度而言，作为非营利性机构的新闻联合通讯社对合并一事持积极态度。1935 年 7 月 2 日，以联合通讯社成员为主的读卖新闻、报知新闻、东京日日新闻、东京朝日新闻、大阪每日新闻、大阪朝日新闻等 16 家报社和日本放送协会联署，向主管部门通信省及外务省发起设立通信社的许可申请[④]，这一申请很快得到主管部门的批准。1935 年 11 月 2 日，日本通信省发布声明同意成立同盟通讯社[⑤]（以下简称"同盟"）；11 月 7 日，通信省正式对外发布同盟通讯社成立的手续完毕。[⑥]

---

① 宮本吉夫『戦時下の新聞放送』東京：エフエム東京、1984、81 頁。
② 山本文雄『日本マスコミュニケーション史』東京：東海大学出版会、1981、131 頁。
③ 山本文雄『日本マスコミュニケーション史』東京：東海大学出版会、1981、176 頁。
④ 読売新聞、1935 年 7 月 3 日朝刊。
⑤ 読売新聞、1935 年 11 月 3 日朝刊。
⑥ 読売新聞、1935 年 11 月 8 日朝刊。

1935 年 12 月 17 日,新成立的社团法人同盟通信社召开第一次社员总会,决定于次年的 1 月开始正式业务。① 1935 年 12 月 31 日,新闻联合通讯社宣布解散,于同期加入同盟通讯社。② 然而,受军部庇护的电报通讯社对合并一事持反对态度。最终斡旋的结果是,电报通讯社的通信部并入联合通讯社,而联合通讯社的广告部并入电报通讯社。③ 从当时的报纸报道可以推断,电报通讯社一直到 1936 年 3 月才同意合并一事。1936 年 3 月 31 日,日本通信省相赖母木正式宣布电报通讯社与同盟通讯社合并,5 月开始正式开展业务。④ 至此,依托同盟通讯社这一机构,实现了政府和军部的对外信息发布的统一整合。"同盟"作为唯一强有力的通讯社,依靠它可以实现强力推行战时言论国策的体制整合,政府通过"同盟"踏出了对大众传媒管制的第一步。⑤

2. 国家信息管理机构——信息委员会、内阁信息部的成立

如前文所述,1932 年成立的信息委员会是一个非正式的信息协调机构,其主要任务是为组建国家级通讯社打下基础。在同盟通讯社正式开启业务、合并组建一事基本完成之时,刚组阁不久的广田内阁便着手扩充现有信息委员会的功能,并将其组建成为正式的行政机构。从当时《读卖新闻》的报道中也可以看出广田首相组建新的信息委员会的决心和态度。"作为首相已呈现'将进一步扩大和强化现有信息委员会的功能,以应对当下的非常时局'的姿态,即根据其腹案,之前由陆军、海军、外务省、内务省及通信省五省组织的信息委员会,将不仅限于这五省,其他重要的相关省也将加入其中。首相亲自担任会长,书记长官担任委员长,其他相关各省事务次官担任委员。将其更改为一个大组织,作为遂行跃进式国策的重要机关,该组织的目标将放置于对外政策下与国论统一。首相这一腹案大体已经成形。"⑥ 1936 年 6 月 26 日,广田内阁在例行阁议上决定成立正式的行政机

---

① 読売新聞、1935 年 12 月 18 日朝刊。
② 読売新聞、1935 年 12 月 28 日朝刊。
③ 山本文雄『日本マスコミュニケーション史』東京:東海大学出版会、1981、176–177 頁。
④ 読売新聞、1936 年 4 月 1 日朝刊。
⑤ 山本文雄『日本マスコミュニケーション史』東京:東海大学出版会、1981、177 頁。
⑥ 読売新聞、1936 年 3 月 16 日朝刊。

构——信息委员会，确定机构编制和构成的主要内容，并决定该机构于同年 7 月 1 日起正式运行。从编制和构成的主要内容来看，该机构的主要性质是"由内阁总理大臣管理、负责各厅信息相关的重要事务的联络和调整"[①]；信息委员会的委员长由内阁书记长官担任，常任委员按照内阁总理大臣的奏请，从各相关机构的敕令官中产生。常任委员长由外务省信息部长、陆军省军务局局长、海军省海军军事普及部部长、内务省警视局局长、通信省电务局局长担任，每周定期在首相官邸召开会议，进行信息交换。[②] 阁议还确定了信息委员会的主要职责，即"与以国策遂行为基础的信息相关事务的联络调整""内外报道相关的各省事务的联络调整""启发宣传相关的各省事务的联络调整"。[③]

1937 年 4 月，日本政府认为现有的信息委员会的功能较为单一、规模较小，仅从事各省之间信息联络及官报周报的编辑活动，不能满足时局的发展，因此计划将其改组扩容，成立信息部。同年 9 月 21 日，日本政府通过了对信息委员会的机构设置的更改案；9 月 25 日，新的内阁信息部正式运行。内阁信息部的职能在原先信息委员会的三大职能基础上有所拓展，增加了新的职能："（负责）各省范围以外的信息收集、报道以及启蒙宣传。"[④] 其职能从原先各省之间内部信息的联络和调整，拓展至各省以外的信息收集，由此权限得以升级。有关新成立的内阁信息部的性质，当时的《读卖新闻》在报道中如此阐述："扩大信息委员会的功能，是预备将其作为宣传省的性质进行整备。"[⑤] 在内阁信息部成立的当天《读卖新闻》在报道中称："（信息部）是否完全到达宣传省的地步，新部长横沟氏笑而不答。"而宫本吉夫认为，内阁信息部从机构层面而言只是信息委员会

① 内閣情報委員会官制『現代史資料 40：マスメディア統制 1』東京：みすず書房、1973、642 頁。
② 宮本吉夫『戦時下の新聞放送』東京：エフエム東京、1984、83 頁。
③ 情報委員会ノ職務・内閣情報委員会官制『現代史資料 40：マスメディア統制 1』東京：みすず書房、1973、643－644 頁。
④ 山本文雄『日本マスコミュニケーション史』東京：東海大学出版会、1981、179 頁。
⑤ 読売新聞、1936 年 6 月 27 日朝刊。

的延伸，并没有将其作为战时体制下的宣传省和信息省来发挥功能的意图。[①] 姑且先不论内阁信息部的地位是否达到宣传省和信息省的高度，但不可否认的是作为国家信息管理机构，其职能得到了强化。况且，新成立的内阁信息部作为主导部门，自 1937 年 8 月起推行的国民精神总动员活动中所发挥的作用不容忽视，成为在思想层面上对日本全面发动战争进行动员的推手。

3. 内阁信息部向内阁信息局的升级

1940 年 7 月，第 2 次近卫内阁组阁，在与德国、意大利结成军事轴心同盟的同时，推行主张"八纮一宇"（将世界置于天皇的权威之下）的统治思想、大东亚新秩序建设、建成国防国家体制的所谓的新体制运动。[②] 第 2 次近卫内阁组阁后不久，作为行政改革的一环，决定改组内阁信息部。1940 年 9 月，内阁信息部机构改革协议会发布新的信息局设置纲要，规定了信息局的职能。

> 信息局由内阁总理大臣管理，主管以下相关事项：
>
> 一、与以国策遂行为基础的事项相关的信息的收集、报道及启发宣传；
>
> 二、与新闻报纸以及其他出版物相关的，国家总动员法第二十条所规定的处分；
>
> 三、与通过电波进行节目播出事项相关的指导取缔；
>
> 四、与电影、唱片机唱片、演剧及演艺等以国策遂行为基础的事项相关的、启发宣传方面的必要指导取缔。[③]

从纲要中可以看出，外务省的信息部和文化事业部、内务省警视局、陆军省信息部、海军省军事普及部、通信省无线课等涉及信息管理部门的职能被统一整合至信息局内。

---

① 宫本吉夫『戦時下の新聞放送』東京：エフエム東京、1984、85 頁。
② 山本文雄『日本マスコミュニケーション史』東京：東海大学出版会、1981、182 頁。
③ 情報局設置要網『現代史資料 41：マスメディア統制 2』東京：みすず書房、1974、273 頁。

　　1940 年 12 月，内阁信息局机构设置方案正式公布，方案中规定的职能与纲要中完全相同。从同月所公布的《信息局分科规程》中可以看出新成立的内阁信息局内设五大部、十七个科，其中第二部主管报纸通信、杂志出版物、广播等与报道相关的事项，第四部主管出版物等检阅相关事项。具体而言，第二部设三个科，第一科主管"报纸及通信有关政府发表的事项""报纸与通信相关事项"；第二科主管"杂志及出版物相关的事项""报纸杂志用纸管理相关的事项"；第三科主管"广播相关的事项"。第四部设两个科，第一科主管"报纸、杂志及出版物的检阅及取缔相关的事项""电影、唱片机唱片、演剧及演艺的检阅取缔相关的事项"；第二科主管"周报、图片周报及其他编撰出版物相关的事项"。①

　　至此，日本政府将原有涉及信息管理的所有职能部门进行了统一整合，并在信息管理、媒体管制等方面强化了管理权限，构建出权力高度集中的战时媒介管制机构。

（二）媒介管制的依据：相关法律体系的建构

　　除了强化媒介管制的机构职能外，日本在媒介管制的法律体系建构方面也下足了功夫，使之成为对媒介执行控制的依据。内川芳美梳理了大正末期（1923 年）至昭和前期（1943 年）日本媒介管制相关的法律体系的发展过程（见表 4-1）。

表 4-1　日本媒介管制法令体系建构过程（从 1923 年至 1943 年）

时　间	法　令
1923 年（大正 12 年）12 月 20 日	放送用私设无线电话规则（通信省令）
1925 年（大正 14 年）5 月 26 日	活动照片"胶卷"检阅规则（内务省令）
1929 年（昭和 4 年）12 月 4 日	无线电信法一部改正公布
1934 年（昭和 9 年）5 月 1 日	出版法一部改正公布
1935 年（昭和 10 年）10 月 21 日	输出活动照片胶卷取缔规则（内务省令）
1936 年（昭和 11 年）6 月 15 日	不稳文书临时取缔法公布

---

① 情報局文課規程『現代史資料 41：マスメディア統制 2』東京：みすず書房、1974、277-278 頁。

续表

时　间	法　令
1937 年（昭和 12 年）8 月 13 日	军机保护法一部改正公布
1938 年（昭和 13 年）4 月 1 日	国家总动员法公布
1938 年（昭和 13 年）8 月 12 日	报纸用纸供给限制令（商工省令）
1939 年（昭和 14 年）3 月 25 日	军用资源秘密保护法公布
1939 年（昭和 14 年）4 月 5 日	电影法公布
1939 年（昭和 14 年）8 月 7 日	放送用私设无线电话规则一部改正公布
1940 年（昭和 15 年）12 月 6 日	放送用私设无线电话规则一部改正公布
1941 年（昭和 16 年）1 月 11 日	新闻纸等刊载限制令（敕令）公布
1941 年（昭和 16 年）3 月 7 日	国防保安法公布
1941 年（昭和 16 年）12 月 13 日	报纸事业令公布
1941 年（昭和 16 年）12 月 19 日	言论出版集会结社等临时取缔法公布
1943 年（昭和 18 年）2 月 18 日	出版事业令（敕令）公布

资料来源：昭和前期マス・メディア統制の法と機構『現代史資料 40：マスメディア統制 1』東京：みすず書房、1973、pp. ix – xi。

　　将媒介管制立法过程对应到历史阶段来看，20 世纪 30 年代至 40 年代是其立法的一个高峰期，可以大致将其分为三个阶段。第一个阶段是从 1934 年至 1936 年，日本政府一方面如前文所述那样整合、升级信息管理机构；另一方面将传统的媒介管制法令，在保留原有形式的基础上植入法西斯主义的统制装置，实现其功能的转变。[1] 第二个阶段是从 1937 年至 1941 年 3 月，这一时期由发动全面侵华战争进入临战体制，根据日本报纸法第二十七条的规定，对报纸刊登有关日本军事和外交方面的新闻全面进行限制。1938 年 4 月日本政府发布《国家总动员法》则是日本向法西斯主义行进路程中具有代表性意义的事件。[2] 该法第十六条之三规定："政府在战时之际，在国家总动员所必要之时，根据敕令，对于事业的开始、委托、共同经营、转让、废止及中止、法人的目的变更、合并、解散，可以发出

---

[1]　昭和前期マス・メディア統制の法と機構『現代史資料 40：マスメディア統制 1』東京：みすず書房、1973、pp. ix – xi。

[2]　昭和前期マス・メディア統制の法と機構『現代史資料 40：マスメディア統制 1』東京：みすず書房、1973、pp. ix – xi。

必要的命令。"① 也就是说，对日本媒体而言，日本政府在"国家总动员所必要之时"可以"废止或中止"其事业，也可以变更其"法人"，政府掌握了日本媒体的生死大权。该法第二十条规定："政府在战时之际，在国家总动员所必要之时，根据敕令，可以限制或禁止报纸及其他出版物的刊载。"② 也就是说，媒体刊载的内容必须服从于国家总动员、战争之需。这一核心思想确定后，也不难理解在这段时期内颁布的一系列法令或是对现有法令的修改都大大强化了日本政府管制的力度。第三个阶段是从 1941 年 12 月至 1943 年，即太平洋战争爆发后，这一时期"大众媒介管制的法律体系，作为法西斯主义装置的扩充和功能转换已经基本上完成，只是残留了部分的扫尾工作"。③ 如《报纸事业法》和《出版事业令》都是基于前文所提及的《国家总动员法》第十六条之三条款内容所制定的事业管制法。《出版事业令》的出台，标志着昭和前期大众媒介管制法体系的扩充整备在形式上已经完成。④

（三）媒介管制的主要方式：整合媒介资源，实现绝对掌控

从昭和初期直至太平洋战争结束，日本主要的大众媒介仍然是报纸和广播。报纸在经历大正时期的市场竞争后，已经发展成一定规模；广播从关东大地震以后，也逐步开始普及。为实现更好的媒介管控，使媒介更好地为日本军政府发动战争服务，日本军政府采取了一系列措施对报纸和广播进行资源整合和行业垄断。

1. 以报纸用纸匮乏为契机，进行全国范围内的报纸整合

进行报纸整合的客观原因在于报纸用纸的匮乏。日本对中国发动九·一八事变以后，各方面的资源都向战争需要集中，这就给日本带来了国内资源缺乏的后果。尤其是在 1937 年卢沟桥事变后，日本更是进入全面侵华战争阶

---

① 日本国家総動員法、1938。
② 昭和前期マス・メディア統制の法と機構『現代史資料 40：マスメディア統制 1』東京：みすず書房、1973、pp. ix – xi。
③ 昭和前期マス・メディア統制の法と機構『現代史資料 40：マスメディア統制 1』東京：みすず書房、1973、pp. ix – xi。
④ 昭和前期マス・メディア統制の法と機構『現代史資料 40：マスメディア統制 1』東京：みすず書房、1973、pp. ix – xi。

段。这也就不难理解日本于 1938 年出台《国家总动员法》，以促成全方位的资源整理和统合。就报纸等印刷媒体而言，1931 年以后，报纸用纸开始出现匮乏。虽然作为信息管理的机关内阁信息部对报纸用纸实行严格的管理，但是仍然解决不了问题。基于《国家总动员法》的规定，政府在非常时期可以按照需要对事业体进行削减、合并，内阁信息部将对报纸的全方位整合作为解决报纸用纸匮乏的方法。然而，考虑到报社与其他企业相比具有的特殊性，完全由政府主导进行整合实施起来比较困难。在内阁信息部升级为内阁信息局后，报纸界与内阁信息局首脑达成协议，决定成立自治性质的管理机构。1941 年 5 月，报业的自治管理机构"报纸联盟"成立。这一联盟成立的目的是"作为报业自治性管理机构，以促进报业的进步和发展，完成国家的使命"，其业务内容是"在言论报道管制方面与政府合作""有关报纸编辑及经营改善方面的调查""报纸用纸及资材分配的调整"。[①] 报纸联盟成立后，展开了一系列活动：开展对以报纸用纸分配为基础的各个报纸发行数量的调查、制定报纸用纸分配基准、实施共同贩卖政策以及报纸资材对策、广告费的合理化、记者俱乐部的调整，等等。但是并未涉及报纸的整合再编活动。1942 年 2 月太平洋战争爆发后，日本政府根据《国家总动员法》，将作为自治管理机构的"报纸联盟"改组为受官方控制的管制机构"日本报纸会"。其主要职能有以下七项：一是对报纸编辑以及报业的运营进行相关的管制指导；二是报业整备相关的指导助成；三是报纸共同贩卖以及其他与报业相关的共同经营机关的指导助成；四是报纸记者的登录以及报纸从业者的劳动保障设施及养成训练的实施；五是报纸用纸及其他资材的配给调整；六是与报业发展相关的必要调查研究；七是达成本团体目的所必要的其他事业。[②] 可以看出，与报纸联盟相比，日本报纸会对报业的管制色彩变得更浓烈。也就是在日本报纸会的主导下，报业的统合再编活动才得以展开。

里见修对 1931 年九一八事变至 1945 年太平洋战争结束期间的日本报纸整合进行了系统研究，他认为报纸整合总体上可以分为四个阶段：第一阶段

---

① 宮本吉夫『戦時下の新聞放送』東京：エフエム東京、1984、96 頁。
② 宮本吉夫『戦時下の新聞放送』東京：エフエム東京、1984、99 頁。

（从 1938 年 8 月至 1940 年 5 月）主要是对被称为"恶德无良报纸"的无保证金报纸的整合；第二阶段（从 1940 年 6 月至 1941 年 8 月）对被称为"弱小报纸"的有限保证金报纸的整合；第三阶段前期（从 1941 年 9 月至 1942 年 1 月）将普通报纸按照"一县一报"的原则进行整合；第三阶段后期（从 1942 年 2 月至 11 月）以包括东京、大阪、名古屋及福冈四大城市在内的全国 47 都道府县实现"一县一报"的整合结果而告终。① 从相关统计数据也可以看出这段时期日本报纸发行数量呈逐渐减少趋势（见表 4 - 2、图 4 - 1）。

表 4 - 2　日本报纸发行数量推移（从 1936 年 12 月至 1942 年 12 月）

	总数（份）	日报（份）
1936 年 12 月	12820	1435
1937 年 12 月	13268（↑448）	1422（↓13）
1938 年 12 月	12043（↓1225）	1279（↓143）
1939 年 12 月	8676（↓3367）	928（↓351）
1940 年 12 月	5871（↓2805）	611（↓317）
1941 年 12 月	4466（↓1405）	355（↓256）
1942 年 12 月	3206（↓1260）	240（↓115）
总计减少	9614	1195

资料来源：里見脩『新聞統合：戦時期におけるメディアと国家』東京：勁草書房、2011、367 頁。

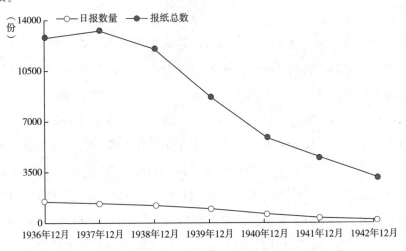

图 4 - 1　报纸数量变化（从 1936 年 12 月至 1942 年 12 月）

① 里見脩『新聞統合：戦時期におけるメディアと国家』東京：勁草書房、2011、366 - 367 頁。

2. 广播的完全国家控制化发展

与报纸不同，日本的广播从开办之时便置于政府的严格管制下。从法律层面而言，广播的播出活动受到《无线电信法》等各种法令的限制，具体的节目播出也受到通信省的检阅和限制。1931 年以后，日本政府更加意识到广播作为新兴媒体的优势，并采取一系列措施逐步将其沦为战争宣传的工具。

一是广播组织的一元化。1934 年 5 月，在通信省的主导下，日本放送协会改变协会章程和附属细则，从根本上改变了业务形态。主要更改点在于：一是废止全国的七个支部，将关东支部的业务更改为本部的直辖业务，即废除地方的分权制；二是在东京设置作为事业中枢机构的本部，理事、监事全部从属于中枢机构，即强化中央集权制；三是除了给予会员表决权，给予会长和理事特别表决权，即强化本部职员的发言权。① 更改后的协会章程规定，原有的支部被解散，新成立由本部直接管理的六大中央放送局（大阪、名古屋、广岛、熊本、仙台、札幌），实现组织层面上的中央集权化。

二是节目编排的完全控制。在节目编排层面，同样也由中央统一掌控。1933 年，日本放送协会总部设置全国性的节目咨询机构——中央放送审议会。该审议会根据放送协会会长的咨询需求，向其提供节目播出的大纲、方针等相关的建议，是节目策划的最高咨询机构。审议会的委员主要由通信、内务、文部各省的副职以及帝国教育会长、贵族院议员、大阪朝日新闻社副社长等人组成，之后陆军、海军次官和外务次官也相继加入。与中央放送审议会相对应，1934 年，日本放送协会专门设置节目策划、编排的具体实施部门——放送编成会，根据放送审议会所建议的节目编排大纲进行节目编排。1937 年后，日本政府对广播的功能愈发重视，一些重要决议的发表都通过广播进行，广播成为传达政府意志的重要途径。1937 年以后，新闻节目的广播播出次数和时间都有所增加，随着《国家动员法》的进一步推动，在广播中也开设国民精神总动员特别演讲，成为思想动员的另一

---

① 日本放送協会『放送五十年史』東京：日本放送協会、1977、90 頁。

个途径。1939年，随着战争的持续和升级，日本放送协会按照内阁信息部的要求，成立时局放送策划协议会，取代前期成立的放送审议会和放送编成会，具体实施节目的策划和编排。时局放送策划协议会名义上是日本放送协会的内部机构，实际上其内部委员是由通信省、内阁信息部等相关领导机构的官员组成。该协议会的主要目的是根据时局的变化发展，进行相应的节目策划和编排。实际上，内阁信息部通过该协议会完全控制了日本节目的策划、编排。

三是完全战时体制化。1941年前，日本政府通过广播组织一元化和介入节目策划与编排的方式，强化了广播的战时体制建设。然而1941年后，日本政府进一步采取措施，使广播完全成为国家进行统治的工具。1941年12月5日，内阁情报局发布《国内放送非常态势纲要》，进一步强化了对广播的一元化统治，取消地方各中央放送局的播出权限，由东京总部直接向全国播出节目，并取消东京、大阪、名古屋的城市广播节目的播出，全国实行同一套广播节目播出制度。同年12月9日，内阁情报局开始对电波实施管制，调整既有的广播发射马力，采用同一波段进行节目播出，从技术层面降低因为电波而引来战斗机的可能性。1942年2月18日，内阁情报局发布《战争下的国内放送基本方策》，目的是"集结广播所有的功能，以推进大东亚战的完遂"[1]；确立太平洋战争期间日本国内广播的基本方针是"基于宣战的大诏，宣扬皇国的思想，阐明国是""巩固国民举国性的决议""促进国民铁石般的团结和军官民一体化""培养战时国民生活的持久力""全面促成雄大的文化娱乐的创造和普及""倡导明朗、刚健的国民精神"[2]；具体实施项目有"使得广播节目完全顺应国家要求""使得广播节目成为国民所有之物""发挥广播的自主性功能""对广播内容进行更新"[3]。如此，太平洋战争期间在日本政府的控制下，广播完全成为战争宣

---

[1] 戦争下の国内放送の基本方策『現代史資料41：マスメディア統制2』東京：みすず書房、1973、451頁。

[2] 戦争下の国内放送の基本方策『現代史資料41：マスメディア統制2』東京：みすず書房、1973、451頁。

[3] 戦争下の国内放送の基本方策『現代史資料41：マスメディア統制2』東京：みすず書房、1973、451頁。

传、思想动员的工具。

第三节 东南海地震及三河地震中媒介传播的 研究思路及方法

一 研究对象的选择

（一）报纸：全国发行报纸和地方发行报纸

由于东南海地震和三河地震都发生在日本的东海地区，考察地震中报纸报道的情况，需从全国发行的报纸和震灾地区发行的报纸两个方面来考虑。如前文所述，从大正末期（20 世纪 20 年代）至昭和前期（20 世纪 40 年代），日本全国发行的报纸（下文简称"全国报纸"）中，《读卖新闻》《朝日新闻》《每日新闻》这三家报纸呈三足鼎立的状态，本书亦选择这三家报纸作为研究对象。两次地震发生的主要受灾县为爱知县，当时爱知县乃至整个东海地区影响力最大的地方报纸是《中部日本新闻》，本书将其作为地方报纸的代表进行研究。

（二）广播

如前文所述，20 世纪 40 年代日本对广播实行一元化管制，即全国的广播媒体只有日本放送协会（NHK）一家。当时日本的商业广播尚未开始，因此，本书只能选择 NHK 一家作为研究对象。

二 报纸报道期间的选择

东南海地震发生于 1944 年 12 月 7 日，三河地震发生时间与东南海地震相隔 37 天，即 1945 年 1 月 13 日。报纸最早出现有关东南海地震报道的时间是 1944 年 12 月 8 日，最早出现有关三河地震报道的时间是 1945 年 1 月 14 日。从现有的数据库来看，由于《中部日本新闻》没有报纸全文数字资料库，仅有名古屋大学灾害对策室整理的与两次地震相关的报道纸面数据库。① 该数据库所整理的东南海地震报道的时间是从1944 年 12 月 8 日至 1945 年 1 月 9 日，三河地震的报道时间是从 1945 年 1 月 14 日至 1945 年 3 月 3 日，本书将选择全部作为研究对象。为了与地方报纸的研究时间段相一致，本书亦选取同样的研究时间段内《读卖新闻》（东京朝刊）、《朝日新闻》（东京朝刊）、《每日新闻》（东京朝刊）有关东南海地震（从 1944 年 12 月 8 日至 1945 年 1 月 9 日）和三河地震（从 1945 年 1 月 14 日至 1945 年 3 月 3 日）的报道。

三 报纸报道选取途径与方式

《读卖新闻》《朝日新闻》《每日新闻》这三家报纸均有各自的数字全文数据库，分别是读卖历史馆、闻藏、每索。在数据库中，限定研究时间段内，以"地震"和"震灾"为关键词进行搜索，在搜索出的所有报道的内容中，去除与两次地震无关的报道，所剩报道全部纳入研究范围。《中部日本新闻》使用名古屋大学灾害对策室纸面数据库中所有的报道。

四 研究方法

经过初步研究，与研究内容相关的报道数量不多，无法进行严密的内容分析。本书从相关报道的数量、所在版面、报道形式、报道侧重点等几个方面，以全国报纸和地方报纸为基本对比单位，对两次地震相关报道进行比较研究。

由于广播媒介的特殊性，在资料保存方面存在困难。本书无法寻找到东南海地震和三河地震期间的音频资料②，只能从当时广播报道的整体及相关史料来断定广播在两次地震中的报道概况。

---

① 名古屋是两次地震主要受灾地爱知县的首府。日本国内对两次地震的最早研究也是始于名古屋大学。

② 作者联系 NHK 文化研究所的主任研究员山田贤一，咨询有关 NHK 音频资料的保存问题，得到的答复是：NHK 的音频资料目前只存有 20 世纪 80 年代以后的报道资料，故无法查找太平洋战争时期的音频资料。

第四节 东南海地震、三河地震中的报纸报道分析

一 报道数量及变化趋势

（一）东南海地震报道的数量及变化趋势。

有关东南海地震（从 1944 年 12 月 8 日至 1945 年 1 月 9 日）的报道，作为全国报纸的《朝日新闻》共有 13 条，《读卖新闻》共有 7 条，《每日新闻》共有 1 条；地方报纸《中部日本新闻》共有 43 条。

从时间推移看报道量变化情况，可知全国报纸中有关东南海地震的报道大都集中在震后一个星期：《朝日新闻》在震后第一周（从 1944 年 12 月 8 日至 1944 年 12 月 14 日）的报道为 8 条，在震后第二周（从 1944 年 12 月 15 日至 1944 年 12 月 21 日）的报道为 2 条，在震后第三周（从 1944 年 12 月 22 日至 1944 年 12 月 28 日）无相关报道，在震后第四周以后（从 1944 年 12 月 29 日至 1945 年 1 月 9 日）的报道为 3 条；《读卖新闻》在震后第一周的报道为 3 条，第二周为 3 条，第三周无相关报道，第四周以后为 1 条；《每日新闻》在震后第二天完成 1 条报道后，没有继续报道。

地方报纸《中部日本新闻》的报道同样也集中在震后第一个星期：在震后第一周的报道为 22 条，第二周为 8 条，第三周为 5 条，第四周以后的报道为 9 条。与全国报纸相比，《中部日本新闻》在报道数量上绝对超过全国报纸；从时间的推移来看，全国报纸震后第三周均无报道，《中部日本新闻》虽较前两周有所减少，但是仍持续报道，整体而言比全国报纸更具有连续性。具体报道量比较见图 4 - 2。

（二）三河地震报道的数量及变化趋势

有关三河地震（从 1945 年 1 月 14 日至 1945 年 3 月 3 日）的报道，作为全国报纸，《朝日新闻》共有 8 条，《读卖新闻》共有 3 条，《每日新闻》

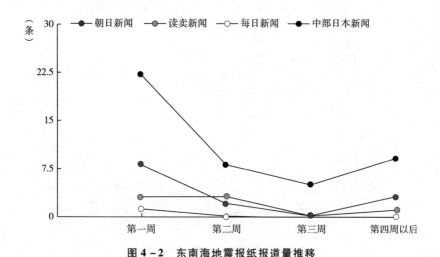

图 4 - 2　东南海地震报纸报道量推移

共有 1 条；地方报纸《中部日本新闻》共有 56 条。

　　从时间推移看报道量变化情况，可知全日本报纸中有关东南海地震的报道大都集中在震后一个星期：《朝日新闻》在震后第一周（从 1945 年 1 月 14 日至 1 月 20 日）的报道为 4 条，在震后第二周（从 1945 年 1 月 21 日至 1 月 27 日）的报道为 1 条，在震后第三周（从 1945 年 1 月 28 日至 2 月 3 日）无相关报道，在震后第四周以后（从 1945 年 2 月 4 日至 2 月 10 日）为 3 条，在震后一个月以后（从 1945 年 2 月 11 日至 3 月 3 日）的报道为 0 条；《读卖新闻》在震后第一周的报道为 2 条，第二周、第三周、第四周均无报道，在震后一个月后的报道为 1 条；《每日新闻》在震后第二天完成 1 条报道后，没有继续报道。地方报纸《中部日本新闻》的报道同样也集中在震后第一个星期：在震后第一周的报道为 30 条，第二周为 15 条，第三周为 3 条，第四周为 4 条，在震后一个月以后的报道为 4 条。与全国报纸相比，《中部日本新闻》从报道数量上绝对超过全国报纸；从时间的推移来看，三家全国报纸在震后第三周均无报道，在震后第四周以后除了《朝日新闻》有 3 条报道外，其余报纸均无报道。《中部日本新闻》第三周虽较前两周有所减少，但第四周又有所回升，整体而言比全国报纸更具有连续性。具体报道量比较见图 4 - 3。

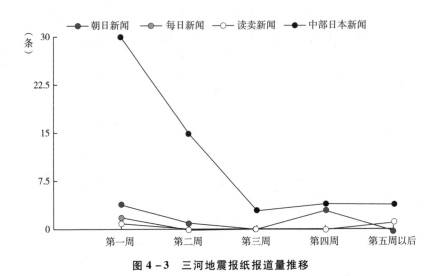

图 4 - 3　三河地震报纸报道量推移

二　相关报道所在的版面分析

（一）东南海地震报道的版面安排

《朝日新闻》、《读卖新闻》和《每日新闻》三家全国报纸除了 1944 年 12 月 8 日为 4 个版面外，其余均为 2 个版面。《朝日新闻》有关地震的 13 篇报道中，仅有 5 条报道在头版，12 月 8 日的报道在第三版面，其余 7 条报道在第二版面；《读卖新闻》有关地震的 9 条报道中，仅有 3 条在头版，12 月 8 日的报道在第三版面，其余 5 条报道均在第二版面；《每日新闻》有关东南海地震的唯一的一条报道刊载在 12 月 8 日的第三版。地方报纸《中部日本新闻》有关东南海地震的 43 条报道中，7 条刊登在头版，35 条刊登在第二版，1 条刊登在第三版（12 月 8 日）。

（二）三河地震报道的版面安排

《朝日新闻》、《读卖新闻》和《每日新闻》有关三河地震的报道均安排在第二版面（共 2 版）；《中部日本新闻》的 56 条报道中，有 1 条安排在头版，2 条安排在第三版（1 月 22 日共 4 版），3 条安排在第四版（1 月 22 日共 4 版），其余 50 条均安排在第二版（共 2 版）。

三　报道在版面所占的篇幅

有关报道版面所占的面积大小，本书参照木村铃欧的判定方式对所有报道进行面积分级，即 A 级为 1/2 版面以上、B 级为 1/4 版面以上、C 级为 1/4 版面以下、D 级为 2 段文字篇幅、E 级为 1 段文字篇幅。

（一）东南海地震报道版面所占篇幅

东南海地震，《朝日新闻》的相关报道篇幅均未达到 A 级别、B 级别，达到 C 级的有 2 条、D 级的有 5 条、E 级的有 6 条；《读卖新闻》达到 D 级的有 1 条，其余 7 条均为 E 级；《每日新闻》的唯一的一篇报道为 E 级；《中部日本新闻》的相关报道中，篇幅均未达到 A 级，达到 B 级的有 1 条、C 级的有 13 条、D 级的有 10 条、E 级的有 19 条。具体见图 4 - 4。

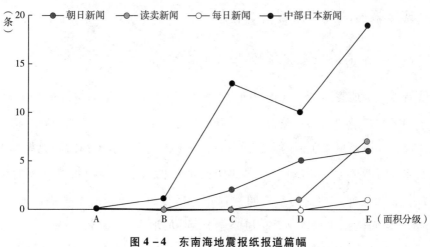

图 4 - 4　东南海地震报纸报道篇幅

（二）三河地震报道版面所占篇幅

三河地震中，《朝日新闻》的相关报道篇幅均未达到 A 级、B 级，达到 C 级的有 1 条，D 级的有 3 条，E 级的有 4 条；《读卖新闻》的 3 条报道均为 E 级；《每日新闻》唯一的一条报道为 E 级；《中部日本新闻》的相关报道中，篇幅均未达到 A 级，达到 B 级的有 2 条，C 级的有 21 条，D 级的有

12 条、E 级的有 20 条。具体见图 4-5。

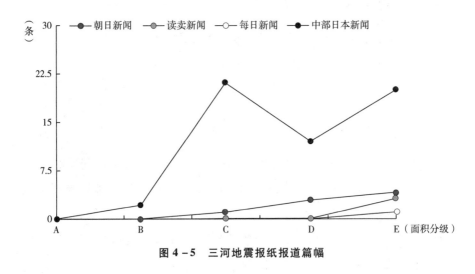

图 4-5　三河地震报纸报道篇幅

四　报道的具体内容

（一）东南海地震报道的具体内容

首先，从地震第二天（1944 年 12 月 8 日）各家报纸的报道情况来看，由于那天恰好是"大诏奉戴日"（"开战纪念"日），各家报纸的版面都扩至 4 版，大篇幅报道所谓的太平洋战争"开战纪念"，有关东南海地震的报道则淹没在这些报道当中，所在的版面位置也靠后。全国报纸《朝日新闻》、《读卖新闻》和《每日新闻》仅用一条报道简单报道了地震的发生。《中部日本新闻》也仅以一条报道概述了当地的地震受灾情况。

其次，从全国报纸的报道总体情况来看，所有与东南海地震相关的报道均为一般消息。从《朝日新闻》报道的情况来看，其关注点主要有：一是与地震和余震有关的信息，概要地报道地震的基本信息；二是受灾地的日常工作是否如常，主要是围绕战争后援工厂的生产和训练进行报道；三是政府的应对措施，如对受灾者免税、来年政府工作计划中的灾害预算；等等。与《朝日新闻》相比较，《读卖新闻》的报道基本停留在对灾情本身和政府应对措施的报道上（见表 4-2、表 4-3）。

表 4－3　《朝日新闻》东南海地震相关报道标题

时　间	标　题
1944 年 12 月 8 日	昨日的地震，震源地在远洲滩/彻夜恢复作业，疏散学童无事（浜松）/同时与地震和燃烧弹作斗争（静冈）
1944 年 12 月 9 日	内相将震灾情况奏上
	平时训练发挥作用，受灾地现场调查
1944 年 12 月 10 日	免遭灾害侵袭的健康的疏散学童，以平安转移
	本报社向灾区捐出慰问金 3 万日元
1944 年 12 月 13 日	东海地区的地震
1944 年 12 月 14 日	中部地区遭敌机侵袭　丑翼冒出黑烟　凭借震灾中锻炼出的斗志与其勇斗
	邻组传来凯歌　远州地区的勇斗
1944 年 12 月 16 日	翼政会设立震灾委员会
1944 年 12 月 17 日	万全期待灾害预算
1944 年 12 月 29 日	向受灾者减免租税
	适用于赈灾　国债证券临时处理法的救灾规定
1945 年 1 月 6 日	昨晨的地震

表 4－4　《读卖新闻》东南海地震相关报道标题

时　间	标　题
1944 年 12 月 8 日	各地强震震源地为远州滩
1944 年 12 月 9 日	疏散学童无异常
1944 年 12 月 10 日	向震灾地赠呈慰问金　读卖新闻社
1944 年 12 月 15 日	震灾对策协商会议各厅联络第一次会议
1944 年 12 月 16 日	震灾对策委员会设置
1944 年 12 月 21 日	警察特别晋升 2 级
1945 年 1 月 3 日	战时建筑恢复重建东海地区的灾害工厂

最后，从地方报纸《中部日本新闻》的东南海地震报道内容来看，本书将《中部日本新闻》有关东南海地震的报道在内容层面进行分类，在概览全部报道内容后，主要分为七个类别：A. 地震及地震灾情；B. 政府及相关部门的对策；C. 典型人物及事件报道；D. 言论及煽动性、号召性文章；

E. 震后援助、支援、捐款；F. 解释性、科普性报道；G. 恢复重建相关报道。由于当时新闻报道处于战时体制之下，为配合战争宣传需要，在报纸上可见一些典型人物、事件宣传报道及煽动、号召性文章，故作为单独项目列出。从量化的角度来看，这七个类别中，所占比例最多的是政府及相关部门的对策，占53%；其次是震后援助、支援、捐款，占14%；典型人物及事件报道占12%；言论及煽动性、号召性文章占9%；而与地震及地震灾情有关的报道只占7%。具体见图4-6。

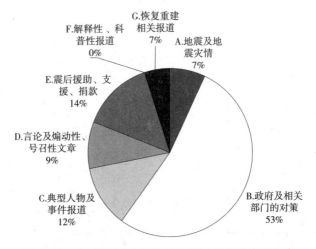

图4-6　《中部日本新闻》东南海地震报道内容分类

（二）三河地震报道的具体内容

第一，全国报纸有关三河地震的报道，从总体数量上相比东南海地震有所减少。《朝日新闻》的相关报道主要集中在震后一周内，主要内容是地震相关的基本情况和政府的应对措施，但总体数量偏少；随着时间推移，也有零星的捐助信息和恢复重建的报道。《读卖新闻》一共刊登了3条报道，其中1条是地震基本情况的报道，1条是地震中典型人物的报道，1条是给震中给予援助的在日德国人的感谢信。《每日新闻》在震后第二天简单地对地震的基本情况进行了报道，其余无任何相关报道。

第二，相比较全国报纸，《中部日本新闻》的相关报道较多。按照前文对东南海地震报道的分类方式，对有关三河地震的报道内容进行分类，可知七个类别中，所占类别最多的仍然是政府及相关部门的对策，占 36%；其次是典型人物、事件报道及解释性、科普性报道，均占 16%；有关恢复重建的相关报道达到 14%；言论及煽动性、号召性文章占 9%；而有关地震及地震灾情本身的报道所占比例最低，只有 2%。具体见图 4 - 7。

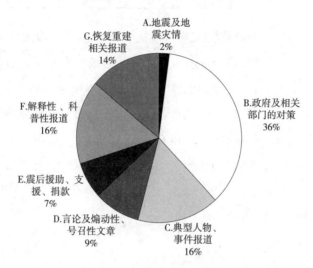

图 4 - 7　《中部日本新闻》三河地震报道内容分类

（三）代表性典型报道及煽动、号召性文章分析

鉴于《中部日本新闻》的东南海地震和三河地震报道中出现了一些直接服务于战争宣传需要的典型人物、事件的报道及煽动、号召性文章，本章特别选取具有代表性的文章进行分析。

首先，总体来看此类报道或文章，在标题上就可以直接看出宣传和动员的意味。最典型的是在两次地震报道中出现数次"……算什么""……算什么东西"等类似词语，摘录如下（见表 4 - 5）。

表 4 - 5　《中部日本新闻》东南海地震、三河地震部分报道标题

报道日期	标　题
1944 年 12 月 12 日（东南海地震）	对决战来说震灾算什么
1944 年 12 月 13 日（东南海地震）	地震、空袭算什么东西
1944 年 12 月 25 日（东南海地震）	灾害、敌机算什么东西

续表

报道日期	标　题
1945 年 1 月 14 日（三河地震）	再次的震灾算什么
1945 年 1 月 21 日（三河地震）	震灾、空袭算什么
1945 年 1 月 22 日（三河地震）	震灾、爆炸算什么东西

其次，突出地震中的英雄人物及事迹，并在标题上添加赋予感情色彩的词语。如："为了村民避难奋不顾身，妻儿均被激浪卷走，殉职堀江巡查的责任感"（1944 年 12 月 10 日）、"自家房屋倒塌也不回家，死守生产，挺身职场"（1944 年 12 月 9 日）、"产业战士也凛然出动，头戴神风帽带坚守倾倒之屋，特攻魂克服震祸"（1945 年 1 月 15 日）、"走破三十二里，震祸中挺身传令，表彰殊勋的两个少年"（1945 年 1 月 15 日）、"结婚之事暂时放一边，少女一心扑在机翼生产上，震灾、空袭算什么，女子挺身队勇斗"（1945 年 1 月 21 日），等等。

典型报道案例：

> 结婚之事暂时放一边，少女一心扑在机翼生产上，
>
> 震灾、空袭算什么，女子挺身队勇斗（报道全文）①
>
> 超越空袭与震祸对生产现场袭击的恶劣条件，不愧是对机翼生产倾注心血的爱知县飞机制造工厂的三重县女子挺身队，可以说，她们毫无遗憾地展现越是遇到艰难困苦越发增强日本女性雄厚的功力。
>
> 去年（1944 年）十二月五日，支队长西泽会子（22 岁）突然提出回乡三日的休假请求，平时没有缺勤过的她，获得批准回老家上野市休假。到家尚未喘息，便去看望因病回乡休养的 4 名同事。她真诚地劝说休假期满尚未回工厂的同乡早日回归工厂。5 颗心终于融合，在回工厂的路上却遭遇了震灾。好不容易抵达名古屋，但是离工厂还有一段距离，她们便开始互相鼓励。在前后 11 个小时未喝水、未吃饭的情况下硬撑着徒步到达（工厂）。当看到工厂一切平安的样子，5 个人将手

---

① 中部日本新聞、1945 年 1 月 21 日。

紧握激动落泪，"啊，明天就可以生产飞机了！"此次震灾带来的海啸，冲走了17名队员老家的房屋。但是，队员们面对敌机却仍然若无其事，为了增产一刻都不停歇。

而且，队员们针对父母提起的结婚事宜，称"现在不是考虑这件事情的时候"，继续在余震频发的工厂里坚守，使出女性所拥有的所有力量，战斗着……

从所选的典型报道文字表述中可以看出，整个报道中充满感情色彩，其目的是突出战争后援工厂女工不顾个人任何利益和安危，全心全意投入工作的精神，将她们作为典型人物报道，来激发更多人的"热情"和"斗志"。报道只是将地震作为阻挠她们工作的一个背景，并无更多有关灾情的描述。这篇报道可以说是当时媒体配合战时动员体制的有力佐证。

最后，报道内容直接摘录军队官员的讲话，往往是激励式的报道。此类报道也在两次地震报道中多次出现，摘录如下（见表4-6）。

表4-6 《中部日本新闻》东南海地震、三河地震部分报道标题

报道日期	标 题
1944年12月9日（东南海地震）	家园没有了，身体还在，这种精神就是胜利的力量；栗原海军报道部长激励灾民
1944年12月12日（东南海地震）	冈田监理部长演讲：对于决战来说震灾算什么！全力投入增产！诸位才是生产阵线的中坚力量！
1945年1月14日（三河地震）	吉野知事激励：为了决战不要放松，比岛只能尽可能地增产
1945年1月21日（三河地震）	吉野知事的激励状清除工场缺席者

从选录的军队和政府部门官员的讲话可以看出，在当时的情境下，地震灾害已经被放在次要的位置上，成为妨碍增产的一个"灾祸"。这些激励式报道最直接的目的是希望当地居民忽视地震的灾害，继续全力投入战争物资的生产中。

五 东南海地震和三河地震报纸报道总结

从报道的数量来看，所选的三家全国报纸不如地方报纸《中部日本新

闻》多；横向比较两次地震的报道，全国报纸对东南海地震报道的数量要多于三河地震；《中部日本新闻》对两次地震报道的数量基本持平。

从地震报道所在版面位置来看，无论是全国报纸还是地方报纸，出现在头版的报道都相对较少，大部分报道被安排在次版；从报道的篇幅来看，全国报纸的篇幅总体都较小，相比而言，《中部日本新闻》对两次地震报道的篇幅要比全国报纸大，但篇幅还是集中在1/4版面以下。综合而言，从报纸的编辑方式可以看出，在当时战时媒介体制下，即便是接连发生的较严重的地震，都要让位于当时最中心的战争主题。

从报道的内容来看，全国报纸由于报道数量较少，对其做分类细化分析的必要性不大。从仅有的几条报道来看，政府对策性报道较多，而对灾情本身的报道就以简短的一两条消息一带而过。从《中部日本新闻》的内容分类结果来看，同样是政府及相关部门的对策性报道，其所占的比例最大，有关地震及灾情的报道偏少。

与全国报纸不同的是，《中部日本新闻》在恢复重建、援助和救援以及科普性报道等方面给予了关注，存在一定的报道内容，但最鲜明的是对震中典型人物、事件的报道以及言论、煽动性、号召性文章在总体报道中占据一定的分量。

第五节　广播媒体有关地震的报道情况

同报纸一样，当时的广播报道也是处于战时体制下的，其核心内容也是围绕战争主题来进行。如前文所述，广播在太平洋战争之前，便实现了组织一元化，在节目编排上也受到日本政府严格控制。由于当时广播报道的资料未能留存，本节从当时广播报道的整体及相关史料来断定广播在两次地震中的报道概况。

首先，从太平洋战争后广播节目的总体编排来看，地震发生时的相关灾情报道很难成为当时的报道重点。太平洋战争开始以后，NHK作为全国唯一的广播媒体，其节目编排已经完全是为配合战争需要，主要体现在以下几个方面。一是延长播出时间。开播时间从战争前的早晨6点20分提前至早晨6

点，结束时间从晚上的 10 点延长至晚上 11 点 30 分。同时，与电力部门协调保证播出时间的供电不间断，以保证听众在播出时间内能完全收听到该节目。二是设定新闻报道的播出时间，提高报道频率。太平洋战争开战当天，定时报道和临时报道一共达 18 次，长达 4 小时 40 分，超出原先编排的播出时间。之后，将定时新闻的播出次数从原先的 6 次增加至 11 次，于每天早晨 6 点开始整点播出，并且在播出战果的新闻时，为高扬日本国民的士气，还配以陆军《分列进行曲》及海军的《军舰进行曲》。三是对特殊领域的新闻进行限制。出于军事战略考虑，太平洋战争期间，日本还采取气象管制的措施，对应到广播新闻播出方面，所有气象预报、天气预报都被取消。原先一天播出四次的《经济市况》改为《经济通信》，每天上、下午各播出一次。四是设置政府、军队专栏。原先上午 7 点 20 分开始的时长 20 分钟栏目《政府时间》改称为《告国民》，播出时间延长至 30 分钟。原先每周两次的《军事报道》改为《军事发表》，每天上午 8 点播出。五是在音乐及演艺节目方面进行限制，取消所谓的消极、萎靡的音乐，全部改为所谓能够激扬日本国民士气的音乐或作品，多为进行曲、军歌或合唱。六是增设特别策划节目。如《胜利的记录》主要播出上一周战争情况；《每周录音》选取一周中重要的讲话及实况进行广播；等等。①

　　东南海地震和三河地震发生的时间，正值太平洋战争末期，日本战败的局势也日益明显，其节目编排也进行了相应的调整。1944 年 11 月 1 日，面对频繁的空袭，NHK 增设了有关防空信息的广播。此外，节目编排的重点转向飞机生产、粮食增产等方面，新闻报道也开始偏向工厂和农村地区进行激励式的实况转播。进入 1945 年，随着空袭频次的增加，防空警报和防空信息的广播也逐步增多，并在其他节目中随时插播，有时会中断正常的节目播出。前一阶段的增产报道、激励民众严守阵线的动员式报道已经无法继续发挥作用，听取有关防空信息和警报成为听众听广播的最直接目的。我们可以由此推测，两次地震发生时广播媒体播出的主要内容仍然是以战争报道、防空信息和防空警报为核心。考虑太平洋战争后日本对气象

---

① 日本放送協会『日本放送史上卷』東京：日本放送協会、1965、522 頁。

报道的管制，有关地震、台风等相关信息在当时的情境下也应当是受到了严格限制。

其次，从现有的史料来看，在东南海地震和三河地震中，广播未能发挥良好的积极作用。有关太平洋战争时期广播节目播出的情况，主要集中于 NHK 编著的各种版本的史料中，其中直接能够给东南海地震和三河地震提供佐证的相关报道有如下论述："太平洋战争中，气象通报及天气预报的播出被禁止。对于一般国民而言，都不知晓有关台风、地震等信息。其间有昭和 17 年（1942 年）侵袭九州、四国的十六号台风（死亡、失踪 1158 人），昭和 18 年（1943 年）的鸟取地震（死亡 1083 人）及二十六号台风（死亡、失踪共 970 人），昭和 19 年（1944 年）的东南海大地震（死亡 998 人），昭和 20 年（1945 年）的三河地震（死亡 1961 人）等在战争中发生的灾害，仅仅公开播报了受灾的概况。因此，不用说广播防灾活动，连受灾者的救济活动都未能进行广播。"[①]

总　结　东南海地震和三河地震中媒介功能之考察

一　东南海地震和三河地震中的媒介功能

前文从环境监视、联系、缓解压力、动员及经济功能这五个方面规定了媒介功能的考察框架，具体到东南海地震和三河地震的情境下，可总结为以下几个方面。

首先，考察环境监视功能的发挥。就报纸媒介而言，全国发行范围的报纸无论从报道数量、报道内容、灾害报道的版面及篇幅而言，均未能够全面将两次地震的受灾情况报道出来，只是简单地、概要式地提及地震发生的情况；所选的灾区地方报纸，报道的数量比全国报纸要多，但是从报道内容来看，有关地震受灾的基本情况的报道也偏少。另外，在当时特殊的战争背景下，报纸的大部分内容是以战争为核心的，与灾害相关的报道

---

①　日本放送協会『放送五十年史』東京：日本放送協会、1977、579 頁。

或是淹没在大量的战争报道中，或是被当作对日本进行战争、物资生产报道的阻碍，因而灾害内容的报道被淡化或忽视。总之，人们无法从报纸的报道中正确认识地震受灾的准确状况。相比较大正时期的关东大地震而言，在灾害基础信息传播方面，东南海地震和三河地震有所倒退。

东南海地震和三河地震发生之时，广播作为新兴媒介已经在日本有了近20年的发展历史。在关东大地震后，人们对广播媒介在灾害过程中的功能发挥寄予了希望。在某种程度上，关东大地震促成了日本广播业的发展。广播媒介的信息传递及时性、覆盖范围广等优势理应在灾害中发挥积极作用，然而这些功能被日本政府用在战争上。在东南海地震和三河地震中，广播同样未能发挥传播基本灾情的环境监视功能。

其次，联系功能。由于两次地震中在全国报纸和广播中只是报道了灾害的概况，且在数量和内容方面都受到限制，更没有深入的解释性、评论性报道出现，无从考察其联系功能的发挥情况。地方报纸中有关两次地震的报道，其重点之一便是体现了政府及相关部门对灾害采取的对策，也有部分解释性和评论性的文章出现。然而，从其内容和当时的情境来看，这些报道并未实现社会构成要素之间的互相协调，只是政府严格管控下的媒体对政府应对灾害行为的传声，而其应对灾害的根本目的是扫除战争之障碍，并且在战时总动员体制下，社会各要素完全掌控在集权式的统治下，媒介无法真正实现联系功能。

再次，动员功能。同样，全国报纸和广播总体发挥的功能有限，有关两次地震的动员功能发挥也有限。报道量相对较多的灾区地方报纸，在某种程度上发挥了动员功能。但是，具体分析动员功能可知有以下特点。其一，思想层面动员功能的发挥要强于资源动员功能的发挥。该报虽无大篇幅受灾情况的报道，但出现了有关救援、援助的报道，总体上所占的比例不多。相比较而言，采用号召性、煽动性较强的语言进行报道的文章却不在少数，从其内容上也可以看出在思想层面动员的目的。其二，思想层面的动员功能最终不是为了地震本身，而是为了战争的顺利进行。这从前文所罗列的相关文章标题和代表性文章可以清楚地看出。地震灾害本身在当时的时代背景下，已经成为日本政府必须扫除的障碍，因此媒体也通过对典型人物或事件、评论性文章的刊登来帮助日本政府实现对日本国民在思想层面的动员。

最后，缓解压力功能和经济功能。就缓解压力功能而言，太平洋战争背景下的灾害报道，在灾害事实报道方面有所欠缺。当时主要的基调是激扬日本国民支援战争的士气，包括广播节目中歌曲和演艺节目编排的基调，其核心目的都是通过媒体传播渠道达到精神层面的动员，与缓解灾害的社会紧张情绪并无多大关联。经济功能方面，太平洋战争期间无论是报纸还是广播均无广告的刊载或播出，这一功能在特殊时期被忽略了。

二 史料佐证：东南海地震中的媒介控制

如前文所述，太平洋战争中，日本军政府对媒介实施了严格的管控。在当时的情境下，日本军政府对媒介进行控制的最直接手段之一便是实行"新闻检阅制度"，即报纸、电台在进行信息传播之前、之后都必须要接受官方的内容审查。有关太平洋战争中日本军政府对灾害信息传播进行的新闻检阅活动，可以从保存于日本公文书馆的日本内务省新闻检阅科《勤务日志》（从昭和19年11月至12月）中得以佐证。该日志记录了有关东南海大地震发生当日与次日新闻报道的具体要求和报道取缔措施（见图4-8、图4-9）。

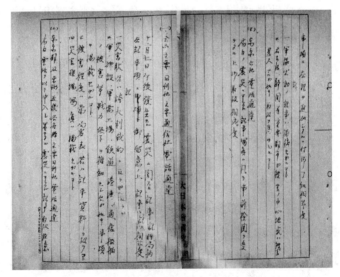

图4-8 《勤务日志》报道要求（1944年12月7日）

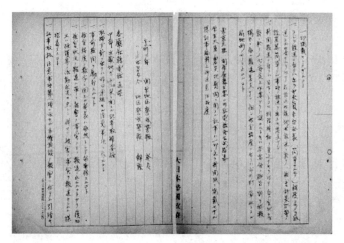

图 4 - 9 《勤务日志》报道要求（1944 年 12 月 8 日）

（一）东南海地震发生当天（1944 年 12 月 7 日）的报道要求

1. 全国主要日报社、主要通信社电话通知传达

（与）12 月 7 日下午所发生震灾相关的报道，因时局需要请注意按照左侧事项的要求，进行报道编辑。

（1）不得夸大、刺激报道受灾情况。

（2）有关军队设施、军需工厂、铁路、港口、通信、船舶等受灾情况，据推测可能会使得战斗力低下，类似的报道不得刊载。

（3）受灾程度须按照当局所发表内容或相关资料进行报道。

（4）不得刊载灾害现场的照片。

2. 东京都及东海、近畿各府县主要日报社电话通知传达

本日通过电话传达有关震灾报道处理的注意事项，追加左侧内容。请遵照执行。

（1）不得报道军队出动的新闻。

（2）不得报道名古屋、静冈等重要城市是受灾的中心区域或受灾重大等类似的内容。

3. 东京六社电话通知传达

本日，与震灾相关的报道、照片都要接受事前新闻检阅。请遵照执行。

（二）东南海地震发生次日（1944 年 12 月 8 日）的报道要求

1. 各厅府县电话通牒中部近畿地区有关震灾报道处理要领

（1）有关取缔方针依照昨日所通知事项。

（2）将加大事前检阅的力度。

（3）受灾程度相关的数字依然不得发表。

（4）受灾情况的报道只单单停留于受灾这一事实层面。以恢复重建以及救护等活动状况为主，加上受灾事实层面的报道，以此为指导方针。

（5）有关各种设施受灾情况的报道，继续执行报道处理事项第二项规定。

2. 不得刊载之内容

有关广播放送，应播报近期气象台所发表的内容（简单的内容）。右侧放送内容以外的地方，若涉及受灾对策、设施等简单的事项的播报，则不加以控制。

有关报纸报道，目前尚无缓和限制的趋势。灾害地区的府县，应当充分认识到以人心安定为前提的基础上，若以本要领为指导，按照特报所揭示的内容报道，则不加以控制。但是，有关受灾程度，仅局限于以市町村为单位的局部地区。

3. 东京六社、有关府县主要日报社电话非正式指导

有关厚生大臣赴灾区慰问一事，不得在任何报纸上报道。请在新闻编辑方面遵守执行。

　　上述源自太平洋战争时期日本总务省《勤务日志》中有关东南海地震的新闻检阅史料，这些史料能够很好地解释为何在东南海大地震中有关灾害具体情况的内容，各家报纸及广播电台均未展开详细报道。虽然未找到与三河地震中灾害报道直接相关的新闻检阅史料，但是根据当时日本媒介管制的背景推测，政府管制应是三河地震中媒介未能充分发挥功能的重要原因。

第五章　电子媒介时代（2）：新潟地震中的媒介功能研究

第一节　新潟地震概要

新潟地震发生于 1964 年 6 月 16 日下午 1 点 02 分，地震的震源位于新潟县粟岛南部海底 40 公里处。新潟地区的震度①为 5，地震规模为里氏 7.7 级（之后日本气象厅又将地震级别更正为 7.5 级）。新潟地震规模比 1923 年的关东大地震和 1944 年的东南海地震要小，比 1945 年的三河地震要略大。除了处于震中的新潟县以外，新潟地震还波及邻近的山形、秋田、福岛、长野、群马等县。从发生的时间点而言，新潟地震被称为日本海附近地区发生的最大规模的地震。②

新潟地震还带来了一系列的次生灾害。一是海啸。根据日本气象厅的报告，海啸影响到整片日本海，其中最高水位出现在离地震震源地最近的新潟县岩船郡大岛，平均海面达到 5 米，其附近一带的沿岸达到 3 ~ 4 米的水位。③ 二是渗水和暴雨等灾害。由于新潟地区的地质原因，地震发生后地势较低地区开始出现严重的渗水现象，加之同年 7 月 7 日以后出现的连续降雨和自来水管道的损坏，震后新潟地区的排水和生活用水成为严重的问题。

---

① 震度是日本独有的表示地震强度等级的指数，由日本气象厅确立。震度是表示地震摇晃程度的等级指标。目前震度范围共设置为 10 个等级，从无震感的 0 度开始，依次为 1、2、3、4、5 弱、5 强、6 弱、6 强直至 7。
② 新潟市『新潟地震誌』新潟：新潟市、1966、3 頁。
③ 新潟市『新潟地震誌』新潟：新潟市、1966、17 頁。

三是火灾。新潟地震中一共发生了 7 起火灾，其中影响最大的是昭和石油新
潟制油所的火灾。昭和石油第一次火灾几乎与地震同时发生，火灾发生原
因是原油储存罐起火，直至 6 月 20 日下午 2 点才熄灭；第二次火灾于地震
当天下午 6 点左右发生，直至 7 月 1 日上午 5 点才熄灭。昭和石油的两次火
灾导致 353 幢房屋被烧毁，殃及 361 户家庭，受灾人数达到 1466 人，建筑
物烧毁面积达到 58983 平方米。[①] 虽然新潟地震的震级较高，且带来了一系
列的次生灾害，但地震中的伤亡人数相对来说并不多。根据新潟县地震对
策本部的统计，截至 1964 年 7 月 3 日，新潟县死亡 14 人、重伤 40 人、轻
伤 328 人。[②]

　　新潟地震发生时，日本已经结束盟军最高司令部（以下简称 GHQ）统
治十余年，其媒介发展相对于战争年代和 GHQ 管制时代得到相对自由的发
展；从媒介发展史的角度而言，新兴的电子媒介——电视也已经在日本问
世十一年。基于这样的历史背景，本章将对新潟地震中各种媒介的信息传
播活动进行研究，归纳总结地震中媒介所发挥的功能。

第二节　太平洋战争后日本媒介发展的主要特征

　　从太平洋战争结束的 1945 年至新潟地震发生的 1964 年的近二十年间，
日本的大众媒介发生了巨大的变化，最显著的变化特征：首先是盟军在进
驻日本期间，对日本的大众媒介进行了彻底的民主化改造；其次是商业广
播获得开办许可，打破了 NHK 垄断的局面；最后是电子媒介发展的另一形
式电视的诞生，改变了原有媒介的格局。

一　占领期的媒介：实现民主化的改造

　　太平洋战争以日本的无条件投降而告终，盟军（实际上只有美军）开
始进驻日本对其实行管理，这一时期从 1945 年 8 月 15 日的日本投降开始一

---

① 新潟市『新潟地震誌』新潟：新潟市、1966、29 頁。
② 山口林造「新潟地震調査概報」『地震研究所研究速報』第 8 号、1964、36 – 45 頁。

直持续至 1952 年 4 月 28 日《旧金山合约》生效为止，被称为联合国军占领期，盟军最高司令部实施对日的具体管理行为。在日常管理方面，盟军对日本采取间接管理的方式，即将其行政、司法和立法权全部置于 GHQ 之下，通过对日本政府执行发布的《波茨坦宣言》的指令和劝告。然而，GHQ 唯独对日本的大众媒介实行直接管理的方式，不允许日本政府参与管理，通过实施新闻检阅、发布指令及提示等方式牢牢掌控媒介。考察占领期 GHQ 对日本大众媒介的管理政策，大致可以分为两个阶段。第一阶段是二战结束至 1946 年下半年，GHQ 通过各种手段对原有的大众传媒战时体制进行彻底变革，使其朝民主化方向发展，具体体现在以下三方面。一是发布有关新闻报道自由的备忘录，并据此对报纸、广播、出版物进行检阅，禁止批判盟军和妨碍占领政策推行的报道；同时，废除日本政府所公布的有关媒介取缔的所有法令，旨在恢复言论自由。二是追究媒介的战争责任。1946 年 1 月，GHQ 发布清除战争责任者公职的政策，战争中日本大众媒介的所有相关管理者都被清除了职位。三是培育劳工组织。包括大众媒介在内，GHQ 在各行各业培育劳工组织，养成与官僚、财阀、军阀相对抗的新兴民主势力。第二个阶段是 1946 年下半年至占领期结束，这一阶段正值以美苏为主的冷战时期，相应地对日本管理方面 GHQ 的政策也有所改变，包括媒介在内的所有对日管理政策都体现"反苏反共"的方针。虽说占领期间的媒介政策，是根据占领阶段行政及社会形势和变化而产生变化，但是客观而言，这一时期的大众媒介在一定程度上促进了日本的民主化。[1]

二　商业广播的出现：打破公共广播垄断的历史

商业广播的出现是太平洋战争后日本大众媒介发展中具有里程碑意义的事件。从 1925 年日本广播诞生以来，一直是 NHK 作为公共广播这一单一的形式垄断播出。然而，在 GHQ 占领时期，盟军所推行的民主化进程重要内容之一便是打破垄断、促成市场的自由竞争，GHQ 同样在推动广播民主化进程方面有所动作。1947 年 10 月，GHQ 民间通信局就日本的广播播出形

---

① 山本文雄『日本マスコミュニケーション史』東京：東海大学出版会、1981、220 頁。

态，给予以下指示："（1）广播作为从政府及政党独立出来的自治机构，NHK 的运营、播出许可及监督都由新设的电波管理委员会实施；（2）许可商业广播的设置；（3）确立广播播出的自由、不偏不党、服务公众的责任、技术基准等四大原则；（4）禁止 NHK 经营电视、调频广播、传真等业务，交由商业广播经营。"① 这实际上是三年后，即 1950 年通过的日本电波三法（电波法、放送法、电波管理委员会设置法）的雏形。1951 年，根据电波三法的精神，电波管理委员会通过了 16 家第一批商业广播的许可。与公共广播 NHK 不同，商业广播主要通过广告等商业性活动获取利润来生存和发展。因此，为了获取更多的听众数量，商业广播在节目编排和内容选择方面的竞争非常激烈。商业广播的出现打破了 NHK 的垄断时代，在节目安排、经营层面的竞争也是一元广播体制下未曾出现的。可以说，商业广播的出现不仅仅是日本广播史上具有划时代意义的事件，更对大众传播具有无法预料的意义。②

三 电视的登场：电子媒介发展的新阶段

从世界大众传媒发展进程来看，美国最早于 1925 年实现电视实验的成功，而 1936 年 BBC 开始电视业务，这是世界范围内真正意义上的电视开播活动。BBC 电视的播出，引发了各国开办电视的热潮。日本也于 1925 年实现了电视实验的成功，由于受到第一次世界大战的影响，与其他国家一样日本中止了进一步的实验。直至 1953 年 2 月，"NHK 东京电视"开始播出，成为日本第一家电视台。同样，电波管理委员会也制定了基本方针打破 NHK 公共电视垄断的局面，从政策层面推动电视的商业化运作。1952 年 7 月 31 日，电波管理委员会在机构废止前，发布《电视放送许可相关的基本方针》，规定："（1）电视事业为非垄断事业；（2）电视台数量方面，目前只允许东京地区成立 2 家至 3 家，其他城市 1 家或 2 家；作为原则，日本放送协会与民营电视台并存；（3）电视播出暂且由东京地区实施，其成果待

---

① 山本文雄『日本マスコミュニケーション史』東京：東海大学出版会、1981、240 頁。
② 山本文雄『日本マスコミュニケーション史』東京：東海大学出版会、1981、268 頁。

转播电路完成后逐步向地方城市进行推广和普及。"① 在这一方针的指引下，1953 年 8 月，"日本电视放送网"作为日本最早的商业电视台开播。商业电视开播之初，通过在街头设置大量电视机对重要体育赛事转播吸引观众提高收视率的方式，以获得广告商的支持。在电视开播初期，一般的家庭很难承受电视机不菲的价格，人们更多地选择在街头观赏电视，因此，电视的普及速度相对缓慢。从电视开办之初，日本就确立了公共电视和商业电视并存的二元体制，两种体制相互竞争、互相补充的局面一直延续至今。电视媒介以声音和画面同传的特点，同时满足人们听觉和视觉的需求，并通过电波实现即时、同步传播。电视媒介的登场，以一种强有力的竞争姿态打破了原有以印刷媒介和广播媒介为主导的媒介格局。

第三节　新潟地震中大众媒介功能的研究思路与方法

一　研究对象的选择

如前文所述，新潟地震时期的日本大众媒介已经发展到报纸、广播及电视共存的时代。因此，本书将报纸、广播、电视对新潟地震的报道作为主要研究对象。

（一）报纸

考察新潟地震中报纸报道情况，需从两个层面来考虑。一是地震发生所在地区的报纸报道情况。新潟地震的主要受灾区新潟县最有影响力的报纸是《新潟日报》，在新潟地震中该报是纸媒中报道新潟地震的主要力量。二是全国范围内发行的报纸。以全国发行的报纸为研究对象，可以看出灾区以外地区的媒介，尤其是首都东京地区，是如何将新潟地震的情况在全国范围内传播的。如前文所述，太平洋战争之前，《朝日新闻》、《读卖新闻》和《每日新闻》三家报纸已经成为日本最有影响力的在全国范围内发

① 山本文雄『日本マスコミュニケーション史』東京：東海大学出版会、1981、275 頁。

行的报纸。但是，从数据库使用的角度来看，《每日新闻》数据库 1989 年以前的报纸无法进行对每篇报道的检索，只能显示当时报纸的版面。出于科学性的考虑，本书只选取《朝日新闻》和《读卖新闻》的相关报道作为研究对象，而晨报又是两家报社最为核心打造的报纸样式，因此本章选取这两家报纸的晨报对新潟地震的报道作为研究对象。

（二）广播电视

广播电视方面，公共广播电视 NHK 在新潟设有分支局，新潟地震发生时新潟分局的广播和电视业务均已开展；商业广播电视新潟放送（BSN）于 1952 年开展广播业务，1958 年开始电视业务。因此，本书选取 NHK 新潟放送以及 BSN 新潟放送有关新潟地震的报道作为研究对象。

二　期间选择

报纸方面，无论是全国报纸还是地方报纸，本书统一选取新潟地震后一个月内（从 1964 年 6 月 16 日至 1964 年 7 月 15 日）有关新潟地震报道的全部内容作为研究对象。广播电视方面，根据现有资料，选取地震后三天（从 1964 年 6 月 16 日至 18 日）内的报道记录作为主要研究对象，辅助其他相关史料进行总结。

三　报道选取途径与方式

从《读卖新闻》《朝日新闻》数字报纸全文数据库中，限定所规定的时间段，即 1964 年 6 月 16 日至 1964 年 7 月 15 日，限定报纸类型为"朝刊"和"号外"，以"新潟地震"或"新潟震灾"为关键词检索，并对检索出的所有报道内容进行阅读，排除与新潟地震无关的报道和图片，所剩报道全部纳入研究范围。《新潟日报》2004 年以前的报纸尚无数字报纸数据库，主要通过微缩胶卷和报纸原版的方式保存，本书从早稻田大学保存的微缩胶卷中选取《新潟日报》日刊的相关报道作为研究对象。

广播电视报道研究主要采用文献研究法，参照 NHK 新潟放送局编写的《新潟地震与放送》、《新潟地震》（日本国立国会图书馆电子资料）以及《新潟放送的 15 年进程》中有关新潟地震中广播电视报道的记录进行梳理。

四　具体研究手法

（一）报纸

本书通过统计相关报道数量及走势、报道所在版面及篇幅、报道形式、报道重点等方面，对全国报纸和地方报纸进行综合分析。对报纸内容分析的类目构建，主要参照广井修在研究《新潟日报》对新潟地震报道时的分类方法，他将相关报道分成了 12 个类别：（1）地震、海啸的规模及发生地点；（2）余震及海啸今后的动态；（3）地震和海啸的受害情况；（4）家族的安否；（5）国、县、市的应对对策；（6）自来水、煤气、电力的恢复情况；（7）邮政、电话、电信的恢复情况；（8）道路交通信息；（9）食物及生活物资的供给状况；（10）灾害的补偿、融资等相关内容；（11）各机关事务及日程的变更和中止；（12）受灾者及被救助人等的体验。[①] 考察这一分类方式，可知（1）、（2）及（3）项可以归结为地震及相关次生灾害和造成的受害情况，（5）、（10）及（11）可以归结为相关部门的对策及应对方式，（6）、（7）、（8）、（9）可以归结为与生命线相关的恢复情况。该研究只关注了新潟地震后一个星期的报道，上述的分类方式不能够完全包含所有相关报道内容。

在对三家报纸有关新潟地震所有报道阅读的基础上，参照广井修的分类方法，本书将报道分为以下几类：A. 地震、海啸、余震及地震引发火灾的受害情况、规模及发展趋势；B. 政府及相关部门的应对措施、对策；C. 生活线等各方面的恢复状况；D. 救援、援助、捐款及慰问；E. 避难、避难所及临时住宅；F. 社论、评论等评论性文章；G. 科学解释类文章；H. 受灾者及被救助者的体验及感想；I. 安否信息；J. 其他。根据这一分类方法，本书拟对《朝日新闻》、《读卖新闻》及《新潟日报》中新潟地震的相关报道进行编码分析。

---

① 廣井脩「新潟地震と災害報道」『月刊消防』、1987、47 頁。

（二）广播

由于无法拿到新潟地震中的相关音频资料，故主要通过对史料的梳理和部分典型报道的文本分析等方式进行研究。

第四节 新潟地震中的报纸报道分析

一 报纸报道数量及变化趋势

《朝日新闻》在地震后一个月内（从 1964 年 6 月 16 日至 7 月 15 日）有关新潟地震的报道共 130 条，其中第一周（从 6 月 16 日至 6 月 22 日）为85 条，第二周（从 6 月 23 日至 6 月 29 日）为 25 条，第三周（从 6 月 30 日至 7 月 6 日）为 15 条，第四周及以后（从 7 月 7 日至 7 月 15 日）为 5 条。

《读卖新闻》在地震后一个月内（从 1964 年 6 月 16 日至 7 月 15 日）有关新潟地震的报道共 182 条，其中第一周（从 6 月 16 日至 6 月 22 日）为112 条，第二周（从 6 月 23 日至 6 月 29 日）为 40 条，第三周（从 6 月 30 日至 7 月 6 日）为 16 条，第四周及以后（从 7 月 7 日至 7 月 15 日）为 14 条。

《新潟日报》在地震后一个月内（从 1964 年 6 月 16 日至 7 月 15 日）有关新潟地震的报道共 826 条，其中第一周（从 6 月 16 日至 6 月 22 日）为248 条，第二周（从 6 月 23 日至 6 月 29 日）为 238 条，第三周（从 6 月 30 日至 7 月 6 日）为 177 条，第四周及以后（从 7 月 7 日至 7 月 15 日）为 163 条。

总体而言，作为地震受灾区当地的报纸，报道总量远远超过全国发行的报纸，相对而言，全国发行的报纸中，《读卖新闻》的报道量比《朝日新闻》多出 38.46%。从时间的推移来看，无论是地方报纸还是全国报纸，报道数量都呈现下滑的趋势；从第二周开始，全国报纸有关新潟地震的报道数量大幅度下滑，相比较而言，地方报纸下滑幅度没有全国报纸那样明显；第三周和第四周的报道数量，全国范围发行的三家报纸的下滑幅度均不大。这说明，随着时间的推移，全国报纸对地震的关注程度有所减弱，而对于震灾地而言，地震仍作为主要的报道主题，呈现持续关注的态势。虽然震后的第三周和第四周，全国范围发行的三家报纸的报道数量呈现下滑的趋势，但是相比较前一个周期，趋势有所减弱，说明媒体对地震的关注度已经呈现相对平稳的状态（见图5-1）。

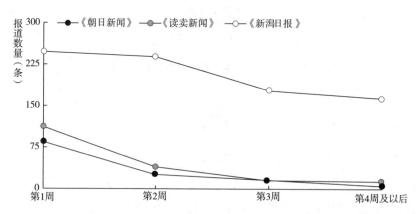

图5-1　新潟地震报纸报道时间推移情况（从1964年6月16日至7月15日）

二　报纸地震相关报道所在的版面分析

一段时期内报道所在的版面位置可以看出该报道的重要性。经过统计，震后一个月内《朝日新闻》有关新潟地震的报道所在版面最多的是第15版，共39条；其次是头版和第2版，为21条，第14版、第16版分别为19条、16条，其余版面均在10条以下，具体见图5-2。

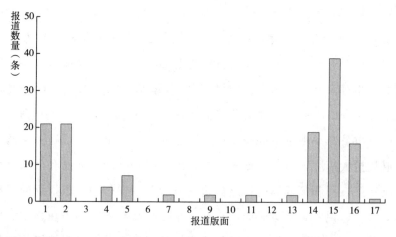

图5-2　《朝日新闻》新潟地震报道版面分布（从1964年6月16日至7月15日）

《读卖新闻》有关新潟地震的报道所在版面最多的是第 2 版，共 38 条；其次是第 15 版，36 条；第 14 版为 30 条，头版仅有 16 条。具体见图 5 - 3。

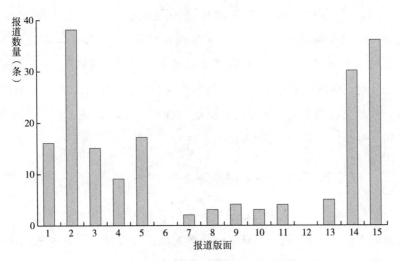

图 5 - 3　《读卖新闻》新潟地震报道版面分布
（从 1964 年 6 月 16 日至 7 月 15 日）

《新潟日报》有关新潟地震的报道所在版面最多的是第 3 版，共 158 条；其次是第 12 版 118 条；第 14 版为 104 条，第 2 版为 98 条，头版为 97 条。具体见图 5 - 4。

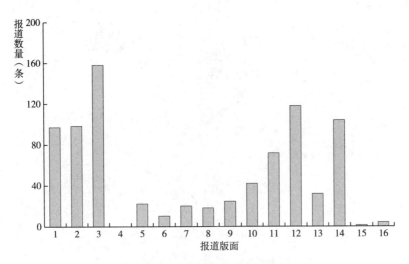

图 5 - 4　《新潟日报》新潟地震报道版面分布
（从 1964 年 6 月 16 日至 7 月 15 日）

虽然每家报纸在这一个月内每天版面数都不固定，但是从上述的统计中可以看出新潟地震报道在所有报纸的总体位置。以在头版出现的报道数计算，《朝日新闻》头版出现新潟地震相关报道占整个地震报道总数的16.15%，《读卖新闻》占8.89%，《新潟日报》占11.74%。相比较而言，全国发行报纸《朝日新闻》将新潟地震报道安排在头版刊登的比例较高，从某种程度上体现该报纸对新潟地震的重视程度。《新潟日报》作为灾区的报纸，虽然头版刊登地震报道的比例比《朝日新闻》较低，但是综合来看，前三版刊登地震报道的比例较高。

三 报纸报道的内容倾向呈现

《朝日新闻》所有类别的报道中，政府及相关部门的应对措施、对策这一类报道占的比例最高，为32%；其次为救援、援助、捐款及慰问的相关报道，为28%；再次为地震、海啸、余震及地震引发火灾的受灾情况、规模及发展趋势的报道，为19%（见图5-5）。

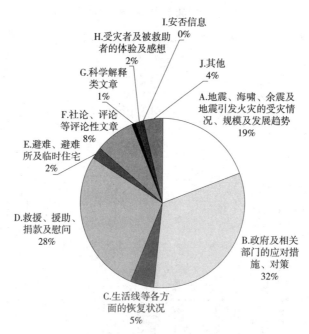

图5-5　《朝日新闻》新潟地震报道内容分类
（从1964年6月16日至7月15日）

与《朝日新闻》一样，《读卖新闻》所有类别的报道中，政府及相关部门的应对措施、对策这一类报道占的比例最高，为 41%；其次为救援、援助、捐款及慰问的相关报道和地震、海啸、余震及地震引发火灾的受灾情况、规模及发展趋势报道，均为 17%。与《朝日新闻》不同的是，《读卖新闻》的科学解释性报道的数量要远超于《朝日新闻》（见图 5 - 6）。

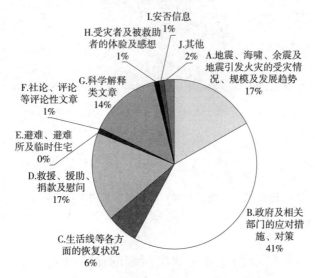

图 5 - 6　《读卖新闻》新潟地震报道内容分类
（从 1964 年 6 月 16 日至 7 月 15 日）

同样，《新潟日报》的地震报道中，政府及相关部门的应对措施、对策相关的报道最多，占 35%，其次是救援、援助、捐款及慰问相关的报道，占 17%；地震、海啸、余震及地震引发火灾的受害情况、规模及发展趋势和生活线等各方面的恢复状况报道均为 15%。而《新潟日报》有关生活线等各方面的恢复状况的报道明显多于《朝日新闻》和《读卖新闻》（见图 5 - 7）。

从报道形式来看，全国报纸《朝日新闻》基本以动态消息为主，也有相关的评论性文章，但是总体而言并不多；《读卖新闻》的大部分报道也是动态报道，评论性文章与《朝日新闻》相比较少，但是科学解释类文章稍多。而地方报纸《新潟日报》的报道形式较全国报纸要丰富很多，除了动态报道以外，评论性文章、解释类报道、连续报道、调查性报道都占有一定的分量。

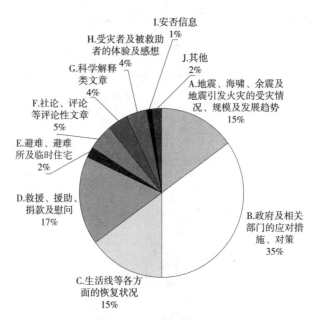

图 5-7　《新潟日报》新潟地震报道内容分类
（从 1964 年 6 月 16 日至 7 月 15 日）

四　新潟地震中的号外：非常时期的传播方式

如前章所述，在关东大地震中，东京地区的报社因为地震引发的火灾而大多被烧毁。在地震发生后的一个星期内，各家报社的号外作为一种应急期的特殊媒介形式，发挥了信息传播的重要作用。在东南海地震和三河地震中，由于处于战争特殊时期，有关灾害的信息报道受到限制，号外这一媒介形式在这两次地震中并没有出现。但在新潟地震中，号外又开始承担起非常时期信息传播的重要任务。在所选的对象报纸中，全国报纸《朝日新闻》和灾区地方报纸《新潟日报》，在新潟地震中均刊发了号外。

（一）《朝日新闻》："空运"的号外

在新潟地震当天，全国范围内发行的报纸《朝日新闻》刊发了"空运"号外，共 2 个版面。在头版的最醒目位置，以"新潟、山形、秋天地区遭强震侵袭"为主标题，"新潟市发生火灾和地裂，各地死伤者持续出现"为副标题，将新潟市及周边地区发生地震的事实报道出来。号外中所刊登的新潟地震报道，均为动态消息的报道，内容集中在地震灾害本身及各地区的受害情况。除了文字报道外，号外共使用了 2 张有关新潟地震的图片，更能直观地展现地震的受害情况。

在整个新潟地震中，《朝日新闻》共刊发了一期号外，而且号外中并不全是有关新潟地震的内容，有近一半的内容是正常的国际国内新闻报道，如"老挝局势：美国飞机的反击是事实""马来西亚元首夫妇抵达羽田机场""为和平而行进的印度青年""邮储银行九十万日元被侵占：帝国酒店内邮局女事务官的余罪"，等等。除了新闻报道外，号外的头版和第 2 版的下方均出现商业广告，头版的广告占据约 1/5 的版面，第 2 版占据 1/4 的版面。

（二）《新潟日报》：以大幅图片为主的号外

《新潟日报》在新潟地震中同样也只刊发了一期号外，也是在地震当天发出的。根据新潟日报社内部资料记载，地震发生时，《新潟日报》《新潟晚报》的各个版面正在组稿过程中。下午 2 点左右，在确认没有余震和海啸的风险发生后，报社临时召开了紧急会议，当时的社长做出紧急应对措施："无论如何都要克服困难继续保证报纸的发行，这是作为报人的最高使命。暂停晚报的刊发，希望全员投入号外和晨报发行作业中去。"[1] 紧急会议后，在社的摄影部记者和摄影师都奔赴地震现场采访，地震发生时在外采访的记者拍摄到大量现场照片。基于这样的情况，新潟日报编辑局平山副局长确定了编辑方针，即"制作使用短篇幅、最小限度的文字报道，其余均以现场照片填充的号外"。[2] 也因此《新潟日报》号外的四个版面只有头版有文字报道，其余三个版面都是大篇幅的照片。

头版在最顶端以"县下一带大地震"为大标题，醒目报道发生了新潟地震这一事件；标题的下方刊登了一张县营公寓楼倒塌的照片；照片下方

---

① 　新潟日報社刊『地震のなかの新潟日報』新潟日報社、1965、9 頁。
② 　新潟日報社刊『地震のなかの新潟日報』新潟日報社、1965、9 頁。

刊发了"房屋三百户全部或一半被毁，死者六人、负伤二十一人，震源地在粟岛附近""昭石等处发生火灾，昭和·八千代桥倒塌""海啸的危险退却""铁路、电话也不通""今夜大部分地区停电""受害信息""比昭和36年的长冈地震要厉害"等有关地震受灾情况的报道；其余的报道中，还有"街头互相拥抱的人""抱着刚出生的婴儿、毫无血色的年轻母亲"等反映地震中人的状态的报道；另有一条"政府、县成立对策本部"的政府应对措施的报道。

第2版刊载了三张图片，其中一张占据1/2版面，为"汽车故障，女中学生一边哭一边挽手着急地回家，道路上满是浮油的浊水"，其余两张照片展现了地震后出现地裂的情形。第3版刊登了四张照片，与第2版一样，其中一张"东港道路出现四五米幅度的裂痕"的照片占据了1/2版面；剩下的三张照片反映的是海啸给城市带来的侵害情况。第4版的三张照片中，第一张是反映"越后线"铁路因地震而变得弯曲畸形的照片，同样占据1/2版面；其余两张中一张是有关成泽石油火灾黑烟的照片，一张是刚建成的昭和大桥震后受损状况的照片。三个版面均为反映震后受灾情况的照片。

五 典型个案研究：《新潟日报》的灾害报道

从《新潟日报》对新潟地震的报道整体情况来看，主要的报道内容集中在政府及相关部门的对策、救援/援助及捐款、地震受灾本身及受灾情况这三个方面。从报道形式来看，除了一般的动态消息以外，《新潟日报》采用了多种报道形式对新潟地震进行全面报道。本书选取其中的典型报道进行分析。

（一）评论性文章

《新潟日报》有关新潟地震的评论性文章可以分为三个层面。一是代表报社观点的社论。从地震发生的第二天开始，报纸便刊发与地震相关的社论，在震后一个月内，共刊发9篇社论文章（见表5-1）。从文章的内容来看，大都是针对震后恢复重建相关事宜进行的建议和动员。

表 5 - 1   《新潟日报》新潟地震社论目录

刊发日期	文章标题	版　面
1964 年 6 月 17 日	社论：为恢复重建集结全力吧！	1
1964 年 6 月 18 日	社论：迅速恢复联络设施	2
1964 年 6 月 19 日	社论：当吸取新潟地震的教训	2
1964 年 6 月 20 日	社论：需完善地震保险制度	3
1964 年 6 月 21 日	社论：将住宅问题放在重点上！	3
1964 年 6 月 22 日	社论：防疫、防犯罪，需要市民的协力！	3
1964 年 6 月 24 日	社论：需加大招聘木工和油漆工的力度	3
1964 年 6 月 25 日	社论：期待农林业的震灾调查	3
1964 年 7 月 2 日	社论：存在盲点的特别援助法	3

二是决策层对震后重建的观点。《新潟日报》从 1964 年 6 月 20 日起，开设了"震灾复兴关键一言"专栏，刊登恢复重建相关领域的领导和决策层对震灾复兴的思路和观点（见表 5 - 2）。

表 5 - 2   《新潟日报》新潟地震"震灾复兴关键一言"专栏文章目录

刊发日期	文章标题	采访对象
6 月 20 日	（重建费用）九成由国库负担	新潟县知事塚田十一郎
6 月 21 日	首先解决山之下地区的排水问题	新潟市市长渡边浩太郎
6 月 22 日	扩大住宅融资的范围	代议士小泽辰男
6 月 23 日	一个月内全面恢复	北陆煤气社长敦井荣吉
6 月 26 日	总之，先解决重建资金问题	新潟商工会议所会长和田闲吉
6 月 27 日	工作重点转至预防犯罪	县警本部长仓井洁
6 月 28 日	灾害查定现场立即决定	北陆地建局局长坂田中

三是来自普通读者对地震灾害及震后重建的看法。这些观点主要集中在读者互动专栏"我也来说一句"中，从 1964 年 6 月 20 日开始陆续刊载了 5 次。

（二）连续报道

新潟地震相关的连续报道最典型的有两个。一是以反映地震中市民的体验为主的《恐怖的六月十六日：追忆摇晃的大地》。策划这一连续报道的主要目的是"将受灾者鲜活的体验作为全县民共同的财产，成为今后的启示和教训"。[①] 从 1964 年 6 月 20 日起，共连续刊登 14 篇，以普通市民在震灾中的体验为立足点，为更多的人提供灾害的经验教训。二是连续报道旨在解释明白日本及世界地震带，回顾新潟地区历次地震的特别企划《思考地震》，从科学普及的角度来阐明地震发生的原理。

(三) 地震调查团系列报道

《新潟日报》在新潟地震中的系列报道和主题报道是其报纸的特色。1964 年 6 月 21 日，《新潟日报》成立以新潟大学教授为主要成员的专业地震调查团，分三个主题对新潟地区受害和恢复重建情况进行调查，并为恢复重建和复兴提出具体的建议。首先，日报调查团对新潟市、北蒲岩船地区、三岛郡地区受灾情况进行深入调查，详细介绍受灾地区的实际受灾情况及恢复重建过程中所遇到的困难，并从建设性的角度提出实际有用的建议。其次，新潟日报于 1964 年 6 月 28 日成立教育调查团赴灾区的学校进行巡访，目的是探讨因地震而遭受破坏的教育秩序的恢复策略。从 1964 年 7 月 1 日起，《新潟日报》连续刊登 6 篇调查团的调查报道，展现震后灾区教育现状。最后，继日报、教育调查团后，新潟日报社又成立第三个调查团——农业调查团。由于新潟县是以农业生产为主的地区，新潟地震对该地区农田、农作物及各类农业设施都产生了较大程度的破坏，严重影响其农业经济的发展。农业调查团以新潟大学农学部教授为主要成员，对受灾较严重的农业地区进行实地调查，反映农业受灾现状、收集农民意见，从而提出对农业恢复重建的科学建议。从 1964 年 7 月 7 日起该调查团连续刊载了 5 篇相关调查和对策报道。

(四) 人员安否信息及救援信息的刊载

自 1964 年 6 月 20 日起，《新潟日报》开设《地震受害者信息》专栏，陆续刊登寻找亲人、向亲人报平安等类型的安否信息，该专栏一直持续到 6 月 26 日，共刊登 7 期。另外，报纸还开设"新潟地震捐款""来自各地的救援"

---

① 新潟日報社刊「地震のなかの新潟日報」新潟日報社、1965、119 頁。

等专栏，将各地、各单位向灾区的捐款、援助等信息及时对民众公布。

（五）广告的刊登

在新潟地震后的一个月内，《新潟日报》的广告照旧刊登，与平日的商业广告所不同的是，地震后的震灾慰问广告数量激增。地震后，一些原先的广告商给予报社慰问金或慰问品，报纸以刊登震灾慰问广告的方式为这些广告商进行宣传。广告大致的样式为在"谨以此表示对震灾的慰问"的题名下将相关企业的名称、负责人及地址列出。《新潟日报》在地震后，于1964年6月17日最先刊登了有关电通广告公司的慰问广告，从1964年6月18日至21日报纸迎来了慰问广告的高峰。根据《新潟日报》内部资料统计（见表5-3），1964年6月18日的慰问广告达30个，6月19日为45个，20日为89个，21日为118个，22日为21个。[1]

表5-3　《新潟日报》慰问广告播出情况

单位：个

日　期	慰问广告总数	广告商来源数量		
		新潟市	东京/大阪	长冈市[2]
6月17日	1	0	1	0
6月18日	30	8	22	0
6月19日	45	13	29	3
6月20日	89	13	74	2
6月21日	118	22	52	44
6月22日	21	13	7	1

第五节　新潟地震中的广播电视报道分析

一　震后紧急期的应对：从中断播出到恢复播出

新潟地震发生的时间是1964年6月16日下午1点02分，地震随即

---

[1]　新潟日報社刊「地震のなかの新潟日報」新潟日報社、1965。
[2]　长冈是新潟县所辖市。

让整个新潟市陷入停电状态。与印刷媒介不同，电子媒介的信息传播高度依赖电力。地震带来的电力中断，也直接导致了广播电视播出的中断。

NHK 新潟放送针对电力中断，立即启动无停电装置，广播节目在中断 2 分 20 秒、电视节目中断 3 分钟后，恢复正常播出。而当时 NHK 新潟放送自备的发电室出现浸水状况，在完成排水工作后，当日下午 1 点 40 分左右自备发电设备开始启动，在恢复电力供给前连续工作 60 小时。[①]

相比较 NHK 新潟放送局而言，新潟地区的商业广播电视 BSN 新潟放送的恢复播出时间较晚。与 NHK 新潟放送一样，地震引起的电力中断也影响了 BSN 新潟放送的节目播出。由于演播室与信号发射所之间的连接线路中断，BSN 新潟放送立即向发射所派遣播音员、记者及技术人员，直接在发射所设置临时直播间进行节目的播出。在克服物理性破坏带来的困难后，BSN 新潟放送的电视节目于当日下午 2 点 15 分、广播节目于当日下午 3 点 05 分恢复播出。

二 公共广播电视 NHK 新潟放送的应急对策及报道情况

NHK 新潟放送在地震发生后，立即进入"全员皆记者"的紧急状态。地震发生后，NHK 新潟放送的所有员工便进入了紧急放送状态中。"以放送部报道平台为中心的采访阵容，在地震摇晃的瞬间，便反射性地投入采访行动中，放送记者、摄像师以及播音员等，在大地持续震动的情况下，越过开裂的地面和地下溢出的水到现场采访：有一位（员工）手持对讲机，趟过浑浊的水径直去往气象台，随时向台里传递海啸信息；有一位（员工）在被浸水的自备发电室内堆土包以防再遭水袭……"[②] 此外，地震发生时在外采访的记者和摄像师，也都反射性地记录了震灾情况，克服重重困难将所采访到的素材传回台内。如此，NHK 新潟放送在震后自然进入举全员之力捕捉灾害全貌的状态，以"全员皆记者"的状态展开了灾害报道。

---

① NHK 新潟放送『新潟地震と放送』新潟：NHK 新潟放送、1964。
② NHK 新潟放送『新潟地震と放送』新潟：NHK 新潟放送、1964。

（一）NHK 新潟放送广播报道的应急对策及报道内容、特征

1. 广播报道的应急总体思路：立足地方、为灾区服务

由于地震的破坏，新潟地区尤其是新潟市的电力供应都被中断，一般的家用电视机无法正常观看。虽然也有晶体管电视，但是在当时尚未得到普及的情境下，无法成为地震中可以发挥作用的媒体。为了使更多的市民能够及时接收到相关的灾害信息，NHK 新潟放送决定采用立足地方，通过广播报道来服务灾区市民的对策。根据史料记载："下午四点刚过，通过多方直播的方式，将设置在县政府内的灾害对策本部、放送会馆和街头连接起来，进而播出受灾的整体状况、县市镇村的救援对策进展、中小学生及出门在外的人们的消息及引导受灾、浸水地区人们去往安全的避难场所等信息。此外，为了让更多的人听到广播，在节目中不断重复播出'请手持半导体收音机的人将音量调高，以便让周围的人都能听到广播'的提醒。"①

2. 广播报道的应急主要内容及特征

1964 年 6 月 16 日下午 1 点 04 分，NHK 新潟放送在新潟地方新闻节目中播出有关新潟地震信息的第一声："刚才发生了地震，震源地、震度等详细信息待取得联络后，立即播报。"② 随后，在节目中播音员不断提醒，让大家冷静应对。

新潟地震后，NHK 新潟放送在中断 2 分钟后，随即进入了应急播出状态，实现了连续 36 小时不间断播出。从《新潟地震灾害播出连续 36 小时记录》③ 可以看出，节目主要以动态新闻播报、现场直播、访谈、地震特别节目、通告及时局动态等方式，滚动播出灾情动态消息、气象台及警察消防等告知消息、提醒市民注意事项、对避难者的引导、相关机构的紧急联络方式、灾害对策本部发布的信息和电力、煤气、铁道等部门及避难通知。从报道的内容来看，主要有以下特点。

（1）发挥广播的及时、速报功能，进行多次现场直播。连续播出的

---

① NHK 新潟放送『新潟地震と放送』新潟：NHK 新潟放送、1964、6 頁。
② NHK 新潟放送『新潟地震と放送』新潟：NHK 新潟放送、1964、3 頁。
③ NHK 新潟放送『新潟地震』新潟：NHK 新潟放送、1965、28 – 35 頁。

36 小时中，信息处于滚动、及时更新状态，有新信息立即更新播出。同时，NHK 新潟分局利用广播的速报性特点，多次使用现场连线和直播的方式，提升信息传播的速度。从下午 1 点 05 分开始，NHK 新潟放送记者在受灾的万代桥东侧进行现场连线直播，将受灾一线的情况同步播出。根据《新潟地震灾害播出连续 36 小时记录》的内容统计，1964 年 6 月 16 日当天播出的近 11 小时内，共直播 22 次；1964 年 6 月 17 日全天播出的 24 小时中，共直播 10 次。

（2）反复播出民众安否信息和通告，体现广播服务性。新潟地震后各种通信方式中断，导致部分受灾市民无法与家人取得联系，因此，广播便成为帮助受灾市民播报安否信息、寻人信息的有效途径。NHK 新潟分局播出的第一条寻人信息是地震发生后的近 3 个小时，即在下午 3 点 54 分至下午 4 点的通告节目中插播。根据当时 NHK 新潟放送报道平台人员的回忆，地震发生 2 个多小时后，报道平台接到传达"修学旅行的女子高中生一行已经平安避难"这一信息的请求；随后又不断出现播出个人安否信息的请求。① 也就是说，当时播出寻人启事、个人安全通报等信息完全是出于灾害中的民众需求，并不是广播电台主动策划的行为。随着人员安否信息的不断播报，要求通过电台寻人、通报个人安全与否的要求也越来越多，NHK 新潟放送便开设了专门的接待平台登记申请。据 NHK 统计，仅在接待平台登记的个人安否信息播出申请便超过了 3000 个。② 当时所播报的个人安否信息主要是寻人、报平安，详细播出当事人的姓名和所处状态或方位，如："塚田服装学院的学生××、××与××，现在正在市内的牧野洗衣店避难""县立女子短期大学尚未回家的人，全部滞留在短大内。另外，万代小学四年级的浜田义信，在沼垂高中前的本间雄治郎家受到保护""昨天带着 2 岁和 5 岁的两个孩子出门的田中町的盐原房子，您母亲正在打听你的下落""佐渡郡的笠井清已经平安住进新潟大学医院。请家人速至医院"。③ 除了个人安否信息播报以外，诸如电力、煤气、交通等与生活密切相关的部

---

① 廣井脩『災害：放送・ライフライン・医療の現場から』放送文化基金、2000、101 頁。
② NHK 新潟放送『新潟地震と放送』新潟：NHK 新潟放送、1964、32 頁。
③ NHK 新潟放送『新潟地震と放送』新潟：NHK 新潟放送、1964、32 頁。

门恢复动态情况或紧急通知，也会以广播的形式及时地在节目中播出。

（3）以权威部门发布或现场采访为主要的信息源。从播出的节目表可以看出，有大量的县、市灾害对策本部发布的信息，还有气象台及其他公共部门发布的动态信息，确保了信息源的权威性。另外，通过直播和记者现场采访的方式，将震后灾情和人们生活的状况直接向听众传播。

（4）特别节目更深入、详细地呈现灾区受灾及重建实况。根据《新潟地震灾害播出连续 36 小时记录》的内容统计，从 1964 年 6 月 17 日起，NHK 新潟分局开始推出特别节目，截至 18 日凌晨，共播出 7 档，时间长达 162 分钟。特别节目主要内容有：深入展现灾区的灾情和震后困难状况，如《拂晓后的灾区》（6 月 17 日 7：15～7：45）、《灾区的诉说》（6 月 17 日 12：20～12：40），等等；采访县领导及相关部门负责人，访谈灾后重建对策，如《新潟地震》（6 月 17 日 6：15～6：33）；灾害互助动员，如《NHK 灾害互助：会长讲话》（6 月 17 日 19：30～19：59）；等等。

（5）播出范围不局限于新潟当地。从 NHK 新潟放送的节目播出记录可以看出，震后 36 小时的连续节目在面向新潟当地播出的同时，还兼顾全国范围内的听众。NHK 新潟放送通过 NHK 全国新闻网，将有关新潟地震的新闻及时传播至全国范围内。在连续播出的 36 小时内，共发送 15 次，时长 169 分钟的广播，以简短的消息为主，也有部分访谈和特别节目。

（二）NHK 新潟放送电视报道的应急对策及报道内容、特征

1. 电视报道的应急总体思路：突破当地无法收看的限制，面向周边地区及全国范围播出

由于新潟县主要城市新潟市受害情况严重，基本线路和电力供应存在困难，该市的电视无法正常接收信号。NHK 新潟放送在电视报道方面，决定采取面向周边城市及全国范围，将新潟地区受灾的情况传播出去的方法。首先，突破技术难题，实现从声音加图片向直播现场画面方向转变。如前文所述，地震后电视中断播出 3 分钟，NHK 新潟放送紧急采用 NHK 综合频道、教育频道及长野分局的电波进行无线转播，这期间使用字幕的方式进行紧急播出。3 分钟后电视恢复播出，主要播报新闻报道，选取与广播同样

的内容，配以摄像师所拍摄的灾害图片进行播出。然而，这一播出方式并不算是完整意义上的电视播出。于是，NHK 新潟放送决定使用绳索将摄像机架上位于放送会馆屋顶，在高达 40 米的铁塔上进行直播。从下午 2 点 30 分至下午 5 点，共实现 5 次当地灾情的现场直播。另一台摄像机则放置放送会馆玄关处，记录灾害中街道上的人们紧张而不安的状态。其次，连接县内其他城市和全国放送网。一般情况下，NHK 新潟放送通过位于弥彦山顶的发射所发送电波，县内用户接受电波实现电视节目收看。地震当天，恰好有技术人员为计划 1964 年 7 月 1 日开播的 FM 广播做准备，直接与县内其他分局取得联络，实现了县内播出。NHK 新潟放送连接全国放送网络必须通过电电新潟公司的电缆，由电电公司通过微波回路网向全国传送，然而由于放送会馆和电电公司之间的电缆中断，无法将画面传送至全国电视播出网络。地震当天下午 5 点 33 分，从弥彦山发送的信号由富山局吴羽山放送所中转，由 250 公里以外的金泽放送局接收，并由微波回路放送至东京，随后有关新潟地震的惨状只花了 70 秒钟就实现了面向全国的播出。①

2. NHK 新潟放送电视报道的主要内容及特征

（1）恢复播出初期的报道

如前文所述，NHK 新潟放送地震后中断 3 分钟后恢复播出。从下午 1 点 05 分至下午 1 点 50 分，由新潟发往全国新闻网络，使用广播加图片的方式，将新潟地震的情况传播至全国。下午 1 点 50 分以后，NHK 新潟放送开始使用字幕播出的方式更新灾害信息，这是在当地首次用电视发出的速报。字幕播出一直持续至下午 2 点 30 分。综上，NHK 新潟放送电视节目在恢复播出后有以下特点。

一是当地电视灾情报道晚于全国其他地区。借助 NHK 全国广播电视网最先将新潟地震的消息向全国播出，由于新潟当地节目播出的物理条件遭到破坏，当地有关灾情的电视报道要晚于全国广播电视网。

二是恢复初期为"准"电视播出。从恢复初期的节目播出形态来看，主要通过广播配以外摄的图片和直接使用字幕的播出方式，借助电视传播

---

① NHK 新潟放送『新潟地震と放送』新潟：NHK 新潟放送、1964、10 頁。

的平台进行播出，并不能称为完全意义上的声音与画面同传的电视播出。

（2）播出正常化以后的报道内容及特征

从下午 1 点 05 分开始，NHK 新潟放送的电视节目也开始了连续播出，根据《新潟地震灾害播出连续 36 小时记录》，节目以动态新闻播报、现场直播、一般节目、特别节目以及胶片录像节目为主。从报道的内容来看主要有以下特点。

一是与全国电视节目播出网络联系紧密。从播出记录统计来看，在地震当天，NHK 新潟放送的电视节目直接接入全国电视节目播出网，使用全国网络节目进行播出的频次较高，共 12 次，计 271 分钟；1964 年 6 月 17 日，接入全国网络 12 次，计 125 分钟。除了使用全国网络的节目，新潟放送还向全国网络提供节目，地震当天共提供 4 次，计 43 分钟；1964 年 6 月 17 日，共提供 18 次，计 135 分钟。由此可见，地震当天由于新潟当地物理播出条件遭到破坏，自制节目无法立即恢复至正常状态，因此需要通过使用全国播出网络的节目进行暂时性弥补；震后第二天以后，播出逐渐恢复，新潟放送依赖全国网络的程度有所降低。相反，随着本地灾害相关节目制作的完成，从震后第二天起，由新潟发往全国新闻网络的节目明显增多。

二是电视直播成为传递灾情的最直接方式。新潟地震中，电视作为新生的媒介，发挥了其能同时传播声音和画面功能的优势，将灾害相关的实况及时传播出去。从地震当天的下午 2 点 30 分开始，NHK 新潟放送开始从放送会馆屋顶对市内受灾情况的实况进行直播；下午 7 点 40 分制作特别直播节目，发往全国播出网络，向日本全国介绍新潟地震的受灾情况；晚上 9 点 33 分直播采访灾民的现场。地震当天，共直播 12 次；6 月 17 日共直播 6 次。可见，在震后紧急时期进行电视直播的频次较高，一方面是由于地震后正常的节目制作无法进行，使用直播的方式从某种意义上起到了弥补正常节目无法播出的作用；另一方面，在突发事件发生时，直播能够将最原生态的事件现场传播出去。

三是应急连续播出的节目中并不完全是与灾害相关内容。与 NHK 新潟放送广播应急播出不同的是，电视应急播出并不完全是与灾害相关的内容，这在地震当天的节目编排中体现的尤为突出。根据《新潟地震灾害播出连续 36

小时记录》统计，从下午 5 点起至晚上 12 点，胶片录像节目《现代的记录》共播出 7 次，计 145 分钟；胶片录像节目《日本的传统》播出 1 次，计 30 分钟。而 1964 年 6 月 17 日仅播出一次 8 分钟的胶片节目《时间的表情》。根据播出记录推断，地震当天播出大量已有的胶片录像的最直接原因是电视台在地震的影响下，其节目制作和播出无法迅速恢复至正常运行状态，使用库存的节目作为临时性的应急措施。随着物理性条件的恢复，电视节目播出也逐步回归正常。这也反映出面对灾害，不同媒体因其具有不同的本质特征而在应急方面产生的差异。

三 商业广播电视 BSN 新潟放送的应急对策及报道情况

（一） BSN 新潟放送广播报道的应急对策及主要报道内容、特征

1. BSN 新潟放送广播报道的应急对策

（1） 紧急时期的应急对策：在恢复播出的间隙，采录灾害现场状况。如前文所述，由于其与发射所连接的信号中断，BSN 新潟放送派遣采访人员、播音人员及技术人员赴发射所恢复节目播出。下午 3 点 05 分恢复正常播出；下午 3 点 25 分由播音员将去往发射所途中所见到的海啸情形、桥梁损毁、县营公寓倒塌等情况，通过电波传播出去。随后到达的采访和技术人员整理成更为详细的情况，由播音员播出。也就是说，在广播刚恢复播出之时，BSN 新潟放送工作人员的所见所闻是播出的主要内容。

（2） 在灾害对策总部直接设置临时直播间进行广播报道。BSN 新潟放送决定直接在位于县府内的灾害对策总部设置直播间，主要出于以下两方面考虑。首先，解决在发射所内播出信息源不充分的问题。如前文所述，BSN 新潟放送为解决信号中断问题直接在发射所恢复播出，主要播出内容是依靠工作人员的见闻和采访，但在实际播出的过程中仍是显得信息收集不充分。而当时有关灾害的最新权威消息都集中在灾害对策总部，显然，将直播间设在灾害对策总部可以解决信息源不充分的问题。其次，加快信息传播速度。在设置临时直播间前，BSN 新潟放送主要采取通过广播信号车采访，由摩托车运送采访稿件的方式，这样的方式采访和播出效率都不高。而在灾害对策总

部设置临时直播间，可以进行现场采访、获取更多的信息源，通过广播信号车将信号直接发送至信号所，实现更高效率的播出。地震当天下午 4 点 01 分，BSN 新潟放送设在灾害对策总部的话筒与信号所的信号对接成功，开始播送灾害对策总部发布的各种信息。

2. BSN 新潟放送广播报道的主要内容及特征

如前文所述，BSN 新潟放送于地震当天下午 3 点 05 分重新恢复播出，但是震后 BSN 广播第一报播出的具体内容，目前已经无法查找。根据《新潟放送 15 年》的记录，震后第一报为该年 4 月刚入职的报道部职员赶往信号所途中的见闻。[①]

同 NHK 新潟放送一样，BSN 新潟放送在恢复播出后，也开始了连续不间断的播出，时长为 31 小时，比 NHK 新潟放送少 5 小时左右。详细的节目播出时间表目前已经无法查找，根据《新潟放送 15 年》的《新潟放送新潟地震灾害紧急放送实施表》（1964 年 6 月 16 日至 18 日）[②] 的记录，可以归纳出当时 BSN 新潟放送报道的几个特征。

（1）将直播间直接设在灾害对策本部，体现了广播媒体的防灾功能。如前文所述，BSN 新潟放送为解决信息源和传播速度的问题，直接将直播间设在灾害对策本部，第一时间收集政府及其他相关部门有关道路交通指示、火灾偷盗预防、强化室内巡逻、政府采取的应急对策等信息。灾害对策本部的成员单位的负责人也走进直播间，通过话筒就震后相关事宜直接向市民进行呼吁、动员。另外，由于新潟市内通信方式的中断，县内各机关也通过广播话筒传达灾害对策本部的指示。

（2）让市民直接在话筒面前播报安否信息，体现广播的服务功能。同 NHK 新潟放送一样，BSN 新潟放送也成为受灾地区人们互相联络、沟通的方式。最初也是播报在休学途中遭遇地震的小学生平安无事以及市内各学校学生和儿童的避难场所等消息，之后在全市范围内引起反响。刚过晚上 8 点，前往 BSN 广播想要寻人和取得联络的市民，不管是个人要事还是公事

① BSN 新潟放送『新潟放送 15 年のあゆみ』新潟：BSN 新潟放送、1967、373 頁。
② BSN 新潟放送『新潟放送 15 年のあゆみ』新潟：BSN 新潟放送、1967、381 頁。

联络，都聚集在县政府，请求电台寻找避难亲人或发布朋友家孩子平安避难等信息。[①] 最初是由播音员将市民的要求记录后播出，后由于申请的市民太多，所以决定在节目播出的间隙由市民亲自在话筒前直接发布简短的寻人或避难确认信息。据统计，在 BSN 新潟放送实施紧急放送期间，共播出5000 条以上的安否信息。[②]

（3）引导受火灾侵袭的市民紧急避难，体现了广播的减灾功能。新潟地震带来的次生灾害之一便是昭和石油工厂爆炸引发的火灾。由于火灾蔓延的面积较大，加之地震导致交通、通信瘫痪，灭火工作无法顺利进行。BSN 新潟放送还将县警机动队队长通过灾害对策本部向国家请求化学灭火的消息播出，同时引导昭和石油工厂附近的居民进行紧急避难。昭和石油周边的平和町、船江町、临港町等居民排成队列、背负行李、手持半导体收音机，迅速向高地势地区避难。[③]

（4）取消商业广告，播出"灾害慰问放送文"。与 NHK 新潟放送不同的是，BSN 新潟放送作为商业广播，商业广告和短广告是其日常运营的主要财源。面对地震灾害，能否如常播出广告成为 BSN 新潟广播的难题。在广播节目进入地震紧急播出状态后，BSN 新潟放送临时决定取消全部商业广告和短广告。从 1964 年 6 月 16 日下午 5 时 15 分起，所有的广告替换为"灾害慰问放送文"，即改为以广告商的名义对地震表示慰问。

（二）BSN 新潟放送电视报道的应急对策及主要报道内容、特征

1. BSN 新潟放送电视报道的应急总体思路：多渠道获取信息源，面向全国播出

在自备发电机恢复供电后，BSN 新潟放送在公司屋顶架设摄像机开始对灾情进行实况直播，摄像机将石油工厂爆炸的黑烟、受损的铁桥以及市民避难和海啸的实态进行原生态播出。直播的间隙，将从市内各处采访拍摄而来的图片、从灾害对策本部获得的信息以及市内采访的信息整理穿插

---

① BSN 新潟放送『新潟放送 15 年のあゆみ』新潟：BSN 新潟放送、1967、376 頁。
② BSN 新潟放送『新潟放送 15 年のあゆみ』新潟：BSN 新潟放送、1967、380 頁。
③ BSN 新潟放送『新潟放送 15 年のあゆみ』新潟：BSN 新潟放送、1967、376 頁。

播出。在灾害对策本部设置临时直播间后，BSN 新潟放送先是将广播报道记录整理成型由播音员播出，后直接使用广播的声音素材配以采访的新闻图片进行播出。与 NHK 新潟放送所面临的现实情况一样，BSN 新潟放送的电视报道也是面向新潟县内新潟市以外的城市及全国范围播出。由于 NHK 各分局在之前已经形成全国范围的播出网络，传输节目相对比较方便；相对应地，日本商业电视于 1959 年 8 月也成立了类似的在全国范围的播出网络 JNN（Japan National Network），BSN 新潟放送电视台是其成员之一。BSN 通过通讯公司电电公社新潟分社，使用微波回路将节目发送至东京放送，再由东京放送通过 JNN 网络面向全国播出。

2. BSN 新潟放送电视报道的主要内容及特征

有关 BSN 新潟放送在新潟地震中的播出情况，从现有的资料来看，只能从《新潟放送新潟地震灾害紧急放送实施表》中获知。总体而言，地震发生当天和次日，相比较 NHK 新潟放送来说，BSN 新潟放送有关新潟地震的电视报道内容较少，主要有地方新闻、字幕新闻、特别报道节目，其播出情况归纳如下。

（1）以直播灾情实况作为恢复播出的开始。BSN 新潟放送于地震当天下午 2 点 07 分即确定进入应急状态，下午 2 点 15 分进入实验模式的播出，通过录像机从该公司屋顶直播周边地区受灾情况、昭和石油火灾以及海啸实况，作为恢复播出的开始。

（2）新闻节目的恢复播出较慢，新闻节目播出的总体频次不高。从下午 2 点 15 分直播灾情实况后，直至下午 7 点 BSN 新潟放送才开始播出地方新闻和受灾胶片报道第一报，其间间隔近 5 个小时。从后来的播出情况看，新闻节目播出的频次并不高，直至 1964 年 6 月 17 日中午 12 点、中午 12 点 45 分及下午 6 点 30 分才开始播出三档新闻节目。

（3）特别节目多以直播为主，镜头对准相关官员和受灾现场。截至 1964 年 6 月 17 日播出结束，BSN 新潟放送共播出 5 次特别报道节目，其中 3 次节目的主要内容是采访灾害对策本部相关负责人，如县警本部长、知事、消防长官、新潟市市长；2 次特别节目是在受灾现场，直播受灾的具体情况。

（4）借助商业广播电视网络 JNN 的力量，恢复播出，传输节目。BSN 新潟放送在成立之时，便加入了商业广播电视网络 JNN。新潟地震后，由于物理性破坏较严重，BSN 新潟放送直到 1964 年 6 月 16 日晚上 8 点 14 分连接上 JNN 网络，恢复正常播出；晚上 8 点 56 分起，BSN 新潟放送开始向东京的 JNN 网络发送新闻；次日中午 12 点，BSN 新潟放送将之前录制的 VTR 传送至 JNN 网络，在 JNN 新闻节目中播出。17 日上午 10 点 10 分，作为 JNN 发起单位东京广播公司（TBS）的救援转播车和电源车到达。在 TBS 的帮助下，BSN 新潟放送于上午 11 点 15 分实现了在灾害现场的直播；同日下午 6 点，BSN 新潟放送的直播车在八千代桥附近直播，完成震后首次直播活动。

总　结　新潟地震中的媒介功能之考察

一　实践的视角：新潟地震中媒介所发挥功能的总体评价

（一）报纸在新潟地震中的功能定位

1. 新潟地震中号外

作为震后非常时期传播的有效载体，在实践过程中有所发展变化。报纸的号外在关东大地震震后的非常时期内，在及时传递与灾害相关的有效信息方面发挥了一定的作用。在新潟地震中，《朝日新闻》和《新潟日报》依旧采用了号外的方式作为第一时间传递信息的途径。但是比较而言，新潟地震中的号外报道在发挥应急功能的同时有所发展变化。

（1）号外报道持续的时间较短。关东大地震中，东京地区的各大报社所发行的号外最长也持续了 5 天；而新潟地震中，无论全国报纸还是灾区地方报纸的号外仅是在地震当天发出一期。究其原因，首次，关东大地震对报社的物理性损坏较大，在报纸无法正常出版发行的情况下，只能通过号外这一非常途径来实现信息传播；相比较而言，新潟地震对新潟日报的损坏虽然较大，但是经过及时的抢修，地震当天傍晚就已经能基本保证次日晨报的正常出版。其次，当时的媒介形式已经由关东大地震时期的单一的印刷媒介发展为电子媒介和印刷媒介并存，受众接收信息的渠道也有所拓展，因此在信息能够正常传播的情境下，号外的存在和功能发挥均有所限制。

（2）从纯文字号外向图文号外发展。关东大地震中的号外均为纯文字号外，没有图片或照片的出现。而在新潟地震中，无论是《朝日新闻》还是《新潟日报》都突出了图片的重要地位，尤其是能够捕捉震后现场的《新潟日报》更是选择了用现场照片这一更为直观的方式向人们传递受灾信息，在号外的四个版面中有三个整版都展示了现场照片。另一方面，《朝日新闻》在新潟地震中的号外，并非全部与地震相关的报道，当天晨报将未能及时报道的信息在该号外上刊登，而且该期号外的两个版面中均刊登了商业广告。

（3）传输方式的突破。在新潟地震中，《朝日新闻》所刊发的号外通过航空运输的方式进行发行。如前文所述，在电子传输照片技术尚不发达的时代，有财力的报社曾使用飞机运输新闻照片，以提升行业竞争力。在地震中，使用空运刊发号外的方式，打破了一般意义上号外发行地区的局限性。这在互联网技术尚未出现的时代，可谓一种大胆的尝试。

2. 全国报纸和地方报纸的差异

灾区本地报纸无论在数量上，还是在报道形式和深度上都体现了较强的优势。

（1）报道数量的推移及内容的倾向上的差异。从前文对三家报纸有关新潟地震报道的量化统计可知，随着时间的推移，报纸上有关地震的报道数量在逐步减少，但是相比较全国发行的报纸而言，地震发生地的地方报道数量减少的幅度不大。震后的一周内，是三家报纸地震报道的高峰期。有关报道的内容，三家报纸均对震后以政府部门为首的相关应急部门所采取的应对措施关注度最高，对地震受灾基本情况和救援、支援、捐款等方面的报道也同样保持较高的关注度。有所区别的是，灾区地方报纸对生活秩序恢复和重建以及避难相关的报道，较全国发行的报纸数量多，体现灾区地方报纸的关注倾向。

（2）报道内容的差异。灾区的地方报纸较全国报纸报道内容丰富，且突出一定的深度。三家报纸对有关新潟地震的动态报道均做出了详细的报道，然而有所区别的是，灾区地方报纸在报道形式上的创新和追求深度方面的作为。如新潟日报社组织的震灾调查团本身就反映了报社对于灾害所具有的责任感，通过调查报道的方式，科学地、详细地将灾害情况和复兴重建中存在的问题展现出来，让更多的读者了解灾害的真实情况，引导人们客观地面对灾害重建。这也是作为地方报纸，拥有有利的本土资源的优势体现。

3. 报纸灾害报道回归对"人"的关注

在关东大地震中，《东京日日新闻》刊登了灾害中遇难者的名单。在东南海地震和三河地震中，报纸报道完全忽视了普通人作为受灾者的身份，抑或隐瞒受灾实情，抑或将受灾者作为战争后援的工具。在新潟地震中，《新潟日报》不局限于刊登受灾者的名单，还刊登寻人启示或向家人报平安的信息，在安否信息的刊登方面有所发展；开设受灾体验谈专栏，在本书所选取的地震中，尚属首次。这意味着报纸的灾害报道已经开始向人本主义回归。

4. 舆论引导和意见交流功能的发挥

在新潟地震后，《朝日新闻》和《新潟日报》的评论性文章数量比《读卖新闻》多。但是《新潟日报》评论性文章的形式较为丰富：或通过直接发表社论或摘录相关官员言论的方式，直接引导人们提高对震后重建的认知；或通过征集观众言论的方式，在为受众提供言论和建议的平台的同时加深了与受众的联系和互动，发挥了意见交流的功能。

（二）广播媒介在新潟地震中的功能定位

从日本业界和研究者的普遍观点来看，新潟地震中的广播报道在日本的广播发展史上具有重要的地位。广井修认为，从灾害广播电视报道视角来看，新潟地震是具有划时代意义的地震。灾害时期广播的重要性，在此次地震中首次被普遍肯定。[①] 至新潟地震发生时，日本的广播业务已经开始了 39

---

① 廣井脩『災害：放送・ライフライン・医療の現場から』放送文化基金、2000、100 頁。

年。在本书所选取的地震事件中，关东大地震发生时广播尚未开播；东南海地震和三河地震时，广播成为战争动员的工具。在战后的其他灾害事件中，广播逐渐开始发挥功效，直至新潟地震，广播的功能才得以充分发挥。基于前文对新潟地震中广播报道的分析，广播所发挥的功能特征主要如下。

1. 应急功能

广播在震后第一时间迅速恢复播出，并连续不间断播出，体现了广播极强的应急功能。这与广播播出对物理条件的依赖性较低有关，无论是公共广播 NHK，还是商业广播 BSN，都在最快时间内恢复播出。尤其是公共广播 NHK 体现了更强的恢复能力，在震后 3 分钟后便恢复播出；商业广播 BSN 与 NHK 相比恢复较慢，震后 2 小时后才恢复播出。在恢复播出后，NHK 和 BSN 连续不间断播出时间均超过 30 小时，成为受众获知信息的重要来源。

2. 速报功能

采用滚动更新播出以及现场直播的方式，提升信息传播的速度，体现了广播的速报功能。这一点在公共广播 NHK 中体现得更为明显，在震后连续播出的 36 小时内，NHK 新潟放送进行了 32 次连线或现场直播，将受灾情况、相关部门通告及灾害现场实况第一时间乃至同步传播出去。由于广播媒介仅依靠声音渠道传播，其播出节目的制作较报纸、电视而言，有着较强的便利性。这一本质属性，使广播在灾害中体现了其他媒介无法比拟的优越性。

3. 固定形式

安否信息播报正式登场，成为日本灾害广播报道的一种固定形式。回顾日本灾害史，在灾害中最早出现播报寻人、报平安等安否信息的雏形是在 1959 年的伊势湾台风中。根据 1959 年 11 月 10 日 NHK 举办的现场座谈会"伊势湾台风下 NHK 的活动及体验"的记录，当时的 NHK 名古屋中央放送局业务部长三井真一郎讲述了安否信息播报的情况，"地震当天外出前往被水淹地带时，走到哪里都有收到告知自家亲戚或熟人家里人都平安无事消息的要求。于是就拜托制作部长，有这样的事情能否在节目中播出。

部长觉得非常好，就答应在节目中播出。于是，第二天就拿着留言用纸出去登记，结果收集到很多留言，便迅速开办了'来自受灾者的消息'专栏，反响很大"。[①] 而真正意义上的安否信息播报的登场是在新潟地震中。如前文所述，NHK 新潟放送在新潟地震中播出的安否信息有 3000 个以上；BSN 新潟放送在地震次日播报的安否信息超过 5000 个，甚至最后达到受灾者走入直播间在话筒前直接播报的程度。有关新潟地震中的安否信息播报，日本学者广井修进行了如此定位和评价：新潟地震中这种具有先驱意义的安否信息播报，在后来的 1978 年的宫城县地震中以"个人信息"为名得以继续播报，还有 1982 年的长崎水害及 1983 年的日本海中部地震，以及 1995 年发生的阪神大地震中也有播出，成为其灾害播报的一种模式得以固定下来。[②]

4. 便携性特征

半导体收音机的普及使广播的便携性特征在新潟地震中发挥重要作用。在 1959 年伊势湾台风发生之时，当时较为普及的携带式收音机多为真空管式收音机。而在新潟地震发生的 1964 年，随着技术的发展，收音机已经大多数是半导体式，其轻便和便携等特征使半导体收音机得以迅速普及。根据 NHK 的推算，当时新潟县内大约有 32 万台半导体收音机。[③] 并且在新潟地震发生后，新潟市的半导体收音机一抢而空。半导体收音机的普及，使人们随处可以接收到广播信息，而且还可以与周围的人共享信息，从而使信息传播渠道变得畅通，信息传播变得及时。有关半导体收音机的作用，新潟市编写的《新潟地震志》中如此记述："灾害中容易传播的流言蜚语极其少，由谣言而起的混乱几乎没有发生。这是由于大众传播的发达而致，半导体收音机所发挥的功劳值得颁发特殊功勋奖。"[④] 另外，警视厅警备心理研究会和新潟大学心理学教室共同开展的"受灾者通过何种渠道获知地震相关的信息"调查中，通过半导体收音机获知地震信息

① 现地座谈会『伊势湾台风下におけるNHKの活动と体验』放送文化基金、1959、42 页。
② 廣井脩『灾害：放送・ライフライン・医疗の现场から』放送文化基金、2000、101 页。
③ NHK 新潟放送『新潟地震と放送』新潟：NHK 新潟放送、1964、593 页。
④ NHK 新潟放送『新潟地震と放送』新潟：NHK 新潟放送、1964、593 页。

的占据压倒性优势，达 84.9%；其次是警察的广报车，达 8.9%；再次是报纸，达 4.5%。[①]

（三）电视媒介在新潟地震中的功能定位

新潟地震发生时，日本的电视业务才发展十多年。由于电视传播对物理性条件的依赖程度较高，因此，在灾害事件中的应急能力要弱于广播，这从新潟地震的报道中也可以看出。但是，在新潟地震中电视媒介仍然发挥了重要功能。

1. 最优势的功能

声画同步播出，得以对灾害现场更直观地进行传播。声音和画面的同步播出，是电视媒介最基础的属性特征。电视的出现突破了广播单一的声音传播的局限性，动态的画面使观众更能获得身临其境的感觉。在新潟地震发生后，与广播随即迅速传播消息不同的是，NHK 新潟放送和 BSN 新潟放送都选择直播当时的受灾实况。在充分展现电视媒介传播的优势同时，也弥补了电视节目制作过程烦琐的缺点。但实现直播的前提是有相应的技术条件，这往往在时效上无法匹敌广播媒体。

2. 广播电视网络为灾害中的电视传播提供有力保障

在新潟地震后，新潟当地的电力、通信乃至电视信号传输系统都受到破坏。NHK 新潟放送依据其强有力的全国广播电视网络，迅速恢复电视的播出；相比较而言，商业电视的网络尚不成熟，但是 BSN 新潟放送加入的 JNN 网络在其恢复播出、实现现场直播等方面提供了有力的支援。因而，在灾害等非常时期，强有力的广播电视网络系统成为电视恢复播出的技术要件。

3. 借助其他成熟的媒介形式播出，体现一定的应急功能

在电视信号恢复以后，后续的节目制作无法满足播出需要，并且直播对技术的要求也较高。从新潟地震的情况来看，电视直播也只能在一定限制下进行。因此，NHK 新潟放送和 BSN 新潟放送在素材不够的情况下，都采取使用声音广播结合新闻图片的方式进行"准电视"的播出，解决燃眉之急。

[①]　NHK 新潟放送『新潟地震と放送』新潟：NHK 新潟放送、1964、593 頁。

（四）广播电视报道在新潟地震中的历史性意义

1. "广播面向灾区本地、电视面向灾区以外地区"的灾害报道思路的确立

新潟地震后，新潟市区电源中断，当地市民无法正常收看电视节目，但半导体广播已经具有较高的普及率。于是，NHK新潟放送和BSN新潟放送都采取了这种广播报道以灾区本地受众为主、电视报道以灾区以外地区受众为主的应急方针。这一方针成为之后灾害广播电视报道一贯坚持的基本性立场，毫不夸张地说，这正是在此次地震（新潟地震）中得以确立的。①

2. 广播电视防灾功能的初步发挥

新潟地震后，公共广播NHK新潟放送多次播报灾害对策本部发布的相关防灾通告，并在一些特别节目中采访灾害对策本部的相关人员，进行防灾层面的宣传。商业广播BSN新潟放送直接在灾害对策本部设置直播间，随时传递灾害对策本部的相关信息，如面对昭和石油火灾，BSN新潟放送直接通过广播对民众进行避难引导。

推动广播电视防灾功能发挥的契机是《灾害对策基本法》的确立和实施。1959年伊势湾台风后，气象审议会作为行政管理厅和运输大臣的咨询机构，积极推动综合防灾立法，经过1961年日本临时国会的修改后正式通过《灾害对策基本法》，并于1962年7月10日正式实施。该法规定了灾害发生时"为守护国民生命财产所应承担责任的机构"，指定包括日本广播电视协会在内的机构为灾害对策"指定公共机构"，从法律层面规定了NHK作为指定防灾机构的法律责任。然而，从历史发展的角度来看，在日本之后的灾害事件中，公共广播电视和商业电视都会按照有关防灾层面注意事项的《防灾指南》进行防灾报道。从这个意义而言，新潟地震中的防灾报道尚未体系化和成熟化，只能是其防灾功能的初步发挥。

---

① 廣井脩『災害：放送・ライフライン・医療の現場から』放送文化基金、2000、98頁。

二　理论的视野：媒介功能理论框架下的分析

1. 环境监视功能

在报纸报道方面，无论是全国发行的报纸还是灾害当地的报纸，均对受灾情况、政府应对信息、生命线恢复重建、避难信息进行了全面报道。尤其是灾害当地的报纸，不仅在报道数量上能够体现对地震的高关注度，而且通过多种形式对地震事件展开报道。新潟地震中的广播电视报道，在地震后积极应对困难，尤其是 NHK 新潟放送广播电视报道，连续播出 36 个小时，及时将地震相关的信息、灾害对策本部发出的通告、灾害现场实况进行报道。而商业广播电视 BSN 新潟放送，虽然在应急对策方面相比较 NHK 有所逊色，但是也基本能够起到监视震后灾区环境变化的作用。

2. 联系功能

虽然全国发行的报纸《朝日新闻》和《读卖新闻》有零星的解释性和深度性报道，但是总体而言报道层次较浅显。灾区地方报纸《新潟日报》通过多个调查报道、连续报道、科学解释性报道等深度报道形式，再加上社论、读者投稿等评论性文章，对新潟地震进行较深层次的报道，在促成全社会范围内灾害应对策略方面起到了积极作用。广播电视播出的特别节目，通过采访灾害对策本部相关官员及相关专家，向观众传递灾害后专家或官员对环境变化的判断、震后所采取的对策等信息，在一定程度上发挥了媒介的联系功能。

3. 动员功能

新潟地震中的动员功能主要体现在两个方面。一是以《新潟日报》为代表的报纸使用社论、官员讲话摘录等评论性文章对民众进行动员，广播电视通过播出对相关官员的采访或节目的直播，围绕震后恢复重建等问题，进行直接地舆论动员和引导。二是《新潟日报》以开设救援、慰问相关专栏的方式，动员外界对灾区提供救援和帮助；电视节目主要采取面向灾区以外地区播出的方法，将灾区实况传播至更广的范围，让更多的人了解灾区情况，在某种意义上起到资源动员的功能。

4. 经济功能

灾区报纸的广告刊登，部分沿用关东大地震"慰问广告"刊登的模式。如前文所述，关东大地震中的《东京日日新闻》的广告刊登全部改为以赞助商或广告主的名义对地震进行慰问的样式。新潟地震中，全国发行的《朝日新闻》和《读卖新闻》的商业广告并未受到影响；灾区地方报纸《新潟日报》的商业广告大体上照旧刊登，也有部分广告主和赞助商沿用了关东大地震慰问广告的方式对受灾地区及群众表示慰问。

广播电视方面，公共广播 NHK 新潟放送不播出广告，无法考察其经济功能的发挥。商业广播电视 BSN 新潟放送，取消了所有商业广告，改播类似于报纸上那样的慰问广告。从历史角度而言，BSN 新潟放送慰问广告的播出，为之后灾害发生后商业广告的应对提供了范本，形成了固定的慰问广告播出模式。慰问广告的播出，是商业性媒体对地震带来的负面影响与媒体经济发展之间的一种较好的平衡，能够在某种程度上缓解地震对正常媒体经济收入的冲击。

5. 缓解压力功能

新潟地震中媒介缓解压力功能主要体现在报纸和广播电视开设的安否信息专栏上，通过寻人、报平安等安否信息的传播，缓解了人们因为地震导致的联络断绝带来的紧张感。另外，连续不间断地、官方及时地信息传递，也几乎断绝了流言和谣言的产生。如前文所述，新潟地震中传播的流言蜚语极其少，几乎未出现谣言引起的集群事件。

第六章 多媒体时代：阪神大地震的 媒介功能研究

第一节 阪神大地震概要及本章研究思路

一 阪神大地震概要

阪神大地震发生于 1995 年 1 月 17 日上午 5 点 46 分，地震的震源地位于兵库县淡路岛附近，震源深度达 14 公里。阪神大地震中，阪神地区有部分市的震度达到最高 7，地震规模为里氏 7.2 级。此次地震以阪神和淡路岛为中心，各地的建筑物损坏严重、火灾频发。交通方面，JR 新干线、JR 在来线及私营铁道均受损严重，高速公路陷没、高架坠落，交通系统完全处于瘫痪状态。此外，阪神地区各地的电力、自来水、电话等都中断，给都市生活带来了较大的影响。日本气象厅将此次地震命名为"平成 7 年（1995 年）兵库县南部地震"。[①] 有关地震的名称，在气象厅公布该名称之前，媒体使用过的名称有"阪神大地震""关西大地震"等。日本政府为了重建需要，于 1995 年 2 月 24 日出台《关于阪神淡路大震灾复兴的基本方针及组织的法律》，正式使用"阪神·淡路大震灾"这一名称（我国称"阪神大地震"），一直沿用至今。

相较于关东大地震、东南海地震及新潟地震，阪神大地震的里氏级别相对较低。但是从地震的受灾程度来看，阪神大地震被称为二战后发生最

---

① 建設コンサルタンツ協会『阪神・淡路大震災被害調査報告書』、1995、1 頁。

大的一次地震。此次地震死亡及失踪人数达到 5497 人，[①] 从 20 世纪日本发生的历次大地震来看，仅次于 1923 年的关东大地震的死亡、失踪人数。阪神大地震导致阪神地区众多居民进行避难，地震发生一周后避难人数达到 294617 人，对生活、产业活动带来了较大的障碍。[②]

阪神大地震发生时，日本媒介发展已经进入多媒体时代，传统的报纸、广播电视媒介在继续发挥作用的同时，新闻网站、社区广播、区域性闭路电视等新的媒介形式也在地震中发挥了较大作用。平塚千寻认为，阪神大地震是日本刚步入多媒体时代时所遭遇的灾害。有史无前例的多种多样的、多形态的、海量的信息出现，并通过各种媒介实现（信息）流通。[③] 本章将处于多媒体时代背景下发生的阪神大地震中各种媒体的信息传播行为进行分析，归纳总结地震中媒介所发挥的功能。

二　本章研究的主要思路与方法

对阪神大地震中的媒介功能研究，主要从传统的印刷媒介报纸、电子媒介广播电视及新兴的网络媒介传播几个方面考察，总结在多媒体环境中灾害情境下媒介功能的呈现。由于阪神大地震的前期研究较为丰富，本章节主要采用文献研究法，对前期研究报纸数据、广播电视的内容以及互联网报道进行梳理和归纳。此外，对于前期研究中存在的缺憾部分，如报纸号外的内容研究及灾区地方报纸的报道内容研究，采用个案研究的方法，分别选取《朝日新闻大阪版》号外和灾区地方报纸《神户新闻》作为研究对象，弥补前期研究的不足；对灾害地区社区广播的分析，本章也将以 FM 守口为对象进行个案分析。

第二节　阪神大地震发生时的媒介环境特征

从 1964 年新潟地震至 1995 年阪神大地震的 30 多年间，日本媒介也发

---

① 建設コンサルタンツ協会『阪神・淡路大震災被害調査報告書』、1995、1 頁。
② 建設コンサルタンツ協会『阪神・淡路大震災被害調査報告書』、1995、1 頁。
③ 平塚千尋「マルチメディア時代の災害情報」『放送学研究』、1996、75 頁。

生了重大变化。概括而言，一方面传统的印刷媒介和广播电视媒介，在技术发展和变革的带动下，不断出现新的样式，如 FM 广播、卫星电视、CD – ROM 报纸，等等；另一方面，随着 20 世纪八九十年代开始的互联网技术的发展和普及，基于互联网传播的新媒介形式开始出现，并为传统的大众媒介提供了新的传播渠道。在传统媒体的更新变革和新媒介形式不断出现的背景下，在阪神大地震发生之时，日本的媒介发展已经步入多媒体时代。多媒体时代的到来，使大众媒介在媒介形态、生产方式、媒介产业、传受关系以及媒介文化等方面都产生重大变革。其中，最先显现的便是媒介形态的变革。桂敬一认为，多媒体时代的大众媒介变革首先是从其作为媒介的样式、形态上的变化开始显现的。[①]

一　报纸发展的变革

从媒介发展的历史来看，报纸作为传统的印刷媒介在发展的过程中，受到"后来者"广播、电视等电子媒介的冲击。至阪神大地震发生之时，日本的广播媒体已有 70 年的发展历史，电视媒体也经历了 40 多年的春秋。在电子媒介不断蓬勃发展的背景下，再加上互联网技术发展，日本的报纸媒介面对新的媒介环境也相应地产生了一系列的变革。山田健太认为，多媒体时代背景下，作为媒介的报纸呈现向综合性新闻媒介、个人媒介、交互性媒介变化趋势。[②]

（一）综合性的新闻媒介

传统意义上的报纸被称为"印刷媒介"，主要通过纸张作为传播介质传播信息。相比较其他介质而言，纸张的易保存性一直被视为报纸的优势。然而，因为编辑出版及发行的流程所占用时间相对较长，在时效性方面一直是报纸媒介的短板。随着媒介技术的发展，尤其是互联网技术的出现，报纸媒介的缺陷有所弥补。纵观日本报业发展史，阪神大地震发生时，日

---

① 桂敬一『マルチメディア時代とマスコミ』東京：大月書店、1997。
② 山田健太『マルチメディアと新聞．マルチメディア時代とマスコミ』東京：大月書店、1997、61 – 68 頁。

本的报业已经经历了从储存性媒介向网络媒介发展的数字化发展过程。储存性媒介主要包括报纸数据库的建立以及使用 CD - ROM 存储报纸，这些形式在 20 世纪 80 年代便开始普及。网络媒介在日本的发展始于 20 世纪 90 年代初，以在线网站及在线出版物为典型代表。阪神大地震发生的 1995 年，后来被业界定为互联网元年，这一年众多报社开设了线上新闻网站，网络媒介发展达到一个高潮。报纸数字化发展一方面可以在某种程度上对报纸媒介的缺陷进行弥补；另一方面，也更为重要的是将多种媒介形式综合运用到报纸出版中，使其成为综合性的新闻平台。

（二）从大众媒介向个人媒介发展的趋势

就世界范围而言，日本报业的最大特征便是拥有稳定而又具有绝对优势的发行量。日本报纸一方面在内容上追求高品质，另一方面尽可能地扩大发行数量、扩大阅读范围。从这个角度来说，日本的报纸是名副其实的大众媒介。

然而 20 世纪 80 年代以后，日本的报业发展开始呈现向个人媒介发展的倾向，主要体现在广告营销和内容编辑方面。在广告营销方面，开始从面向大众的广告向考虑产品与目标受众关联性的小众化广告方向发展。具体而言，20 世纪 80 年代日本的报纸便开始考虑在不同地区或面向不同阶层的受众有针对性地刊登不同广告版面的可能性，以及报纸广告插页添加的合理性等问题。在内容编辑方面，随着编辑、制作过程的数字化而带来的高速化发展和版面制作、印刷过程的自动化发展，作为顺应读者需求、地域需求的版面制作在物理层面变得更为便利。

（三）向交互性媒体的转换

长期以来，传统的报纸媒介通过开设读者投稿专栏或意见专栏等方式，与受众进行互动交流。这样的交流方式在一段历史时期内，成为传者和受者维系关系的重要渠道。尽管如此，由于通信技术不足的限制，交流往往需要一定的周期，在时效性上显得相对落后。互联网技术改变了报纸媒介互动性不强的弱点，读者可以通过电子邮件、在线论坛或在线留言等多种渠道展开互动，互动周期大为缩短。另外，对于传者而言，原先的传播模式以单向传播为主，受众往往只是接收信息的一方，互联网技术的普及，使受众也可能会成为传者接收信息的重要来源。传收双方的关系由单一传播转变为交互传播。

二　广播电视发展的变革

（一）FM 广播的登场

20 世纪 60 年代后半期，实现 FM 广播播出成为日本广播界的重要课题。1968 年，日本邮政省正式批准 NHK 进行 FM 播出的计划，还准备将 NHK 的 FM 试验转为正式播出。同年，东京、名古屋、大阪、福冈四地各开设了一个商业 FM 电台。1969 年 1 月，日本邮政省正式向 NHK 全国范围内的 170 家 FM 电台颁发许可证；同年 3 月 1 日，NHK 正式开始面向全国播出 FM 节目。NHK 在正式播出 FM 节目后，以主要面向县域广播为基本方针，增加各中央广播台、地方台的立体声节目，将 50% 的节目进行立体声化改造；在地方新设独立 FM、提升服务质量的同时，完成了以都道府县为单位的全国播出网络。[1] 在 NHK 的 FM 播出开始后不久，邮政省向爱知音乐放送、新大阪音乐放送和福冈 FM 音乐放送这三家商业广播电台颁发许可证。随即便迎来商业广播申请 FM 播出的高峰。截至 1969 年 3 月 18 日，有东京 66 家、大阪 33 家、名古屋 20 家、福冈 29 家的公司申请开办 FM 商业广播。[2] 相比较中波、短波及超短波，FM 具有高音质及立体声的效果，从播出质量上高于其他波段，但是在播出范围上存在局限。因此，日本在开办 FM 广播节目伊始，便确定了 FM 播出县域化的方针，这也同样可以解释日本商业广播登场之时便以专业音乐电台形式出现的原因。

（二）社区广播的出现及普及

1992 年，日本政府修改《广播电视法》实施细则，将以市、镇、村为

---

[1]　日本放送協会『放送五十年史』東京：日本放送協会、1977、809 頁。
[2]　日本放送協会『放送五十年史』東京：日本放送協会、1977、809 頁。

主要对象，实现超短波波段（VHF 76.0～90.0MHz）、最大发射功率为 20W
的广播播出业务制度化，即从制度上许可社区广播业务。社区广播的播出
范围被限定在市、镇、村等区域，以区域性的商业信息、行政信息及特有
的地方信息为主要播出内容，以激活市、镇、村等区域为主要目标。① 根据
日本相关法律规定，只要具有法人资格的企业或团体都可以作为社区广播
的开办主体，与企业或团体的规模大小无关；社区广播主要依靠该区域的
人力、物力等资源，是一种具有自治性质的媒介。社区广播的主要功能在
于：一是收集地域特有的信息，并广泛地在地域范围内传播；二是使得广
播成为活跃区域的最为便利的手段；三是社区广播在灾害发生时成为区域
的期待，即区域居民在灾害发生时便会期待其发挥作用。②

　　社区广播刚成立时，由于传播内容和传播范围的局限性，相比较 NHK
及其他商业广播成熟的播出体制，并无特别的优势。自 1992 年日本首家社
区广播开办以来至阪神大地震发生之前的 1994 年底，日本共开办了 15 家社
区广播。1995 年阪神大地震发生之时，社区广播在灾害中发挥了重要作用，
其应对灾害表现出来的防灾减灾功能得到确认（后文将详述）。也因此，阪
神大地震之后，日本的社区广播逐渐迎来了发展的高潮时期。

（三）CATV（Cable TV）的发展

　　从日本 CATV 发展的历史及其社会功能来看，可以将 CATV 主要分为解
决视听困难型、多频道型及城市型这三种类型。

　　解决视听困难型和多频道型在新潟地震发生之前便已经出现。解决视
听困难型 CATV 是日本政府为解决偏远地区收视困难而使用公共天线接收信
号，通过电缆将广播电视节目传送到用户家中的有线电视上。1955 年，日
本群马县伊香保地区首次设置该类型的 CATV。解决视听困难型 CATV 最初
主要设置在农村、山区等偏远地区，后随着城市高层建筑、高架的出现，

---

① 日本コミュニティ放送協会「コミュニティ放送とは」，http：//www.jcba.jp/community/in-
dex.html.最后访问日期：2014 年 3 月 15 日。
② 日本コミュニティ放送協会「コミュニティ放送の現況について」，http：//www.jcba.jp/
community/index.html.最后访问日期：2014 年 3 月 15 日。

城市的部分地区也出现信号传送困难的状况，因此，城市中需要解决视听困难型 CATV 的用户也逐渐增加。多频道型 CATV 是指在接收广播电视频道较少的地区，除了正常的广播电视节目播出外，以独特的区域信息为内容主体，进行区域自主播出的多频道型有线电视。这一类的 CATV 始于 1963 年，最早出现在岐阜县，主要集中在日本的地方城市。

随着广播电视技术的发展，双向交互的城市型 CATV 开始登场。1987 年，接入终端 1 万个以上、自主播出 5 个频道以上，用户在接收信号的同时也可以向播出电视台发送信号的城市型 CATV，最早在东京都青梅市出现。城市型 CATV 具有以下两大显著特征。一是专业化、多频道化。大多数城市型 CATV 根据 CS（通信卫星）播出信号及节目供应商提供的新闻、电影、电视剧、音乐及体育等特定领域的内容，分别开设多个特色播出频道。二是提供双向交互服务，主要有家庭购物、订票服务、游戏、视频点播，等等。

（四）卫星广播电视的出现

一般而言，所有的卫星都可以分为两类：一类是将地面发送的电波进行反射，再将信号发送至地面的被动型卫星；另一类是将地面发送的电波进行增幅，再将信号发送至地面的能动型卫星。[①] 用于广播电视信号传输的卫星主要分为节目播出卫星（BS）和通信卫星（CS）两种，最初 BS 卫星使用的是能动型卫星，通信卫星使用的是被动型卫星。

1986 年，NHK 卫星广播电视 BS 播出试验成功，开启了日本的卫星广播电视时代。1987 年，NHK 开设卫星第 1 频道和卫星第 2 频道；1989 年卫星广播电视正式播出。不仅仅是公共广播电视，商业广播电视随后也使用卫星传输广播电视信号。1991 年，日本首家商业卫星广播电视 WOWO 开播。截至 20 世纪 90 年代初，BS 卫星广播电视处于探索阶段。而最早将 CS 卫星用于广播电视节目播出始于 1992 年，当时使用的是模拟信号。总之，在阪神大地震发生之时，日本已经开始使用 BS 卫星和 CS 卫星进行广播电视节目信号传播，但尚处于摸索前进阶段。

---

① 早川善治郎『概説マス・コミュニケーション』東京：学文社、2000、231 頁。

第三节　阪神大地震中的报纸报道分析

一　报纸报道的整体情况

有关阪神大地震报道的整体情况，前文所提及的部分研究使用量化统计的方式对全国范围内发行的报纸及震灾地发行的报纸进行分析。本书以文献中的统计数据和结论为参照，对阪神大地震报纸的整体报道情况进行概括。

（一）报道的数量和内容倾向：以《读卖新闻》和《朝日新闻》为例

荏本孝久、望月利男①对《读卖新闻大阪版》、《朝日新闻大阪版》以及《读卖新闻东京版》三种报纸在阪神大地震震后一年内（从 1995 年 1 月 17 日至 1996 年 1 月 17 日）的地震相关报道进行总体分析。荏本、望月将三家报纸一年内包括号外、晨报、晚报在内的所有与地震相关报道作为研究样本，将报道内容总体分成五大类：地震基本情况、直接受灾情况、间接受灾情况、行政/社会性应对及其他类别。在这五大类的基础上，又继续细化为 17 小类（具体见表 6 - 1）。按照这一分类方式，对每篇报道进行编码分类，最后统计出阪神大地震发生后上述三种报纸按照时间节点，报道内容的变化趋势。

表 6 - 1　阪神大地震报纸报道分类

大类名称	小类名称	小类编号
地震基本情况	地震基本情况	J
直接受灾情况	建筑构造物受灾	A
	土木构造物受灾	B
	火灾	C
	学会新技术相关	H

---

① 荏本孝久・望月利男「阪神・淡路大震災に関わる新聞記事情報の整理：震災の時系列分析に向けて」『地域安全学会論文報告集』、1996、293 - 298 頁。

续表

大类名称	小类名称	小类编号
直接受灾情况	地基相关	K
	人的受灾	F
间接受灾情况	交通、物流受灾	D
	生活线损坏情况	M
	经济损失	E
行政/社会性应对	政府应对	G
	医疗应对	O
	救援活动	L
	教育方面的应对	P
其他	社论、专家见解	I
	灾民之声	Q
	其他	N

根据统计，荏本、望月①得出以下结论：三家报纸有关阪神大地震的报道共计为7435条。按照类别来看，震后一年中三家报纸有关"政府对应"的报道相较于其他类别的报道在数量上占绝对优势；报道量第二的是"其他"类别，该类别中有关媒体活动的报道、地震中趁机犯罪的报道较多；有关救援活动、志愿者相关的报道数量也较多，占第三位。按照时间发展变化来看，报道数量在震后第一个月内和第二个月内占据压倒性优势，但是震后第二个月以后随着时间的推移报道量呈逐月减少的趋势；个别小类，如"社论、专家见解"等解读，分析受灾情况的内容随着时间推移则呈上升的趋势。此外，"政府应对"相关的报道与其他报道相比，在震后第一个月到第二个月期间的上升幅度较大。

(二) 面向震区和非震区发行的报纸报道之比较

村上大和、中林一树②以《读卖新闻阪神版》和《读卖新闻东京版》

---

① 荏本孝久・望月利男「阪神・淡路大震災に関わる新聞記事情報の整理：震災の時系列分析に向けて」『地域安全学会論文報告集』、1996、293–298頁。

② 村上大和・中林一樹「阪神・淡路大震災に関する新聞報道の比較分析：阪神版と東京版の情報の相違について」『地域安全学会論文報告集』、1998、226–231頁。

两种报纸有关阪神大地震灾后 6 个月内（从 1995 年 1 月 17 日至 7 月 17 日）与地震相关的所有信息作为研究对象，参照荏本、望月的内容报道方式对所有报道进行编码、统计，对两种报纸有关地震的报道量、报道内容进行比较分析，得出结论有以下几点。一是报道数量方面的差异。震后两周内，东京版的报道数量超过阪神版，震后三周以后阪神版的报道量开始逆转。村上、中林[1]认为，地震发生后的紧急期内，阪神地区的报纸发行受到了地震的影响，导致震后两周内报道数量比东京版少；恢复正常出版后，地震与报纸发行地区的生活有直接关联，这也决定了阪神版的报道数量远超东京版。二是报道内容方面的差异。阪神版的报道中，报道量较多的类目是"政府应对"、"救援活动"、"人的受灾"、"经济相关"、"交通、物流受灾"及"生活线受损"等；与阪神版相比，东京版在"救援活动"、"交通、物流受灾"及"生活线受损"方面的报道较少。在"人的受灾""政府应对"方面，震后初期东京版的报道数量较多，但是随着时间推移阪神版的相关报道数量增多；"经济相关"的报道数量整体而言都是东京版的超过阪神版的。基于内容的分类分析，村上、中林[2]认为阪神版较为详细地将"灾区的震后状况"及"地震带来的诸多问题"等内容明确地报道出来，并随着时间的推移、生活逐渐恢复正常，报道数量增多；而东京版以政府的应对及对经济界的影响为主要报道内容，相对而言，阪神版有关"地震给灾区带来的遗留影响"的报道数量较少。

二 阪神大地震中的号外

（一）地震相关的号外在全国大范围内刊发

本书所选取的日本历次地震中，除了战争期间的地震未发行号外，其余地震中均发行了号外，阪神大地震也不例外。据羽岛知之统计，在阪神

---

[1] 村上大和・中林一樹「阪神・淡路大震災に関する新聞報道の比較分析：阪神版と東京版の情報の相違について」『地域安全学会論文報告集』、1998、226–231 頁。

[2] 村上大和・中林一樹「阪神・淡路大震災に関する新聞報道の比較分析：阪神版と東京版の情報の相違について」『地域安全学会論文報告集』、1998、226–231 頁。

大地震发生的当天，全日本范围内有 61 家报社发行了号外。其中最早的是于当天上午 9 点半左右夹在正常发行的夕刊中发行的。[①] 地震当天，发行号外次数最多的是《信浓每日新闻》，共 3 次；《朝日新闻大阪版》《读卖新闻大阪版》《下野新闻》《新潟日报》《京都新闻》《爱媛新闻》各发行 2 次；另外，《朝日新闻大阪版》于地震发生次日发行 4 页的彩色号外。[②]

（二）个案分析：《朝日新闻大阪版》的号外

1995 年 1 月 17 日，朝日新闻大阪本社发行了一次文字号外、一次图片号外。文字号外以"今晨神户发生震度 6 级地震"为主标题，下面分设"京都 5、大阪 4，死伤众多，震源淡路岛 M7.2，各地受灾""100 人被活埋""近畿地区铁道网瘫痪""神户中央区宾馆倒塌"等小标题，报道灾害基本情况，以及知晓的受灾严重的事件等；还有一条政府的应对消息"研究最万全的对策：村山首相的评论"，将首相对此次地震的最紧急的应对态度传播出去。此外，该号外还刊登了阪神各地的震度分布情况。总体而言，这一号外在最短的时间内将地震发生的基本情况、部分严重受灾事件以及政府第一应对思路报道出去，有利于人们了解地震的概况。图片号外以"烈火、倒塌、塌陷"为标题，刊登四张大幅照片，将高速公路断裂、居民楼倒塌及写字楼玻璃窗震碎的情形用图片直观地展现出来。

1995 年 1 月 18 日的号外共 4 页，其中第一页和第三页以新闻报道为主。第一页以"火灾仍未停止，死亡 1812 人、失踪 996 人"为主标题，下设"烧毁面积超过 100 万平方米""倒塌的建筑物上不断冒烟""阪神间铁道恢复至少（需要）2~3 个月"等副标题，1 月 18 日号外较同月 17 日号外的报道，对受灾情况的描述更为确切；第一页的主标题下刊登了大幅使用直升机拍摄的鸟瞰图，展现神户市长田区震后的全景；左下角还刊登了该报社统计的死亡、失踪、受伤及房屋倒塌的数字。号外的第二页则全部

①　羽島知之「新聞号外六十一社が第一報を」『総合ジャーナリズム研究』、1995（4）、37頁。

②　羽島知之「新聞号外六十一社が第一報を」『総合ジャーナリズム研究』、1995（4）、37頁。

是由阪神地区各警察局统计的死亡人员的名单,包括死者姓名、年龄、住址等信息。第三页以"瓦砾之中生还"为主标题,组合报道抢险人员搜寻、救人的事迹。第四页则全部为新闻图片,以"一夜间,尚未看到'生活'气息"为主标题刊登四幅图片,分别是救援人员清除阪神高速路上的车辆、灾民在广场避难、灾民排队接水及商店街彻夜警备状态的场景。

三 典型案例分析:灾区地方报《神户新闻》的地震报道

(一) 震后未中断出版:基于京都新闻的协定援助

作为阪神大地震中地区的地方报,《神户新闻》也未能免受地震的侵袭。"中央区云井通、三宫车站前的报社大楼处于瘫痪状态。作为报纸制作中枢的主计算机及文字处理终端均无法使用。"① 基于这一情况,正常的报纸制作与发行都面临困难。所幸的是,神户新闻社与邻近的京都地区地方报社,即京都新闻社于1994年1月1日缔结了"紧急事态发生时的新闻发行援助协定",其主要内容是"不管哪家报社,都有遭遇地震、火灾、风水害及各种事故而导致无法进行报纸制作或印刷的可能性出现,一旦此类紧急事态发生,为保证该报社报纸发行的正常进行,基于相互援助的精神进行全面的相互协助"。② 阪神大地震后,神户新闻社使用仅存的两路电话线路联系京都新闻社请求启动协定援助,一路电话用于联络,另一路用于稿件传送。《神户新闻》的报纸抬头则由该社整理部直接送往京都,印刷报纸成品由卡车配送。在京都新闻社的协助下,《神户新闻》在地震当天照旧出版了晚报,还是持续出版,未出现欠刊的情况。截至1995年1月25日,《神户新闻》恢复因地震而暂时中止的"地方版"版面,并逐步恢复至地震前的版面状态。

(二) 地震当日《神户新闻》晚报的报道内容

地震当天,《神户新闻》晚报随即开始报道与灾害相关的新闻,出版占3个版面的报纸。从报纸的内容来看,主要集中在地震的基本信息、生活线

---

① 禍中の神戸新聞「総合ジャーナリズム研究」、1995(4)、40頁。
② 神戸新聞社『神戸新聞の100日』東京:プレジデント社、1995、58頁。

的瘫痪及人员的伤亡情况等方面。有关地震的基本信息，报纸除了公布此次地震的震度、震级外，还用新闻链接的方式将最近的主要地震情况及近畿地区①地层的活动情况进行说明，突出此次地震的破坏性；生活线的瘫痪主要报道了火车线路、高速公路、新干线等交通网的损毁程度，同时还指出消防车无法出动、信息传播不足等应急系统的暂时失灵；人员伤亡情况则根据警察厅的统计数据进行报道。

除了文字报道以外，当天的晚报还刊登了6幅照片，分别是"高速公路崩裂"、"在地震中倒塌的民房"、"路面散落的玻璃片"、"从倒塌的民房中救出的妇女"（NHK电视截图）、"扭曲变形的高速公路"、"因地震而起的火灾"，形象直观地展现了地震强大的破坏力。

（三）《神户新闻》应对灾害所策划的特别报道

1. "活着"：与灾民共存、共同努力的"励志"报道

1995年1月24日，即阪神大地震震后1周，神户新闻和京都新闻联合推出特别系列报道"活着"，在晨报头版刊登。两家报社联合推出特别报道，这在日本报界是"史无前例"的。② 该系列报道取名"活着"，旨在"与受灾者一起活着，共同加油"。③ 该系列报道的第一个系列为"来自大地震的现场报道"，从1995年1月24日至1995年2月7日，连续刊登15期，与其他报社展示震后惨状与悲痛的报道不同，该系列报道呈现积极向上、阳光励志的总体基调。以1995年1月24日的报道为例，"合力，从零开始出发"的大标题醒目出现在报纸的头版头条位置，副标题为"坚守神户"，报道以神户接受半数地区公立学校于1995年1月23日恢复正常教学、市场重新出现生鲜物品等为事例，展现灾区人们震后重新开始生活的积极心态。报道配发的新闻图片拍摄于神户某小学校"看到同学平安无事而露出笑脸、一齐喜悦的小学生们"，小学生们的一张张笑脸使报道整体呈现阳光的基

---

① 日本近畿地区，主要是指日本的关西地区，主要包括京都府、大阪府、滋贺县、兵库县、奈良县、和歌山县、三重县等二府五县。
② 橋田光雄「神戸の地から動きも退きもしない」『総合ジャーナリズム研究』、1995、41頁。
③ 橋田光雄「神戸の地から動きも退きもしない」『総合ジャーナリズム研究』、1995、41頁。

调。其余的报道，也可以从标题看出积极的基调，如 1995 年 1 月 25 日的"从混乱的根底，生发出的集体，大家共同守护弱者"、1995 年 1 月 27 日的"百姓的店，由你们守护"、1995 年 1 月 31 日的"梦想，绝不会破灭"，等等。第二个系列以"各自的重建"为主题，于 1995 年 2 月 14 日推出，多方位反映灾区居民积极重建的姿态。如 1995 年 2 月 14 日的"希望的萌芽：发誓守护家园的父子"、1995 年 2 月 15 日的"祈愿重建的青春进行曲：女儿的社团活动，父母全力支持"、1995 年 2 月 16 日的"町工厂：下町的元气来自这里"，等等。

2. "现在的我"：受灾者的声音

《神户新闻》于震后一周内，1995 年 1 月 24 日开始，推出"受灾者的声音"系列报道，将视角放置受灾者身上，反映受灾者震后生活实态。如：1995 年 1 月 24 日的"心中的伤痛，以希望来隐藏"，展现受灾者面临的困难、对生活的期望；1995 年 1 月 27 日，刊登采访避难中生活的人们"避难居民的声音"的报道；1995 年 1 月 29 日的"通勤为'痛勤'"，反映受灾者因交通瘫痪而面临通勤的困难；1995 年 1 月 30 日的"克服困难营业"，报道商店街的店主们为服务居民而克服种种困难继续营业的事迹；1995 年 1 月 31 日的"希望有自己的家"，反映独居老年人的心声。

（四）社论："恢复重建"的舆论引导

阪神大地震震后 1 个月内，《神户新闻》共刊发 18 条社论。综观社论的内容，可以得知《神户新闻》通过社论进行舆论引导的核心方向是"克服困难，恢复重建"。如：1995 年 1 月 19 日的"克服烈震的巨大危害，以恢复重建为目标吧"、1995 年 1 月 21 日的"逆境中，我们当对区域社会行使使命"、1995 年 1 月 22 日的"余震中，当在准备周到的情况下恢复授课"、1995 年 1 月 24 日的"哪怕早一天也好，快点建成生活场所"及"全力确保复兴之步伐"、1995 年 1 月 25 日的"官民齐心协力进行经济复兴，发挥进取的精神"、1995 年 1 月 30 日的"举全力实现神户港的重生"、1995 年 2 月 6 日的"面对重建计划，只想说这么多"、1995 年 2 月 8 日的"恢复重建，也要体现地方的意见"，等等。

（五）慰问广告：从全部慰问内容向冠以慰问字样的商业广告过渡

从 1995 年 1 月 18 日开始，《神户新闻》便刊登诸如历次地震中那样的慰问广告。以 1995 年 1 月 18 日的晨报为例，第一版、第三版、第七版、第八版均刊登了包括报社在内的诸多企业和商家对阪神大地震的慰问广告。广告的具体形式类似于"向兵库县南部地震中受灾的人们衷心表示慰问"的字样，并标注企业和商家的名称。震后一个月内，此类广告一直存在。与以往地震中慰问广告不同的是，在震后一个月内的后半段，报纸逐步恢复正常形式的商业广告，只是在商业广告的上方打出慰问内容的字样，以表示对受灾地区的慰问，做到商业广告和地震慰问兼顾。

（六）死难者名单、捐款名单、生活信息的公布

自 1923 年的关东大地震以来，地震中死亡人员、避难人员的名单都会在报纸上刊登。阪神大地震中，《神户新闻》从 1995 年 1 月 20 日起便在晚报上刊登地震中死亡人员的名单，按照地区划分，标注姓名、性别及年龄等基本信息，对外国人遇难者标明国籍。死亡者名单根据警察厅的资料而适时更新。与新潟地震中的《新潟日报》类似，《神户新闻》也在版面上刊登募集捐款的告示，并及时将在震后收到的企业及个人的捐款信息在报纸上进行公示。

自 1995 年 1 月 21 日起，《神户新闻》在晚报上开辟《震灾相关信息》专栏，及时更新有关避难、捐款、交通、生活、医疗、教育等各个领域的服务信息。相对集中的专栏信息，便于读者更有针对性地获知所需求的信息。

第四节　阪神大地震中的广播电视媒介分析

一　阪神大地震中广播电视媒介所面临的挑战

1. 从历史角度而言，阪神大地震是日本广播电视媒体首次遭遇的"大震灾"

川端、广井认为，阪神大地震对于日本的广播电视媒介而言是一种挑

战，是日本广播电视史上真正意义上的首次遭遇的可以称为"大震灾"的地震。综观 20 世纪日本地震史，1923 年关东大地震发生之时，日本尚处于印刷媒介时代，广播还未出现；二战期间东南海地震、三河地震以及福井地震发生之时，日本尚处于 NHK 广播时代，商业广播并未开始业务。川端、广井还认为，在 1964 年的新潟地震中，虽然广播电视报道开启了灾害播报的模式，但是由于新潟地震的破坏力相对较小，尚不能称之为"大震灾"。在之后日本的每次地震报道中，虽说都进行了灾害信息播报，但是对于广播电视而言，正面地播报被称为"大震灾"的大地震灾害，阪神大地震尚属于首次。①

2. 从地理分布而言，阪神地区的广播电视难以确保正常播出

川端、广井认为，灾害发生时广播电视台所处的地理位置对灾害报道成功与否有着直接关联。按照广播电视台是否位于灾区内部来划分，可以分为"灾区正中型"和"向灾区出动型"两种类型。"灾区正中型"是指广播电视台位于地震受灾区中区域，其设备、人员及其物理条件的受破坏程度直接影响其对灾害报道；而"向灾区出动型"是指广播电视台位于灾区以外的区域，其工作人员为了进行采访需要向灾区出动，这类媒体往往会成为大事件、大事故报道的延长线。② 从阪神地区的广播电视媒体设置来看，主要集中于神户和大阪地区。本部设于震中神户的 AM 神户及 SUN - TV 可称为"灾区正中型"媒体，而将本部设于大阪的 MBS、ABC、OBC 等媒体可称为"向灾区出动型"媒体。然而，现实情况是，本部位于大阪的广播电视台，其员工大部分住在神户地区。虽说这些广播电视台的设备并未像神户地区的广播电视台那样遭到破坏，但是由于地震带来的交通瘫痪问题，部分位于大阪的广播电视台也被迫成为"灾区正中型"媒体。因此，从媒介地理分布角度而言，确保正常的广播电视播出较为困难。

---

① 川端信正・廣井修「阪神・淡路大震災とラジオ放送」『1995 年阪神・淡路大震災調査報告』、1995、158 頁。
② 川端信正・廣井修「阪神・淡路大震災とラジオ放送」『1995 年阪神・淡路大震災調査報告』、1995、158 頁。

二　阪神大地震中广播电视媒体报道的特征

（一）地震第一报：应急能力的考察

1. NHK 广播电视的第一报

（1）NHK 广播第一报

1995 年 1 月 17 日上午 5 点 45 分，地震发生前的一分钟，NHK 广播第一频率正在播出《人生读本》栏目。地震发生后，NHK 随即中断该栏目的正常播出。上午 5 点 49 分，由播音员开始播报地震的相关消息："下面是地震信息。东海地区和北陆地区感觉到强烈的摇晃。东海地区和北陆地区由于地震感觉到强烈的摇晃。今天上午 5 点 45 分左右，东海地区和北陆地区由于地震感觉到强烈的摇晃。"[1] 据川端、广井的推测，当时 NHK 的第一报认为东海地区发生强烈摇晃，是怀疑发生了预测多年的"东海地震"。[2] 而随后，NHK 继续播报"震源地及各地的震度等信息，现在正在向气象厅进行确认。有可能震源在海底，会有海啸的可能。沿海地区请注意防范海啸"。[3] 在确认各地的震度以后，NHK 开始报道各地的震度，但是"神户地区震度（为）6"的信息，是直到上午 6 点过后才首次出现。有关神户地区的震度，最初报道为 6，后又更改为 5；上午 6 点 30 分左右，再次更改为 6。

FM 广播于上午 5 点 49 分开始播报地震信息，上午 5 点 55 分开始与 NHK 综合电视（东京）、综合电视（大阪）、广播第一频率并机播出，进入紧急放送体制。

（2）NHK 电视第一报

地震发生后，通常上午 6 点开播的大阪放送局，于当日上午 5 点 49 分 06 秒就由播音员宫田出镜面向近畿地区播报地震发生的信息，"现在时

① 「1995 年 1 月 17 日ラジオ放送全文」『1995 年阪神・淡路大震災調査報告』、1995、170 頁。

② 川端信正・廣井修「阪神・淡路大震災とラジオ放送」『1995 年阪神・淡路大震災調査報告』、1995、159 頁。

③ 「1995 年 1 月 17 日ラジオ放送全文」『1995 年阪神・淡路大震災調査報告』、1995、170 頁。

间是上午 5 点 49 分，近畿地区刚才感受到了强烈的地震。待信息确认后将继续播报"。上午 5 点 50 分，大阪放送局开始正式的第一报播出，确认地震发生的时间、地点、各地区的震度情况，在众多媒体中率先将"神户震度 6"的信息传播出去。

NHK 综合频道于上午 5 点 50 分向东京网络发出地震第一报，随后从上午 5 点 51 分至 55 分向全国直播网发送地震相关信息，上午 5 点 55 分与 NHK 主要频道、NHK 广播频率并机播出，一齐进入地震紧急播报体制。

2. 阪神地区商业广播电视的第一报

如前文所述，阪神地区的主要商业广播电视台集中在大阪和神户两个地区。地震发生后，位于神户的广播电视台由于受灾情况较为严重，震后的应急反应速度相比较大阪的广播电视台较迟缓。广播电台方面，大阪的 OBC 广播、ABC 广播及 MBS 广播都在地震发生之后立即中断正常的节目播出，即时进行地震相关信息播报；位于神户的 AM 神户在地震后中断了 13 分钟 05 秒后，于上午 6 点开始在直播室损坏的情况下报道地震相关信息。电视方面，据现有可确定第一报时间的资料来看，位于大阪的关西电视台于上午 5 点 49 分 26 秒便开始播出地震速报信息，第一报播出时间仅次于 NHK 大阪分局；神户的 SUN - TV 同样也受到地震的影响，并于地震当日上午 8 点 14 分恢复播出，发出地震后第一报。

（二）灾害报道特别体制

1. NHK 报道的灾害特别报道体制

地震发生后，公共广播电视 NHK 随即进入灾害特别报道状态，其中 NHK 广播第一频率和 2 个卫星频率连续播出 24 个小时，综合电视频道、教育频道、广播第二频率及 FM 频率也围绕地震展开了一系列报道。虽然"阪神大地震"带来了巨大的灾害，但是广播电视媒体动员了空前强大的采访班底，长时间连续地进行了灾害播报，是 NHK 70 年放送史上首次长时间进行的多元化灾害播报。[①] 据 NHK 放送文化所统计，阪神大地震震后一个月

[①] 大西勝也「史上最長時間の災害放送」『放送研究と調査』、1995（5）、4 頁。

内（从 1995 年 1 月 17 日至 2 月 17 日），NHK 综合电视全国电视网共播出地震相关的报道及节目（时长）273 小时 15 分（钟），综合电视近畿地区网播出（时长）354 小时 46 分（钟），广播第一频率播出（时长）450 小时 01 分（钟）。[①] 具体见表 6 - 2。

表 6 - 2 NHK 广播电视阪神大地震报道播出时长（从 1995 年 1 月 17 日至 2 月 17 日）

频道/频率	报道类型	时　长	
综合电视	新闻及相关节目	全国网　273 小时 15 分钟（新闻 230 小时 31 分钟、节目 42 小时 44 分钟）	
		近畿　354 小时 46 分钟（近畿自主制作节目 81 小时 31 分钟）	
卫星第 1	新闻及相关节目	全国网　41 小时 30 分钟	
卫星第 2		全国网　135 小时 38 分钟	
教育频道	安否信息（含部分生活信息和交通信息）	全国网　12 小时	
		近畿网　158 小时 45 分钟（近畿自主制作节目 146 小时 45 分钟）	
广播第一	新闻及相关节目	全国网　450 小时 01 分钟	
FM	安否信息（含部分生活信息和交通信息）	全国网　126 小时 55 分钟	
		近畿网　162 小时 30 分钟（近畿自主制作节目 35 小时 35 分钟）	

2. 商业广播电视的特别报道体制

广播方面，位于大阪的 MBS 广播于地震发生后的当天上午 6 点 30 分开始至 1 月 28 日连续 12 天，全天施行特别节目体制；ABC 广播从地震发生后至 1 月 19 日上午 5 点，一直是特别报道体制；神户的 AM 神户从地震当天上午 5 点 55 分至 1 月 20 日凌晨 3 点，连续 69 小时播出与震灾相关的报道。电视方面，大阪的 MBS 电视从 1995 年 1 月 17 日至 19 日共持续播出 51 小时 30 分钟的地震报道；ABC 从地震发生开始连续播出 55 小时的特别节目，截至 1995 年 2 月 15 日，共播出地震相关的节目 182 小时；读卖电视在 1995 年 1 月 19 日之前均为无间断的特别灾害报道；神户的 SUN - TV 从 1995 年 1

---

① 大西勝也「史上最長時間の災害放送」『放送研究と調査』、1995（5）、5 頁。

月 17 日至 22 日，连续播出 6 天特别节目，从 1995 年 1 月 23 日至 2 月 5 日，在多个时间段继续播出灾害特别节目。

（三）灾区广播电视典型案例研究：AM 神户和 SUN – TV 灾害报道的内容分析

1. AM 神户

（1）灾害后节目播出的总体情况

如前文所述，AM 神户①在地震发生后受到影响而被迫中断播出，直至 1995 年 1 月 17 日上午 6 点重新播出，至 1995 年 1 月 20 日凌晨 3 点持续 69 小时无广告地播出地震特别节目。1995 年 1 月 20 日上午 5 点，AM 神户开始逐渐按照以往平时的节目编排框架进行播出，以大板块节目为主播出地震相关的信息，也一并恢复广告的播出。直至 1995 年 1 月 28 日，AM 神户才恢复正常的节目播出，播出的主要内容也是以地震相关信息为主，但是报道重心逐渐从受灾信息向生活信息转变。

（2）地震特别报道的主要内容

根据当时节目播出的台本②，可知 AM 神户地震特别报道主要由灾害信息和安否信息两大部分组成。灾害信息部分，主要由地震相关的信息（包括地震、余震等信息）、灾区现场报道、受灾情况汇总、死亡者名单、生活线相关信息、交通/道路信息、救援信息及学校/企业信息等方面组成。安否信息，如同新潟地震一样，按照听众的要求向亲友播报平安的消息，或是听众通过广播找寻失去联系的亲友、打探亲友是否平安。

从信息的来源来看，有关地震的信息主要来自共同社、气象厅等相关部门；灾区现场报道由记者从现场发回或由电台的广播车收集；受灾情况汇总和死亡者名单来自兵库县警警备本部；生活线相关信息来自共同社及各报社、县及市相关部门；交通/道路信息来自共同社及县警；学校/企业信息来源于相关组织机构及企业；救援信息和安否信息来自受众。也就是

---

① 2005 年 4 月，AM 神户更名为广播关西（ラジオ关西）。
② ラジオ関西（AM 神戸）震災報道記録班『RADIO：AM 神戸 69 時間震災報道の記録』神戸：長征社、2002。

说，在特别报道中，AM 神户自采的部分主要是灾区现场的报道，其余部分来自其他媒体、机构或受众。

从当时报道的台本来看，在地震发生后的一段时间内，由于一些正式的信息尚未公布或无法及时传播，一些有关地震的最新信息主要通过记者在现场的见闻或直接进行现场连线来实现。从地震当天上午 6 点 16 分开始，AM 神户便集中播报记者、主持人的现场见闻或直接与现场记者连线。如：外出采访的主持人谷五郎回到直播间，向主持人叙述所见到的震后城市状况；播音员三上公也、记者旭堂中海通过电话讲述所住地区的受灾情况；等等。在特别报道中，AM 神户的记者和主持人们深入须磨、垂水、长田、三宫兵库、元町、东滩、芦屋、西宫等灾区发回现场报道。特别是在长田的火灾现场、三宫十字路口附近楼房倒塌现场、阪神高速高架桥断裂下落现场等重大受灾现场，直接发回现场连线。

除了与地震受灾相关的信息，占据特别报道大部分篇幅的是安否信息和生活信息，这些信息都是由听众反馈至电台，主要以信息通报和寻求帮助为主。据 AM 神户统计，截至（1995 年）2 月 5 日，AM 神户共播出安否信息及生活信息 6 万余条。①

有关安否信息，从台本的记录来看，最早接受播报安否信息始于 1995 年 1 月 17 日上午 8 点 20 分，"在此次地震中，与家人、亲戚无法获得联系、联系遇到困难的各位，AM 神户开始受理安否信息。我们将播报您的住所、姓名及简单的留言。电话号码是 078 - 733 - 0123（重复）"。② 在震后一周（从 1 月 17 日至 1 月 24 日）内，AM 神户共播出安否信息 25462 条。③

此外，受众请求广播播出的不只是上述的安否信息，还有与灾区居民生活息息相关的生活信息。如："缺少食物""缺水""寻找可做人工透析的医院""寻找可以接受产妇医院"等求助信息；回答听众咨询的"洗浴"

---

① ラジオ関西（AM 神户）官方网站，http：//jocr. jp/sinssai/sinsai6. html，检索日期 2014 年 1 月 19 日。

② ラジオ関西（AM 神户）震灾报道记录班『RADIO：AM 神户 69 时间震灾报道の记录』神户：長征社、2002。

③ ラジオ関西（AM 神户）官方网站，http：//jocr. jp/sinssai/sinsai6. html，检索日期 2014 年 1 月 19 日。

"做饭""居住""洗发理发"等信息的生活信息；煤气泄漏、火灾等二次灾害信息；有关受灾的行政手续、法律咨询、临时住宅等生活咨询信息。据 AM 神户的统计，震后一周内的生活信息播报达到 5082 条。[①]

（3）广告的播出

AM 神户在地震后随即进入灾害特别报道体制中，广告也随之中止播出。随着报道逐步恢复到地震前的状态，广告播出也逐渐恢复，但是地震使正常的商业广告减额近 1/3。相反，从新潟地震开始的在广播中播出慰问广告的形式，在 AM 神户的震后节目中出现，并给它带来了相当规模的广告营业额。据 AM 神户统计，从地震后至 3 月，地震慰问广告的营业额达到 1.2 亿日元。[②]

（4）捐款、救助金的募集

地震后，AM 神户以 "AM 神户救援金" 的名义在银行设立专门账户。震后第三天，1995 年 1 月 19 日下午 3 点 45 分左右，AM 神户开始通过电波向全国募集捐款和救助金。截至同年 8 月 1 日，共募集捐款 19947424 日元。[③] 并通过神户新闻厚生事业团的帮助，全部用于灾区、受灾者的救援。

2. SUN – TV

（1）地震后的应急措施相对迟缓

一是地震的物理性破坏导致无法迅速实行灾害报道。SUN – TV 每天正常开播节目的时间是上午 6 点 30 分，阪神大地震发生之时，节目尚未开播。地震使电视台的设备产生一定程度的损坏，在工作人员的抢修下，节目才得以按时开播。然而，由于电视台位于神户市的人工岛 Port Island 上，连接市区与岛屿的神户大桥无法通行，工作人员无法到达，因此，在短时间内无法进行有关灾害的信息速报。直至当日 7 点多，10 名员工赶到台内，临时决定取消正常的节目播出，开始进行地震信息的播报。

---

① ラジオ関西（AM 神戸）官方网站，http：//jocr. jp/sinssai/sinsai6. html，检索日期 2014 年 1 月 19 日。

② ラジオ関西（AM 神戸）官方网站，http：//jocr. jp/sinssai/sinsai6. html，检索日期 2014 年 1 月 19 日。

③ ラジオ関西（AM 神戸）官方网站，http：//jocr. jp/sinssai/sinsai6. html，检索日期 2014 年 1 月 19 日。

二是通信中断导致获取信息变得困难。地震后，由于通信设施基本瘫痪，无法联系警察、消防等官方机构获取相对准确的受灾信息。同时，与重要的信息来源共同通信社也无法实现对接，因此地震后初期，其他电视台的视频和广播报道成为 SUN-TV 唯一的信息源。直至地震发生当日上午 8 点 14 分，SUN-TV 才开始进入地震信息报道阶段，这时距地震发生已经近 2 个半小时。

（2）地震特别报道：多种报道形式关注受灾与生活信息

地震发生当天上午 8 点 14 分，SUN-TV 开始进入无商业广告、24 小时连续不间断播出的灾害特别报道体制中，一直保持至 1995 年 1 月 22 日，共 6 天。特别报道的内容主要分为以下两个方面。一是受灾情况的报道，主要包括死伤者情况、房屋受损情况；道路交通受灾、生活线的破坏情况；煤气泄漏、电线下垂、用电提醒等信息。二是与生活相关的信息，包括水、电、煤气、电话的恢复情况及预计恢复时间，JR、地铁、公交等公共交通的运行情况及恢复预计时间信息，高速公路、国道、主要公路的通行禁止、通行受限区间等信息，以及学校停课信息、找寻失踪人员方式、救援捐款呼吁及公布，等等。从特别节目的报道内容变化来看，地震后前两天，即 1 月 17 日、18 日主要集中在对受灾情况报道和生活信息播报上；1 月 19 日以后的报道重点放在生活信息播报上，对受灾情况报道大为减少。①

从报道方式来看，灾害报道综合使用了电话连线、直播间播报、现场直播、直升飞机实况拍摄、手写板、滚动字幕等多种形式。电话连线主要是从直播间连线兵库县警、神户市灾害对策本部以及一般市民、在家职员及上班途中职员，由他们发布、讲述灾害情况；直播间播报，主要由外出采访归来的职员在直播间讲述所见所闻；现场直播，SUN-TV 在电视台大楼上特设摄像机，直接展现神户市受灾地全貌，同时在多个受灾现场进行直播、现场连线，呈现灾害现场；为争取报道的速度，SUN-TV 还采用手

---

① サンテレビBooks『阪神淡路大震災　被災放送局の記録』神戸：サンテレビ、1996、15 - 17 頁。

写板的方式，将死者名单进行速报。此外，在此次地震播报中，SUN - TV 直接使用直升飞机拍摄阪神地区受灾的全貌，并在节目中播出。

除了一般的灾害信息播报以外，特别报道还邀请神户海洋气象台、神户大学教授等专家，分析和解说地震、余震相关信息；县知事等相关官员也应邀进入直播间向观众讲述有关县、市对地震采取的应对措施。

（3）立足灾区，报道重心转向生活信息

从震后的第三天开始，SUN - TV 的灾害信息报道逐渐向生活信息转变，有关受灾画面及死者名单等内容很少再出现，将报道的重心放在了生活信息上。这一报道编排方式一直持续到 1995 年 2 月上旬。与广播媒介普遍采用的安否信息不同，SUN - TV 由于地震后尚未建成完备的接收、播出安否信息的体系，无法应对可以想象的庞大的信息播报需求，故放弃对安否信息的播报，将生活信息设为重点。

生活信息的主要内容与前一阶段基本相同，信息来源主要是与生活信息相关的各个部门，主要采用满屏字幕加播音员播报的方式，详细公布具体生活服务信息的内容。如：公布营业中的公共浴室时，详细标注浴室所在行政区、名称、电话、营业时间；公布供水场所时具体到场所名称、地点、服务时间等。生活服务信息全方位地提供，为灾区居民逐渐恢复正常的生活秩序提供信息指南，也体现了地方电视台扎根灾区、服务灾区的报道理念。

第五节　新媒介形式在阪神大地震中崭露头角

与本书抽样的前几次地震不同的是，阪神大地震发生时，日本的媒介发展已经步入多媒体发展的时代。除了传统的报纸、广播电视媒介以外，基于网络传输技术的局域网和互联网的媒介也开始在地震中发挥作用。不仅如此，传统的广播电视媒介也以新的媒介形式在地震中进行信息传播。本节主要考察社区广播、CATV 等广播电视媒介新形态及网络媒介在阪神大地震中所发挥的功能。

一　社区媒介（Community Media）在地震中的信息传播

在阪神大地震中，社区广播、CATV 等社区媒介立足媒介所在区域，有针对性地进行灾害信息传播来发挥作用。

（一）社区广播：以 FM 守口为例

阪神地震发生时，日本社区广播的发展处于起步阶段。截至 1994 年底，全日本共有社区广播 15 家，阪神地区仅有位于大阪的"FM 守口"1 家。"FM 守口"作为第三类机构[①]成立于 1993 年，在成立之时便被赋予了在灾害信息传播领域有所作为的期待。开播以来在台风、地震等灾害报道方面有积极作为。

阪神大地震中，大阪的守口地区震度为 4，受灾情况较小。地震当天上午 6 点 40 分开始进行地震信息播报，播出的主要内容包括地震的震度、规模等基本情况，市内的道路、高速公路等交通方面的运行情况，市内的受灾情况及余震的提醒信息，等等。信息主要来源于市灾害对策本部，仅（1995 年 1 月）17 日当天便播出 39 次。[②] 由于 FM 守口的地震第一报始于地震发生后的 1 个小时后，作为（播报时间慢的）反省，FM 守口与守口市门真市消防本部之间建立了"24 小时紧急信息系统"。[③] 在所播出的信息当中，以与当地相关联的信息为主，也有少数与地震相关的非本区域的消息。

（二）CATV：以淡路五色有线电视台为例

阪神大地震中的另一种社区媒介 CATV，在向受灾地方传播灾害信息方面有所作为。地震发生时，受灾区域中自行制作、播出节目的 CATV 分布在淡路岛的五色町、明石、芦屋、西宫、尼崎、伊丹的各市，以及神户市郊

[①]　第三类机构（第三セクター）在日本是指除第一类机构和第二类机构以外的机构。第一类机构是指由地方公共团体经营的公营企业，第二类机构是指私营企业。

[②]　平塚千寻「マルチメディア時代の災害情報」『放送研究と調査』、1995（5）、34 頁。

[③]　日本コミュニティ放送協会『日本コミュニティ放送協会 10 年史』、2004（5）、39 頁。

外住宅区。①

淡路五色町的有线电视是阪神大地震中灾区的唯一一个由自治体②主办的 CATV，于 1994 年 4 月开播。与其他有线电视台所不同的是，（淡路五色町有线电视）加入者占该区域全部家庭的 94.2%，达到 2983 户（截至 1995 年 7 月 1 日）。③ 阪神大地震中，五色町地区虽然没有人员的死亡，但是每家每户都受到了不同的损失。就五色町的有线电视台而言，除了传输专线部分受到损坏，播出设备及电缆都毫无受损迹象，在灾害中作为社区灾害信息发布机构起到的作用，具体体现在以下几方面。

一是技术优势保证了灾害非常时期正常的通信联系。从技术角度而言，五色町的有线电视台传输节目所用的电缆同样可以用于电话通信。有线电视的电话网络与一般的电话通信线路并无连接，有线电视的电话网络只能在安装有线电视的用户中使用。五色町地区的有线电视的电话网络不仅连接各家庭住户，而且连接了工作场所。灾害发生时，一般的电话通信线路在五色町地区受到限制，接通较为困难。然而，有线电视的电话网络的通话没有受到任何影响，成为灾害中人们相互联系的有力工具。

二是双渠道信息传播。与普通的电视网络不同的是，五色町地区的有线电视网络在灾害发生后，将灾害信息通过电视和电话双渠道进行传播。地震发生后的上午 7 点 10 分，五色町办公室通过电话向民众通知水管断裂导致停水的消息；随后，上午 7 点 40 分又紧急通知学校放假的消息；从上午 10 点开始，CATV 的 1 频道社区频道、11 频道文字信息频道与电话线路一齐将町内的受灾情况通过自治会长向町办公室报告的内容进行播报。④ 地震当天，五色町有线电视传输系统还播报了余震、火灾的注意信息、町灾害对策本部发布的信息、学校饮食供应及期中考试日期变更等通知；地震

---

① 平塚千尋「地域災害情報機関としてのケーブルテレビ」『放送研究と調査』、1995（6）、22 頁。

② 自治体：日本包括都、道、府、县以及市、区、町、村在内的行政机构的统称。

③ 平塚千尋「地域災害情報機関としてのケーブルテレビ」『放送研究と調査』、1995（6）、23 頁。

④ 平塚千尋「地域災害情報機関としてのケーブルテレビ」『放送研究と調査』、1995（6）、23 頁。

第二天以后，报道的内容就逐渐转向受灾房屋的拆除、临时住宅、洗浴、中小企业咨询、生活福利资金借贷、法律咨询所开设等受灾者所要求的生活信息，其间也一并播报了町灾害对策临时议会的内容。[①]

三是多个传播主体。五色町的有线电视灾害传播的另一个特色是，电视台并非信息传播的单一主体。其 11 频道的文字信息频道给町办公室、农业协会等部门提供一个可以直接在工作场所发布信息的渠道，如在地震后，农协将牛肉、蔬菜收货日期变更等紧急信息直接上传至 11 频道播出。

四是传播内容以生活信息和通知为主。从五色町有线电视对阪神大地震的报道内容来看，主要以与百姓生活相关的生活信息和紧急通知为主，没有出现一条采访灾民的报道，也未出现受灾地区的画面。与一般电视台以灾害现场画面、灾民采访为主的内容形成鲜明的对比。据有线电视台的工作人员解释："哪一家受到什么样的灾害损失，村民大都知道得很清楚，没有必要再进行特别的播出。"[②] 虽然电视台也进行了灾害现场的影像实录，但是并未用于节目的播出，只是作为防灾资料备用。对于其他电视台要求使用该社区电视台所摄制的影像，五色町电视台也是予以拒绝的，理由一是要考虑灾民的心理和感受，二是灾害发生的事情已经过去，应将报道重点放在恢复重建上。

二　局域网、互联网媒体的灾害信息传播

阪神大地震发生时，日本基于网络传播技术的局域网、互联网媒体有所抬头，商用局域网和互联网的使用人数激增。作为当时的新兴媒介形式，局域网、互联网媒体在阪神大地震中进行了信息传播。

（一）商业局域网的灾害信息传播

川上、田村、田畑、福田对当时具有代表性的商用局域网 NIFFTY 和

[①]　平塚千尋「地域災害情報機関としてのケーブルテレビ」『放送研究と調査』、1995（6）、23 頁。

[②]　平塚千尋「地域災害情報機関としてのケーブルテレビ」『放送研究と調査』、1995（6）、23 頁。

ASHAHI NET 在阪神地震后一个月内（从 1995 年 1 月 17 日至 2 月 17 日）发布的信息进行了内容分析。截至 1995 年 1 月，NIFFTY 局域网的会员数超过 100 万人，成为日本国内最大的电脑通信局域网。① 本书使用该研究内容中对局域网 NIFFTY 的分析数据，以 NIFFTY 网站为个案，归纳商用局域网灾害信息传播的特征。

1. 灾害信息传播的整体概况

地震发生当天的下午 1 点，商用局域网 NIFFTY 专设了地震信息专栏，并于次日即 18 日免费开通该专栏中全部栏目。专栏开通时主菜单只有 4 个栏目，即页面介绍、地震相关新闻、地震相关公告栏（受灾、交通情况）及地震相关公告栏（通知）。随着时间的变化，菜单上的内容增加至 14 个：页面介绍、死亡者名录、地震避难者相关信息、地震相关新闻、震灾志愿者论坛、Inter Vnet、公告栏（受灾交通信息）、公告栏（救援志愿者）、公告栏（通知、安否信息）、考试日程变更信息、来自公共机构的通知、物价信息、救援金、各种信息咨询联系方式。

2. 公告栏的内容分析结果

（1）发布消息数量的总体趋势

从受灾交通信息、救援志愿者、通知、安否信息等四个公告栏发布的消息数量来看，由于是地震当天下午才开始设置公告栏，当天的消息数量并不多；地震次日即 18 日，消息数量超过 1000（条）；地震当天后的一周内，消息数量均超过 500（条），但是地震一周以后的消息数量呈下降的趋势。②

（2）不同类别的消息量呈现

按照所发布信息的性质来看，主要分为事实信息、咨询信息、反馈信息、向行政/媒体及 NIFFTY 的建议和要求、通知/募集信息、情感吐露/请

① 川上善郎・田村和人・田畑暁生・福田充「阪神大震災とコンピュータ・ネットワーク：インターネット、ニフティサーブ等における震災情報の内容と構造」『情報研究』、1995（16）、30 頁。
② 川上善郎・田村和人・田畑暁生・福田充「阪神大震災とコンピュータ・ネットワーク：インターネット、ニフティサーブ等における震災情報の内容と構造」『情報研究』、1995（16）、33 頁。

求/提问等；从发布信息的内容来看，主要分为受灾信息、交通信息、机构信息、生活线相关信息、生活信息、安否信息、综合性信息、志愿者信息及其他；从消息来源来看，可以分为个人一手信息、组织一手信息、传闻信息、从其他网络转载而来的信息、从媒体/政府及其他机构转载而来的信息。[①] 根据上述分类方法，川上等人得出以下结论。从信息性质分类来看，咨询信息数量最多，达到 3273 条；其次是事实信息，达 1684 条；再次为通知、募集信息，为 531 条。从信息内容分类来看，安否信息发布数量最多，为 2566 条；其次是受灾信息，为 1206 条；最后为交通信息，为 710 条。从消息来源来看，个人一手信息最多，为 4718 条；其次为组织一手信息，为 470 条；最后为传闻信息，达到 331 条。[②]

（3）NIFFTY 局域网阪神大地震信息传播特征总结

首先，从发布的时效性来看，直至地震当天下午，NIFFTY 才开始开设地震信息专栏，与广播电视等媒体的应急反应速度相比较为缓慢。

其次，从信息发布数量的变化趋势来看，地震次日达到信息发布数量的高峰，地震后一个星期内，信息发布数量呈相对稳定的状态；地震 10 天后，虽然仍有信息持续发布，但是从数量来看，有明显的回落趋势。这一变化趋势说明，NIFFTY 有关地震信息传播周期相对较短，信息传播的持久性相对较弱。

再次，从信息来源来看，绝大多数的消息来源于个人的一手信息。这一方面体现网络交互性的传播特征，但是另一方面又提出一个问题，即如何确保消息的真实性和可靠性。另外，传闻信息的比重也相对较多，从消息源的统计数据来看，极其容易引发地震中的谣言、流言的传播。

最后，从消息性质来看，所发布的信息中咨询信息最多，这体现震后

---

① 川上善郎・田村和人・田畑暁生・福田充「阪神大震災とコンピュータ・ネットワーク：インターネット、ニフティサーブ等における震災情報の内容と構造」『情報研究』、1995（16）、34 –35 頁。

② 川上善郎・田村和人・田畑暁生・福田充「阪神大震災とコンピュータ・ネットワーク：インターネット、ニフティサーブ等における震災情報の内容と構造」『情報研究』、1995（16）、35 –36 頁。

人们对各种信息的强烈需求。事实信息恰是解释人们在灾后中存有的疑问的有力途径，虽然在数量上也呈现一定优势，但是只有咨询信息的一半左右。从消息内容来看，安否信息的数量压倒性地多于其他类别信息的数量，这从某种意义上体现网络媒体具有海量存储能力的优势；相比而言，有关受灾方面的信息数量却只占据安否信息的一半左右。因此，从消息性质和内容来看，相比咨询信息和安否信息而言，事实信息和受灾信息并不占据绝对的优势。

（二） 互联网的灾害信息传播

阪神大地震发生时，互联网业务尚未达到普及的水平。当时开办网站的机构主要集中在公共机关、政府机构、大学、研究机构、通信机构这些机构中，尚未达到商业化的状态。川上等人梳理了震后一个月内（从1月17日至2月17日），日本国内互联网网站有关地震消息的主要内容、访问地址及信息来源，主要有以下特点。

一是信息种类齐全。震后一个月内，日本国内互联网站发布的信息主要集中在安否信息、灾区的情况报告、交通/自治体通知、教育/金融保险证券、邮政行政、生活信息、志愿者相关信息、观测数据、地震研究、企业通知及综合索引。其中安否信息方面，松下电器信息通信研究所和邮政省分别研发了安否信息系统，用户可以登录网站发布、删除相关的安否信息。

二是发布主体相对有限。与互联网的普及程度相关，阪神大地震中的互联网信息发布主体主要集中在：传统媒体，如NHK、《朝日新闻》、《每日新闻》和《中日新闻》等；大学及研究机构，如大阪大学、神户外国语大学、东京大学、京都大学、建设省国土地理院、理化学研究所、野村综合研究所，等等；通信机构，如NTT、IIJ、NEC，等等。

三是海外访问量占较大比重。据川上等人的推测，位于灾区的神户市外国语大学的互联网，在震后20天内的访问数量达到36万，其中八成来自国外，涉及50多个国家和地区；海外访问数量中约15万来自美国。截至1995年2月15日，NTT的综合信息索引平台中，仅仅死亡者名录部分，日本国内访问量为 89911 次，国外为 70951 次。[①]

总　结　多媒体环境下灾害中媒介功能的考察

一　实践的视角：阪神大地震中媒介所发挥功能的总体评价

阪神大地震发生之时，正值媒介发展向多媒体时代迈进的时期。传统媒介与新兴媒介形式在地震中都有所作为。从实践的视角来看，传统媒介有关地震的信息传播技术，在前期地震中的积累下有所成熟；新的媒介形式虽没有传统媒介应对灾害的经验积累，但也开始崭露头角。

（一）报纸在阪神大地震中的功能定位

1. 报纸：在相对成熟的报道模式中有新发展

20 世纪以来，从 1923 年的关东大地震开始，报纸在历次重大灾害事件中都有所作为。在多次灾害事件报道的积累下，报纸的灾害报道模式已经相对成熟和模式化。在震后的非常时期，为了弥补报纸发行的相对滞后性，一般的报社都会发行号外，在阪神大地震中也不例外。从报道的样式来看，全国发行的报纸往往以动态的消息为主，虽然也有社论及特别策划报道，但总体而言相对较少；而灾区地方报纸较为丰富，有社论/特别策划报道、死难者名单、捐助者名单、生活信息、震灾慰问广告，等等。其中，死难者名单、震灾慰问广告、捐助者名单已经成为日本历次重大灾害事件中报纸报道的固定模式。从报纸发行区域的差异来看，全国发行的报纸的报道量从灾后第三周便开始回落，而面向灾区发行的报纸和灾区当地报纸的报道数量相对稳定，对灾情、灾后恢复重建的关注具有持续性，这一报道量的变化趋势同历次地震中的变化趋势基本一致。

然而，报纸的灾害报道进入整体稳定化阶段后，仍有新的发展变化。

---

① 川上善郎「阪神大震災とコンピューター・ネットワーク：インターネット、ニフティサーブ等における震災情報の内容と構造」『情報研究』、1995、52 頁。

原先的报纸在灾害报道内容上主要集中在受灾情况、政府对策、重建情况、生活线相关信息等方面，除一般的消息外，也有社论和特别连续报道出现。阪神大地震中，受灾地方报纸《神户新闻》开始开设专栏，将与震后居民相关的生活信息相对集中地刊登出来。生活信息专栏的出现，体现灾害报道在关注灾害事件本身的同时也开始向关注灾害当中的人及其生活方面转变。

2. 号外的新变化：从受灾地报纸向全国范围内扩散

本书抽样的地震中，除了战争时期的东南海地震和三河地震中报纸未发行特别形式号外以外，其余地震均发行了号外。关东大地震中，号外作为报纸无法正常发行的补充手段，在震后信息传播方面发挥了重要的作用；新潟地震中的号外，实现了从以文字报道为主向以图片报道为主的转变。阪神大地震中的号外，从内容和形式上较新潟地震并无太大差异。但是，从整个日本报业的视角来看，阪神大地震中发行号外的不只是全国报纸和面向灾区发行的报纸，其他非灾区的地方报纸也进行了号外的刊发。从这一点而言，号外已经成为灾害等重要事件的重要传播形态而得以保留和延伸。

3. 灾害报道合作联盟的有益尝试

阪神大地震中，灾区地方报纸《神户新闻》受地震影响过于严重而影响到正常的出版和发行。然而，该报并未因为地震带来的影响而中断过任何一期报纸的出版。这就是该报前期与地理位置相近的报纸《京都新闻》所签署的协议发挥了作用。报纸由于在出版和发行方面容易受到一定物理条件的影响，排版、印刷系统出现故障就很容易导致正常出版过程的中断，关东大地震中的报纸发行便是教训之一。通过事先签订合作协议的方式，依靠外力来确保自身正常的出版是解决特殊事件或在特殊情境中信息传播困难的有力途径之一。就广播电视而言，公共广播电视 NHK 就已经形成全国性的传输和播出网络，商业广播电视也在全国范围内形成合作体系，一旦灾害发生，网络内的机构可以实现相互援助。与之区别的是，作为印刷媒介的报纸，尤其是地方报纸很难在全国范围内形成网络，在灾害等特殊事件发生后，就很难立刻进入网络性的援助体系中。因此，《神户新闻》与

《京都新闻》的合作协定模式从某种意义上来讲不失为灾害发生时互助互救的有效方式。

（二）广播电视媒体在阪神大地震中的功能定位

日本学界认为，阪神大地震是日本广播电视发展以来真正面对的首次地震，在地震中广播电视一方面经受着面对大灾害经验不足的考验，另一方面利用媒介自身的特征进行功能发挥，具体体现在以下几方面。

1. 受灾信息、安否信息和生活信息的内容构成使广播电视在报道基础功能发挥上，强化了防灾功能

小田贞夫认为，广播电视因其具有速报性和传播范围的广泛性，在灾害中的功能发挥受到期待；不仅要发挥传播地震规模及受灾情况的"报道功能"，而且需要通过传递让处于不安和混乱当中的人们安心行动的指示信息、安否信息及生活信息来发挥"防灾功能"。[①] 从阪神大地震中的广播电视媒体报道情况来看，已经基本形成受灾情况、安否信息和生活信息三大块内容。从新潟地震开始，安否信息播报逐渐成为广播电视灾害报道的重要内容，阪神大地震中生活信息的大量报道成为广播电视媒体灾害报道的新特色。根据 NHK 放送文化研究所 1995 年 2 月进行的"阪神大地震广播电视播报的调查"显示：收听过 NHK 及商业广播电视播出的生活信息的占64.9%，其中认为生活信息起到很大作用的占 47.1%，认为起到一定作用的占 37.2%。[②] 从这一点来看，阪神大地震中的广播电视媒体在防灾功能方面较以往有所增强。

相比较而言，公共广播电视在灾害应对方面的优势更为明显。从各广播电视台有关地震的第一报来看，NHK 广播电视的整体反应速度要快于商业广播电视。这与灾害对策基本法中将 NHK 作为指定的公共机构、在灾害中进行减灾防灾义务的规定不无关系。商业广播电视虽然在灾害应急体制上与公共广播电视有所区别，但是从报道内容来看，仍在报道和防灾功能

---

① 小田貞夫「阪神大震災と放送」『放送研究と調査』、1995（5）、3 頁。
② 小田貞夫「阪神大震災放送はどう機能したか」『放送研究と調査』、1995（5）、48 頁。

方面发挥了积极作用。

2. 社区广播电视在地震中的作为带来社区广播发展的高潮

阪神大地震中社区广播电视的信息传播可谓一大特色。一般的地面和卫星传送的广播电视的传播范围较为广泛,尤其是 NHK 可以通过全国的播出网络,突破区域的限制面向全国范围播出。这在新潟地震中确定的"广播面向受灾地、电视面向受灾地以外"的传播思路中也有所体现。社区广播电视与地面传送、卫星传送广播电视相比,传播范围较为有限,其播出内容也是有针对性地面向该社区。从前文所列举的淡路岛五色町 CATV 和 FM 守口的个案可以看出,所播出的内容大多是与该地区相关的信息和服务于该区域的生活信息。从灾害后的信息需求来看,主要集中在受灾情况、人员的安否信息和生活信息这三个层面,地面传送和卫星传送广播电视在受灾情况等一般意义上的信息播报方面有着较强的优势,而社区广播电视的地域性和便利性,在特定区域内的安否信息和生活信息传播中体现了优势。

1995 年 4 月,日本邮政省放宽了对社区广播的规定和限制,将原先规定的社区广播发射功率为 1W 提升至 10W。加之,社区广播在阪神大地震中的表现得到社会的高度认可,社区广播迎来了开办的高峰期。从社区广播制度开始施行的 1992 年到 1994 年底为止,日本全国只有 15 家社区广播;而阪神大地震发生的 1995 年底便增加到 27 家,至 1996 年底、1997 年底、1998 年底分别增至 62 家、86 家、116 家。[①] 从数据中也可以看出,阪神大地震给社区广播的发展带来了契机。

3. 灾害特别报道体制的意识加强

阪神大地震后,NHK 随即启动灾害特别报道体制,受灾当地的广播电视台因受到地震的物理性破坏较大,启动灾害特别报道体制的时间较 NHK 相对较晚。灾害特别报道体制的主要特点是在地震发生后的几天内连续不间断播出,这一特别报道体制从新潟地震便开始出现,至阪神大地震各广

---

① 日本コミュニティ放送協会『日本コミュニティ放送協会 10 年史:未来に広がる地域の情報ステーション』東京:日本コミュニティ放送協会、2004、26 頁。

播电视台立即继续使用这样的特别报道体制。但是从实际的运作情况来看，受灾地区的广播电视，尤其是商业广播电视一旦遭遇物理性破坏，震后启动应急机制相对缓慢。阪神大地震中，神户的电视台受到了影响，但是临近的大阪地区电视台几乎未受影响，因而保证了阪神地区广播电视媒体信息的传播。从这一层面而言，类似于建立报纸互助协定那样，在邻近城市的媒体之间建立灾害互助协定关系显得十分有必要。

（三）网络媒体在阪神大地震中的功能体现

就阪神大地震中的网络媒体而言，较为普及的是商用局域网络。商用局域网络因具有固定的用户群，在信息需求和信息互动方面较为活跃。以NIFFTY为例，其网页设计随着用户的信息需求和互动需求的扩大而不断扩大，局域网络在灾害中已经逐渐显示一定的优势，即海量信息的承载与传播，及时便利的交互性，等等。虽然在初期应急反应方面较传统媒体有所滞后，但其信息的庞大数量和交互性是传统媒介所无法企及的。

互联网媒体方面，由于1995年互联网的普及率相对较低，使用互联网发布地震相关信息的大多是与互联网络开发、研究相关的部门和部分行政管理部门。虽然有关地震的信息传播内容也较为丰富，但是由于普及率低，互联网信息传播在此次地震中并没有充分显现作用，只能算是崭露头角。

二　理论的视野：媒介功能理论框架下的分析

1. 环境监视功能

有关媒介在灾害中的环境监视功能，总体而言，阪神大地震中的报纸、广播电视、网络媒体都起到了环境监视的作用。与前几次地震相区别的是，阪神大地震中的环境监视平台有所增加。在多媒体发展的背景下，传统媒介一方面延续着在历次灾害中所积累的经验，通过多种传播手段和形式进行灾害报道；另一方面传统媒介也通过发展新的媒介形式和扩充报道内容等方式，提升灾害环境监视的能力。如：阪神大地震中，灾害报道的内容也从原有的灾害相关报道和安否信息上，新增生活信息这第三大重要内容；社区广播和CATV作为传统媒介中的新媒介形式，在灾害环境监视功能方面也发挥了一定的作用。新兴媒介虽然受到经验不足及低普及程度的约束，但是逐渐在灾害环境监视中展现优势特征。

2. 联系功能

阪神大地震中，报纸通过深度报道、社论、解释性报道、系列报道等多种形式进行灾害报道，广播电视媒体也通过现场直播或连线、采访相关部门负责人及地震研究专家等方式，发挥媒介在灾害中的联系功能。从这个意义上而言，总体上报纸和广播电视联系功能并无多大差别。但是，从具体播出内容来看，生活信息成为报纸和广播电视报道的重要内容，安否信息在广播媒介灾害报道中的比重进一步加大，体现了媒介在灾害中联系功能的发展与延伸。阪神大地震中，网络媒介的登场，尤其是其所具有的较强交互性使人们基于网络媒体平台开展的互相联系和信息共享变得更为便利。

3. 动员功能

阪神大地震中媒介的动员功能主要体现在精神层面的动员和相互援助层面的动员两个方面。精神层面的动员，一是体现在灾区当地报纸《神户新闻》开设的"活着"等系列报道中，尽可能选取灾后积极面对生活的典型案例，用以激励灾民勇敢面对地震灾害；二是体现在报纸社论的直接动员上，如《神户新闻》的社论多为震后恢复重建、提振人心的表述。相互援助层面的动员，主要体现在安否信息和生活信息的传播。安否信息传播的源头是有获取亲友安全与否消息需求的群体，借助媒介这一信息传播与交换平台，希望得到亲友的直接回复或知情者给予的信息线索，因此，安否信息在传播的过程中，实际上发挥了互相援助的动员功能。播出的生活信息，是媒介直接将与受灾地居民生活相关的信息进行集结，一部分信息通过媒介的力量而获得，另一部分信息则是通过媒介发布相关信息需求后知情者的反馈而获得，这也起到了相互援助的动员功能作用。

4. 缓解压力功能

阪神大地震中，媒介缓解社会压力功能的发挥，一方面体现在安否信息和生活信息的传播上。通过提供大量的寻人、互报平安等安否信息的播出，缓解在震后无法与亲友获得联系的人们带来的焦虑和紧张；而生活信息的提供在一定程度上直接解决了因地震导致的部分日常生活无法正常进行而带来的不安。另一方面，阪神大地震中也出现了流言、谣言传播的现象，如"阪神地区将再次出现震度为 6 的余震"等流言在一段时间内迅速传开，媒介通过采访专业人士进行科学解释或采取直接针对流言、谣言事件的事实公开处理等方式，逐个击破流言、谣言的进一步传播，起到了消减社会不安情绪的作用。

5. 经济功能

媒介在灾害中经济功能的发挥的主要考量点便是广告的刊登和播出。广告的刊登和播出一方面对于众多商家而言，是灾后恢复正常商业秩序的有效途径，也是大众媒介通过媒介这一平台促进商业发展的有效途径；另一方面，媒介组织本身也是一个经济实体，灾后广告的刊登和播出在某种意义上能够反映媒介运营的恢复。然而，在地震中大量刊登商业广告与整个地震的氛围不太协调，这一矛盾成为媒介的一大难题。从关东大地震开始，报纸便通过刊登慰问广告的方式来协调这一矛盾，并在新潟地震中从报纸媒介延伸至广播媒介。阪神大地震中，报纸和广播电视是在经历震后应急期以后开始逐渐刊登慰问广告。受灾地区地方报纸从 1995 年 1 月 20 日起开始刊登；商业广播电视在灾害特别报道中取消所有类型的广告，直至灾害特别报道体制结束并逐步恢复正常的节目编排以后，才正式开始播报慰问广告和商业广告，媒介的经济功能在震后时期得以延续。

第七章　媒介融合时代：东日本大地震中的
媒介功能研究

第一节　东日本大地震概要及本章研究思路

一　东日本大地震简介

2011 年 3 月 11 日下午 2 点 46 分，日本三陆冲地区发生里氏 9.0 级特大地震。就震度而言，宫城县栗原市震度达到 7，除了宫城县、福岛县、茨城县、栃木县 4 个县 34 个市町震度达到 6 强以外，以东日本为中心，从北海道至九州地区，日本的大部分地区受到此次地震影响。地震还带来了海啸，其中福岛县相马地区观测到的海啸达 9.5 米高，岩手县宫古地区观测到的海啸达 8.5 米高；此外，日本的东北地区到关东地区北部的太平洋沿岸地区均观测到不同程度海啸的发生。地震发生后，日本气象厅将地震命名为"平成 23 年（2011 年）东北地区太平洋冲地震"（The 2011 earthquake of the Pacific coast of Tōhoku），随后日本政府将此次地震命名为"东日本大地震"，东日本大地震是日本地震观测史上里氏震级最大的一次地震。地震也带来了史上空前的灾害，据日本总务省消防厅 2013 年 9 月 9 日下午 1 点发布的《平成 23 年（2011 年）东北地区太平洋冲地震第 148 报》记录，东日本大地震中共死亡 18703 人、失踪 2674 人、毁坏住宅达 126574 栋。①

---

① 総務省消防庁「平成 23 年（2011 年）東北地方太平洋沖地震第 148 報」。

除了海啸以外，东日本大地震还导致了位于福岛县境内的福岛第一核电站发生爆炸事故。地震当天，福岛第一核电站因地震全部停止运作，1~3 号机的炉心冷却装置紧急电源启动发生故障，日本政府基于灾害对策特别措施法，宣告进入核紧急状态。2011 年 3 月 12 日，福岛第一核电站 1 号机发生氢爆炸；2011 年 3 月 14 日福岛第一核电站 3 号机发生氢爆炸；2011 年 3 月 15 日福岛第一核电站 2 号机出现爆炸声音，之后 4 号机爆炸并引发火灾。核电站爆炸引发的核泄漏等一系列问题至今仍未解决。因此，东日本大地震带来的不仅是单纯的自然灾害，而且是自然灾害合并核灾害的复合型灾害。

从媒介发展的角度来看，东日本大地震发生之时，媒介发展已经进入融合时代。互联网技术的发达和普及，使网络传播变得更为便利。除了基于网络传播的新兴媒介应运而生之外，原有的印刷媒体和传统电子媒体也开始将互联网技术应用到各自的领域。新媒介的不断发展，传统媒介的不断变革，使媒介整体发展呈现融合的态势，媒介融合时代已经到来。本章基于媒介融合之一的时代背景，考察报纸、广播电视及新兴媒介如何在灾害中发挥功能和作用。

二　本章研究总体思路

基于东日本大地震发生时期的媒介环境，本章从报纸、广播电视及新媒介三个方面分析各类型媒介在东日本大地震中的信息传播行为。研究方法以内容分析、个案研究和文献研究为主。报纸方面，在使用先行研究相关数据的同时，选取全国报纸《朝日新闻》进行内容分析，并在此基础上探讨报纸所发挥的功能；选取灾区地方报纸《石卷日日新闻》的墙壁号外进行个案分析，讨论号外的变迁。广播电视方面，主要使用先行研究的成果，从震后第一报、震后应急机制等方面进行概述，选取灾害临时广播 FM 石卷进行个案分析，重点研究灾害临时广播的传播特点和功能。新媒介方面，主要使用相关调查结果和文献研究结果，对地震中新媒介以及如何与传统媒介联合进行信息传播进行归纳，在此基础上探讨新媒介功能的发挥。

第二节　东日本大地震发生时的媒介环境特征

东日本大地震发生在 2011 年，距阪神大地震已有 16 年之久。这 16 年间，日本的媒介环境也发生了重大的变化，其中最主要的表现是互联网技术的发展以及由互联网技术带来的媒介传播的变革。

一　日本互联网的发展概况

（一）日本互联网的登场和普及

1984 年，日本庆应义塾大学、东京工业大学、东京大学三校之间接通供研究用的电脑局域网 JUNET（Japan University/Unix Net work），拉开了网络研究、应用的序幕。1989 年，日本的电脑网络与美国国家科学财团网络（NSFNet）连接，标志着日本互联网成功登场，然而早期的互联网只限定在研究机构和政府机构使用，并未向一般公众公开和普及。20 世纪 90 年代开始，美国取消了对互联网使用用户的限制，将互联网向一般公众和商家开放。1993 年，日本开放服务器营业业务，互联网的个人和商业业务随之得以开放。

虽然日本互联网业务于 1993 年便已经开放，但是在开放后的初期，互联网的个人用户使用率并不高，主要集中在企业用户上。因此，1995 年阪神大地震发生之时，互联网有关地震的信息传播功能发挥有限。直至步入 21 世纪以后，互联网的个人使用率才得以大幅度提升。根据日本总务省的统计数据，截至 2010 年底，员工数量 100 人以上的企业互联网普及率达到 98.8%，家庭普及率达到 93.8%，个人使用互联网的人数达 9462 万人，互联网使用人口普及率为 78.2%。[①] 1997 年底至东日本大地震发生前的 2010 年年底，日本互联网家庭、个人及企业的普及率推移情况从表 7-1 中可见。

[①] 総務省「平成 22 年通信利用動向調査の結果（概要）」，http：//59.80.44.46/www.soumu.go.jp/main_content/000114508.pdf，最后访问日期：2014 年 2 月 2 日。

表 7 -1　日本互联网普及率的推移（从 1997 年年末至 2010 年年末）

单位：%

年份	1997	1998	1999	2000	2001	2002	2003	2004	2005	2006	2007	2008	2009	2010
家庭	6.4	11.0	19.1	34.0	60.5	81.4	88.1	86.8	87.0	79.3	91.3	91.1	92.7	93.8
个人	9.2	13.4	21.4	37.1	46.3	57.8	64.3	66.0	70.8	72.6	73.0	75.3	78.0	78.2
企业	68.2	63.8	78.3	89.3	94.5	96.1	97.5	98.1	97.6	98.1	98.7	99.0	99.5	98.8

从表 7 -1① 可以看出，在日本互联网业务开放后，最早实现普及的是企业。家庭普及率和个人普及率直至 21 世纪才得以迅速提升，家庭互联网普及率在 2001 年、2002 年这两个节点，同比分别提升了 26.5 个百分点、20.9 个百分点；个人互联网普及率在 2000 年、2002 年这两个节点，同比分别提升了 15.7 个百分点、11.5 个百分点。至 2010 年年末，大部分企业和家庭实现了互联网的普及，个人互联网普及率也达到了相当高的水平。

（二）移动电话及移动互联网的普及

1979 年 12 月，日本电电公司在东京都 23 区内推出"汽车电话"业务，这是日本移动电话的雏形。虽然汽车电话业务后来在日本全国得以推广，但是由于费用高，最终未能得以普及。1985 年，日本全国该业务的用户大约有 4 万人。真正意义上推动移动电话普及的是 1994 年移动电话终端销售制度的推行。在这之前，使用移动电话服务需要租借移动终端，用户需要同时缴纳终端租借费和通话费，但也未能普及。1994 年 4 月，移动电话终端销售制度的实施，促使各通信公司开始研发价格低廉的移动终端，各公司之间为争取市场份额也开始了价格之战，最终使移动电话的用户数量急速增长。1995 年 7 月，新型移动终端 PHS② 的问世，加之通话费用的降低，进一步加速了移动电话的普及。截至 2000 年 3 月，日本移动电

① 総務省「平成 22 年通信利用動向調査の結果（概要）」，http://59.80.44.46/www.soumu.go.jp/main_content/000114508.pdf，最后访问日期：2014 年 2 月 2 日。
② PHS：Personal Handy - phone System，是一种无线本地电话技术，采用微蜂窝通信技术。PHS 这项技术在 1880～1930 兆赫这个波段内运作，最早由日本 NTT 实验室研发而来。在中国大陆，中国电信的小灵通业务使用该技术。

话的签约数量首次超过了固定电话。根据日本电气通信事业者协会的统计数据，截至 2010 年年底，日本包括 PHS 在内的移动电话签约数达到 126068900。① 而日本政府根据 2010 年国势调查人口数据进行的推断，2011 年 1 月日本全国人口总数为 128020000 人②，移动电话在日本已经达到相当高的普及程度。

除了移动终端的普及，移动互联网技术也逐步实现广泛运用。1999 年，NTT 公司"I-mode"和现 KDDI 公司 EZweb 服务的推出，使移动电话终端连接互联网成为可能。2000 年，带有照相机的移动电话登场；2001 年，可传收大容量、高画质数据的移动电话问世。随着移动互联网技术的进一步发展，移动电话的终端得以不断升级，相应的移动互联网产品也日益丰富。以苹果公司为代表的智能手机的问世，实现了将电脑功能向移动电话终端的移植，不仅能够实现高质量的通话、收发短信及邮件，而且通过连接互联网可以实现多种应用功能。

二 互联网技术给媒介带来的变化

互联网技术的发展给媒介带来的变化主要体现在两个方面：一是顺应互联网技术的产生和发展而出现的新的媒介形式；二是报纸、广播电视等传统媒介面对互联网发展的趋势在传播形态、内容及方式等方面的变革。

（一）以社交媒体为代表的新媒介形式的出现

20 世纪 90 年代后期，在互联网上出现一种名为博客的新媒介形式。早期的博客是记录互联网上的信息与评论的网页，后来发展成为以记录作者体验、日记等内容为主的网页。博客用户可以根据相关网站提供的模板，建立自己的个人博客网页，非常便利地进行内容上传和更新，其他用户可以针对博客内容进行评论、互动。进入 21 世纪以后，受众参与型的网络服

---

① 日本電気通信事業者協会，http：//www. tca. or. jp/database/index. htm，最后访问日期：2014 年 2 月 3 日。
② 日本政府統計の総合窓口，http：//www. tca. or. jp/database/index. html，最后访问日期：2014 年 2 月 3 日。

务相继出现，如 2002 年，作为 SNS 先锋的 Friendster 问世；2004 年，Facebook 及 Mixi、GREE 等 SNS 服务网站出现。此外，诸如此类的用户可以随时随地、极为便利地上传和更新信息的网络服务平台大量出现，通过这些服务平台，用户上传的信息能够实现与他人共享、互动。除了博客和 SNS 服务以外，Twitter、电子论坛、Social bookmark、视频共享网站等都可以称作社交媒体。这些媒介形式的共同特征是在互联网上构建起社会性网络，以获得与他人的联络和交流。

在日本，从 2004 年开始推出自主研发的社交媒体平台 GREE 和 Mixi。其中，Mixi 最初是一个以提供日记功能为主的平台，从问世以来便得到迅速地发展；2006 年 3 月，登录用户数达到 340 万人，随后成为日本社交媒体的引领者。而 GREE 最初并没有设置日记功能，因此发展速度相比较 Mixi 有所缓慢。2005 年，GREE 推出移动电话版本，并开始提供移动电话版游戏服务，其用户数量才得以迅速增长。此外，日本较有人气的 SNS 服务网站有以博客为主的 Ameba，以及其旗下的 Ameba pigg 社交游戏网站，自推出服务以来用户不断增长。2006 年美国推出 Twitter 平台，日本的用户数也持增长态势。日本主要 SNS 服务平台用户数的推移如图 7－1 所示[1]。

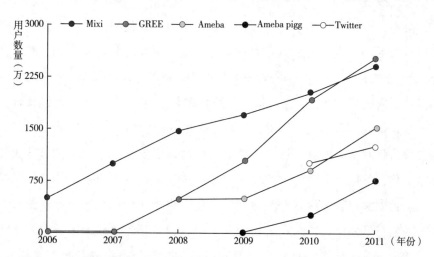

图 7－1　日本主要 SNS 服务的用户数量推移（从 2006 年 3 月至 2011 年 3 月）
注：其中 Twitter 的数据是 2010 年 2 月和 2011 年 2 月时间节点的数据。

---

①　藤竹暁『図説日本のメディア』東京：NHK 出版、2012、197 頁。

除了博客和 SNS 服务以外，视频共享网站在日本也拥有大量的使用者。2005 年，源自美国的基于互联网音频和视频共享的网站 YouTube 问世，用户可以自由地上传音视频、对网站上的音视频评论，从而实现基于音视频的互动交流。2006 年，同样具有音视频上传和评论功能的网站 "NICO NICO 动画" 于日本问世，与 YouTube 不同的是，该网站上对于视频的评论可以以字幕的形式直接显示在视频当中，不同时间节点对相同镜头的评论会同时出现在画面中。尽管两个音视频共享网站在功能上有所区别，但是在日本都具有较多的用户，并呈现持续增长趋势。

（二） 传统媒介顺应互联网发展的变革

1. 报纸的数字化战略

互联网技术的发展给传统的印刷媒介既带来了发展契机，又提出了新的挑战。发展契机主要体现在互联网技术推动了数字出版的发展潮流，新的挑战，主要是互联网传播的新媒介形式的出现在内容及用户群等方面对传统印刷媒介带来了一定的冲击。基于这一背景，日本传统报业开始了数字化发展战略。

第一，传统报社开办网站，将互联网作为新的传播渠道。根据日本报纸协会的 "2011 年报纸、通信社的电子、电波媒介现状调查" 的结果，截至 2011 年 1 月 1 日，参与调查的 86 家机构均已开办网站，加上未参与调查的报社、通信社，共 101 家机构，共开办 225 家网站。[①] 然而，与欧美国家迅速推行报纸的数字化不同的是，日本报纸在推行数字化战略方面显得较为谨慎。从网站的内容来看，大部分新闻网站仅仅将报纸刊登的部分内容逐条上传，上载至网页的时间也比较短。这是在运营层面上对传统报纸发行的一种保护，若在网站上免费刊登与传统报纸相同的内容，则会给传统报纸的发行带来巨大冲击；若在网站上开设付费墙，由于大部分新媒体用户使用者持有 "网络信息应当免费获得" 的思维，报纸盈利也存在困难。

---

① 日本新聞協会，http：//www. pressnet. or. jp/data/media/media01. html，最后访问日期：2014 年 2 月 4 日。

然而，数字化发展的潮流终不可挡，日本的一些传统报纸采取了以电子报纸为主要形式的数字化战略。

第二，报纸的数字化发展举措。面对数字化发展的潮流和趋势，日本报业有着不同的应对举措，可大致分为保守消极型、多管齐下型及专业个性型等几种类型。保守消极型，即仍然以传统报纸发展为主要阵地，数字化发展步伐缓慢。面对数字化发展的趋势，一些报纸采取消极应对的策略，即开发相对较少的数字化业务，并在内容和用户群上严重依赖传统报纸。采取这一类应对举措的以占据日本传统报业市场份额之首的《读卖新闻》为代表，主要以网站在线提供信息为主，而主要受众群定位在其传统报纸客户上。多管齐下型，即顺应数字化发展趋势，开展多种类型的数字化服务。随着出版业数字化发展的日益深入，越来越多的报纸意识到报业的数字化发展势不可当，因而大多采取积极应对的举措，从多方面入手开发多种类型的数字化产品。日本传统大报《朝日新闻》便是很好的例子，该报在把握报纸媒介特征的基础上，开展类型化的数字服务。专业个性型，即以自身独有的内容资源为基础，开展有针对性的个性化服务。此类报纸往往具有专业的内容资源，或在某一领域有其他报纸无法比拟的竞争力。在日本的报界中，《日本经济新闻》可以说是采用这种发展模式的典型，该报在多年数字化经验的基础上，结合自身在财经类信息上的专业优势，开发出一系列个性化的服务方式，在数字化发展方面取得成功。

2. **广播电视的在线播放及点播业务**

日本的广播电视媒体面对互联网技术的发展，采取了积极的应对措施。一方面，广播电视媒体通过开办官方网站的方式，发布新闻及节目相关信息。几乎日本所有的广播电视媒体都开通了官方网站，除了广播节目可以直接在线收听外，电视媒体还提供部分新闻的视频剪辑片段、节目播出安排及节目预告等与节目相关的信息。另一方面，广播媒体开通在线实时收听节目的网站，电视媒体开通在线付费视频点播业务，实现音视频的在线传播。广播媒体方面，公共广播 NHK 在其官方网站上开通在线广播"Radiru Radiru"，用户可以在线收听广播第一、广播第二及 FM 广播三套节目的直播；为解决收听信号和质量等问题，以东京、大阪地区为主的商业广播联合共同创办了在线收听网站 Radiko，并于 2010 年 3 月开始试验播出。用户可以通过电脑、智能手机、平板终端等多种途径收听节目。电视媒体方面，2005 年，日本电视台的在线点播网站"第二日本电视"及 TBS 电视台的"TBS 在线点播"开通；2008 年 12 月，NHK 在线点播网站"NHK 在线点播"也开始发展业务。

此外，一些非广播电视机构也开始利用互联网进行音视频传播，特别是一些传统广播电视上未能播出的内容，如政府网络电视、众参两院审议直播、地方议会直播、各种记者见面会直播，等等。随着 YouTube、NICONICO 等在线互动视频网站的影响力日益扩大，普通网民也可以成为传播者直接在互联网上传播音视频。

第三节　东日本大地震中的报纸报道分析

前文所述的先行研究中，渡边良智选取全国发行的报纸《朝日新闻》和《读卖新闻》、灾区地方报纸《岩手日报》、《河北新报》及《福岛民报》，共 5 家报纸作为研究对象，对震后一个月内（从 2011 年 3 月 12 日至 2011 年 4 月 11 日）各家报纸头版的报道和社论进行分析，归纳总结各家报纸所关注的重点。[①] 白树、前原使用报纸面积测量法对地震后 1 个月内（从 2011 年 3 月 12 日至 2011 年 4 月 11 日），对面向全国发行的三家报纸《朝日新闻》、《读卖新闻》和《每日新闻》，以及东北地区影响力较大的跨区域发行的地方报纸《河北新报》所有的报道进行了内容分析[②]；上出则对《朝日新闻》和《读卖新闻》震后三个月内的报道按条进行量化统计，总结三个月内两家报纸呈现的报道量的变化。[③] 由于本书在分析东日本大地震之前的地震报道中，主要以震后一个月内的全国报纸和地方报纸为研究对象，故本书中使用白树、前原的前期研究数据和成果，对东日本大地震中的报

---

① 渡辺良智「新聞の東日本大震災報道」『青山学院女子短期大学紀要』、2011、70－71 頁。
② 白樹利弘・前原達也「全国紙が見た震災・地方紙が見た震災」『新聞は大震災を正しく伝えたか』早稲田大学出版部、2012、2－15 頁。
③ 上出義樹「日本のマスメディアの「3・11」報道」『大震災・原発とメディアの役割：報道・論調の検証と展望』、2013、271－384 頁。

纸报道总体概况进行归纳；参照渡边的先行研究数据和结果，归纳总结东日本大地震中报纸头版和社论的报道情况。

一 全国报纸和灾区地方报纸震后一个月内报道总体情况

白树、前原将所有报道分为"地震"、"海啸"、"核泄漏"、"污染"、"广告"及"其他"六类，由地震带来的受灾相关的报道归为"地震"，由海啸带来的受灾相关的报道归为"海啸"，与东京电力福岛第一核电站带来的相关的报道归为"核泄漏"，有关放射能源污染的报道归为"污染"一类，与地震、海啸、核辐射完全不相关的内容归入"其他"。[1] 若报道涉及上述多个类别，则采取重复计算的方式进行统计。由于东日本大地震的特殊性，有关地震的报道大多数伴随对海啸的描述内容；有关核泄漏的报道大多数伴随放射物污染的内容，故白树、前原有关新闻报道的最终统计结果大体以"地震、海啸"、"核泄漏、污染"及"其他"三大类别呈现。根据以上分类，将测量的报纸版面按面积归类，计算各报纸中各类报道占整个报纸版面面积的比例，其内容分析的结果[2]为以下几点。

（1）震后第二天，即2011年3月12日，全国报纸《朝日新闻》中有关"地震""海啸"的内容占所有版面的46.4%、《每日新闻》占37.6%、《读卖新闻》占45%；灾区地方报纸《河北新报》占76%。震后一个月内，全国报纸《朝日新闻》《每日新闻》《读卖新闻》有关"地震""海啸"的报道内容平均占总版面的38%；《河北新报》占54%。

（2）震后一个月内，全国发行的三家报纸《朝日新闻》、《每日新闻》及《读卖新闻》有关"核泄漏""污染"的报道内容占总版面的比例分别为28%、24%及35%；而灾区当地报纸《河北新报》虽2011年3月16日达到30%的比例高峰，但是一个月内相关报道内容平均仅占16%，其报道的大部分内容与地震、海啸本身相关。

---

[1] 　白樹利弘・前原達也「全国紙が見た震災・地方紙が見た震災」『新聞は大震災を正しく伝えたか』早稲田大学出版部、2012、2-15頁。

[2] 　白樹利弘・前原達也「全国紙が見た震災・地方紙が見た震災」『新聞は大震災を正しく伝えたか』早稲田大学出版部、2012、2-15頁。

（3）震后一个月内，全国报纸有关地震相关报道所占比例总体呈下滑趋势，《朝日新闻》和《读卖新闻》非地震报道于 2011 年 3 月 23 日超过地震相关报道，《每日新闻》的非地震报道于 2011 年 3 月 18 日超过地震相关报道，从 2011 年 3 月 18 日至 4 月 11 日，虽有个别现象出现，但是总体而言有关地震的报道呈减少趋势，2011 年 4 月 11 日三家报纸相关报道平均比例为 29% 。而灾区地方报纸《河北新报》有关灾害的报道则相对稳定，从初期的 90% 到一个月后的 70% ，都保持着较高的比例，虽略有下降，但是整体降幅不大。

二 个案研究:《朝日新闻》在东日本大地震中的功能①

（一）研究方法概述

1. 研究对象

本书选取日本发行量排名第二的报纸《朝日新闻》作为研究对象，选取其"日报"在震后一个月内（从 2011 年 3 月 12 日至 4 月 11 日）所有涉及"东日本大地震"的报道。由于地震发生在 2011 年 3 月 11 日，对于纸质报纸而言，当天没有办法立即刊发报道，因此，《朝日新闻》对此次事件的报道从 2011 年 3 月 12 日正式开始。《朝日新闻》分为"日报""晚报""周刊"等多种形式，"日报"是该报社综合性最强的报刊形式，本书选取"日报"作为研究对象。根据发行地和发行范围，《朝日新闻》又分为东京版、大阪版、名古屋版、西部版、北海道版等几类全国报纸和地方报纸。从权威性和综合性考虑，本书选取从东京发行的全国报纸。

2. 具体操作方法

首先，从《朝日新闻》电子数据库"闻藏"中，抽取地震后一个月内所有涉及此次事件的报道。由于此次东日本大地震发生的原因比较复杂，除了海啸引发的地震外，还涉及福岛核电站核泄漏事故，无法用单一的关键词涵盖所有的灾害事件。根据数据库相关关键词提示，本书选取"震灾"

---

① 根据笔者前期研究《〈朝日新闻〉在东日本大震灾中的功能特征研究》（《东南传播》2012 年第 6 期）的内容修改整理。

（震災）、"原発"（核电）、"避難"（避难）、"津波"（海啸）、"防災"
（防灾）、"復興"（复兴）作为抽取关键词。

　　3. 编码类目

　　在浏览相关报道的基础上，将所选研究对象分为灾害基本情况、政府
应对措施、避难/支援、评论、综合服务信息、国际反应及其他等七大类，
在每个大类下面再细分二级类目，具体如下：地震/海啸基本灾情发布、核
泄漏进展及受灾情况、对经济活动影响、对社会生活等领域影响（灾害基
本情况）；政府、国会及相关部门动态和对策（政府及相关部门的应对措
施）；避难生活情况、救援及支援活动（救援安置）；社论、声音、观点、
建议（评论）；生活信息、地震/海啸相关科普知识、媒体动态信息（综合
服务信息）；对他国核政策影响、国际支援活动、外媒对事件的报道（国际
反应）；防灾教育、犯罪、震灾相关的科研活动（其他）。

　　按照上述所列类目将研究对象进行详细分类，按照分类结果进行定量
和定性分析。

（二）《朝日新闻》东日本大地震的报道总体走势

　　1. 报道量的变化趋势

　　《朝日新闻》（日报）在震后一个月内，有关东日本大震灾的报道共计
为 2388 条，平均每天 77 条。其中，震后第一周（从 3 月 12 日至 3 月 18
日）为 485 条，平均每天 69 条；第二周（从 3 月 19 日至 3 月 25 日）为
573 条，平均每天 82 条；第三周（从 3 月 26 日至 4 月 1 日）为 578 条，平
均每天 83 条；最后 10 天（从 4 月 2 日至 4 月 11 日）为 752 条，平均每天
75 条。从报道量来看，在震后第一周新闻报道量最少，第二、三周报道数
量明显增多，第四周又呈略微降低趋势（见图 7 - 2）。

　　2. 报道内容的变化情况

　　按照本书所编码的二级类目情况来看，第一周（从 2011 年 3 月 12 日至
3 月 18 日）报道数量排名是：对社会生活等领域的影响；政府、国会及相
关部门动态和对策；社论、声音、观点、建议；地震、海啸基本灾情发布；
核泄漏进展及受灾情况；灾害相关服务信息；对经济活动的影响；国际支

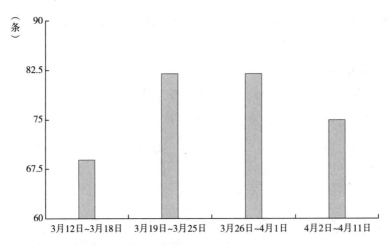

图 7 - 2　《朝日新闻》东日本大地震震后一个月内日均报道量走势

援、慰问。这一阶段报道的重点集中在事件对社会生活影响、政府应急措施、群众呼声及专家观点、建议等评论性文章、事件本身的进展情况，以及相关的服务信息。从量的角度来看，这几个类目的差别不是很明显，但都是报道的重点。第二周（从 2011 年 3 月 19 日至 3 月 25 日）报道量排名与第一周相比没有明显变化。

第三周（从 2011 年 3 月 26 日至 4 月 1 日）报道量排名有所变化，依次是：政府、国会及相关部门动态和政策；社论、声音、观点、建议；对社会生活等领域的影响；地震、海啸基本灾情发布；核泄漏进展及受灾情况；对经济活动的影响；灾害相关服务信息；避难生活情况。这一阶段，政府应急措施相关的报道跃升至首位，评论性文章紧随其后，这两方面在数量上也与其他类目拉开较大距离。另外，事件对经济活动的影响方面的报道也开始增多，可见，随着事件的发展，经济领域的影响也越来越凸显。与避难生活有关的报道也增多了，可以反映出救援安置工作已经获得进展。

第四周至震后一月（从 2011 年 4 月 2 日至 4 月 11 日）报道量靠前的仍然是政府、国会及相关部门动态和政策，其次是社论、声音、观点、建议，紧随其后的是地震、海啸基本灾情发布，然后是对社会生活等领域的影响，随后是对经济活动的影响、核泄漏进展及受灾情况、避难生活情况、国内支援/慰问。这一阶段，地震/海啸基本灾情发布的报道有所增多，跟这期间宫城县再次发生余震继而引发再次受灾有关；核泄漏进展及相关受灾情况的报道有所减少，与福岛核电站核泄漏事件逐步进入相对稳定阶段有关。

（三）报道内容的具体呈现

1. **灾害基本情况的报道**

从报道量的角度来看，无论是从单个二级类目来看，还是一级类目来看，随着事件的发展，有关类目的报道量有所浮动。但是总体而言，这一方面的报道在各个阶段都是报纸报道的重中之重。报道基本内容涉及地震、海啸以及由此引发的福岛核泄漏事故的基本动态以及受灾情况，对社会生活以及经济层面的影响的报道。

2. **政府及相关部门的应对措施**

灾害事件发生后，对政府及其相关部门的应急反应要求较高，政府的应急能力在某种程度上决定了灾害事件的影响大小及恢复常态的速度。媒介对政府应急措施的跟踪报道，可以起到沟通政府与民众的桥梁作用。《朝日新闻》（日报）从事件发生的第二天即开始报道政府及国会的反应，不仅仅是营政权执行党的作为，而且对在野党的建议、意见也进行了充分报道。此外，与应急机制相关的东电、日本银行以及相关行业协会的动态，也得到及时报道。

3. **综合服务信息**

此次东日本大地震，因为事件的复杂性及严重性，对人们的日常生活产生较大影响，日常的公共服务信息显得更为重要。对于灾民而言，安否信息、与避难相关的卫生健康服务、防寒保暖、余震信息、外界联络方式等，都是其日常生活不可或缺的信息；对于非灾区的人民而言，安否信息、支援途径与方式、轮番停电注意事项、交通变化动态等信息，也同样重要。《朝日新闻》（日报）每天都开设专门的版面提供公共服务信息，但是从总体量化方面而言，并不如其他类目报道内容充分，但是在震后一个月内的四个阶段中，报道数量较为稳定，变化不大。

4. **评论**

从地震发生的第二天起，《朝日新闻》（日报）在原有言论专栏"社论""天声人语""观点"的基础上，又开设了"声音"专栏，通过这四个主要专栏组织评论文章，对东日本大地震事件进行观点碰撞。"社论"则是代表报社观点的评论性文章，通常表达集体的观点；"天声人语"是《朝日新闻》（日报）常设的、历史悠久的言论专栏，主要围绕近期发生的事件展开评论，涉及政治、经济、文化等多个方面，地震后该专栏的文章主题主要集中在此次地震事件上；"观点"主要是选取相关领域的专家从各自专业的角度发表的观点，往往具有针对性；"声音"则是反应受地震影响的居民、避难的灾民在事件中的"呼声"，包括一些要求改善现状的建议和意见，以及困难之处的表述。有这几个方面不同类型、不同角度的评论加以综合，使报纸在震后一个月内的评论形成了较强大的声势，对于引导地震中人们的应急行为起到了积极作用。

5. 救援安置

《朝日新闻》（日报）的救援安置报道，主要分为三个方面：一是日本国内的救援、支援活动；二是灾民避难生活状况；三是国际对日本的救援、支持活动。有关灾民的避难情况及国际支援活动从事件发生第二天报纸就开始连续报道；国内支援活动则从 2011 年 3 月 13 日开始报道。有关灾民避难生活的报道，主要集中于报道灾民如何面对灾难的应急行为，灾难中人们互助、积极乐观的状态，以及避难生活中的困难，相关的公共服务信息，这些报道基本能够反映避难生活的全貌。日本国内的救援活动，不仅体现在物质资料、救援金的救助上，而且有很多反映艺人、名人及其他非灾区民众送去的祝福，以及相关的志愿者活动。集中进行救援安置报道，一方面能够让非灾区的人们了解灾民的现状，及时提供相应的帮助；另一方面，灾民也能够从中获得重建的力量和信心，获得心理层面和精神层面的力量。

6. 国际反应

由于此次地震事件本身的严重性和复杂性，尤其是福岛核泄漏事件，引发了日本相邻国家乃至整个世界的关注，加之日本在世界的经济地位，事件的影响可以说是弥漫全球。因此，进行国际反应追踪显得尤为重要。《朝日新闻》（日报）对此次事件国际反应的报道主要集中在"外报"专栏，援引国外媒体对事件的报道情况以及所在国家核政策的调整情况，还有一些由报社驻外记者在所驻国家采集该国对此事件反应的报道。另外，有关国际救援的报道散落在各大报纸版面，而报道的主要侧重点在美国对事件的态度、救援情况，其他国家的救援情况虽也有所涉及，但是日本报纸对其关注度不高。

三　东日本大地震中的报纸社论

（一）报纸社论对地震的关注程度

渡边对所选 5 家报纸震后一个月内所刊发的社论进行了量化统计，其中全国报纸《朝日新闻》和《读卖新闻》分别刊发社论 53 条、51 条，占社论总数的 85%、82%①；而所选三家灾区地方报刊发的社论均与地震相关。对于灾区地方报纸而言，史无前例的特大地震必然成为当地最为关注的事情；而对于全国报纸而言，除了地震以外，日本还有其他重要的事件需要关注，这从社论上也有所体现。

（二）报纸社论的内容倾向

渡边依据对报纸头条内容分类的方式，对与地震相关的社论内容进行了分类统计，具体结果见表 7－2②。从统计结果来看，无论是全国报纸还是灾区报纸，其社论最关注的话题为政府及相关部门的应对；对灾区的恢复重建、核泄漏事故的影响及救援/捐款等方面的关注程度也较高。全国报纸的社论中，对核泄漏事故及其应对措施也持有较高的关注程度；灾区三家地方报纸，在此关注的话题中有所分歧：《福岛民报》社论更加关注核泄漏事故的影响和避难情况；《岩手日报》更加关注地震、海啸的受灾情况；《河北新报》更加关注避难情况和搜索、救援情况。

---

① 渡辺良智「新聞の東日本大震災報道」『青山学院女子短期大学紀要』、2011、70 頁。
② 渡辺良智「新聞の東日本大震災報道」『青山学院女子短期大学紀要』、2011、71 頁。

表 7－2　地震相关报纸社论的内容分类比例

单位：条，%

内容分类 \ 报纸名	朝日新闻	读卖新闻	岩手日报	河北新报	福岛民报	合计
1	11 (18)	9 (15)	3 (8)	4 (11)	3 (9)	30 (13)
2	8 (13)	2 (3)	2 (5)	3 (8)	7 (21)	22 (10)
3	3 (5)	4 (7)	6 (15)	2 (5)	2 (6)	17 (7)
4	8 (13)	5 (8)	2 (5)	6 (16)	2 (6)	23 (10)
5	4 (7)	4 (7)	3 (8)	6 (16)	5 (15)	22 (10)
6	15 (25)	21 (35)	11 (28)	8 (22)	10 (30)	65 (28)
7	7 (12)	11 (18)	12 (30)	6 (16)	3 (9)	39 (17)
8	4 (7)	3 (5)	1 (3)	1 (3)	—	9 (4)
9	—	1 (2)	—	1 (3)	1 (3)	3 (1)
合计	60 (100)	60 (100)	40 (100)	37 (100)	33 (100)	230 (100)

注：①表中括号内为社论所占总数的百分比；由于一些社论同时涉及多个主题，笔者在进行统计时选择最为相关的两类进行重复统计。

②内容分类的序号具体为：1. 核泄漏事故及其应对；2. 核泄漏事故的受灾及影响；3. 地震、海啸及其受灾；4. 搜索、救援、志愿者、捐款；5. 避难、避难所、临时住宅、灾民；6. 政府、自治体、政党、企业等的应对；7. 恢复重建；8. 计划停电、电力不足、节电；9. 其他（灾区震后盗窃等犯罪行为相关）。

四　东日本大地震中号外的发展变化

在媒介融合发展的新时期，由于传播技术的日益发达和传播渠道的多元化，号外作为报社信息传播的渠道之一，在日常的传播活动中会受到某种程度的忽略。然而，从东日本大地震中的传播情况来看，号外依旧在非常时期发挥了重要的作用。据小林宗之统计，东日本大地震中发行号外的报社至少有 30 家。[①] 与关东大地震、新潟地震及阪神大地震相比，东日本大地震中的号外又呈现新的特色。

（一）电子号外的出现：提升了传播的速度、拓展了发行范围

阪神大地震中，全国范围内的报社开始刊发有关地震灾害的号外，改

---

① 小林宗之「大震災と号外——地震発生第一報の変遷」『生存学』、2012、229 頁。

变了早期地震中号外只限定在受灾地区发行、未解决正常报纸发行困难的状况。东日本大地震发生后，包括《朝日新闻》《读卖新闻》在内的全国范围发行的报纸及日本全国范围内多家报社刊发地震、核泄漏相关的号外。与以往不同的是，大部分报社如以前一样在刊发纸质号外的同时，开始使用 PDF 版本的格式刊发电子版的号外，如《朝日新闻》《读卖新闻》《东京新闻》，等等。

以《朝日新闻》为例，在东日本大地震发生后，共发布 PDF 版本的电子版号外 55 份，发行时间主要集中在地震发生后一周以内（从 2011 年 3 月 11 日至 17 日），其中地震发生当天刊发 13 份、翌日刊发 17 份、13 日刊发 4 份、14 日刊发 7 份、15 日刊发 6 份、16 日刊发 4 份、17 日刊发 2 份、18 日刊发 1 份以及 4 月 8 日刊发 1 份，地震发生当天和次日是号外刊发的高峰期。从号外的报道形式来看，每份号外仅有一篇文章，并配以彩色图片，其报道的内容主要以地震/海啸及核泄漏受灾情况、政府的应对措施、避难信息以及相关的服务信息为主。从发行的频率来看，利用互联网传播的信息具有及时和便利等特点，以随时更新的方式发布信息。通过互联网发送的电子号外，将不再局限于受灾区与非受灾区、日本国内与非日本国内，可以将信息传送至任何一个可连接互联网的地方。

（二）"墙壁号外"的出现：信息传播手段的回归

由于东日本大地震伴随破坏性极强的海啸，一些遭受地震、海啸侵袭的灾区地方报社，从报社房屋到编辑室、印刷机器全部受损，短时期内无法实现正常的报纸出版。位于东日本大地震震中的宫城县石卷市，其地震震度达到 6 强。从大正时期的 1912 年便创刊的当地地方报纸《石卷日日新闻》未能幸免于地震和海啸的侵袭，但所幸的是报社的房屋未被冲走，虽电力中断导致印刷设备无法正常运转，但报纸用纸经过提前抢救未被水淹没。为了保证石卷当地居民及时了解地震相关的信息，为了延续创刊近 100 年未中断出版的历史，持有从业 31 年经历的《石卷日日新闻》报道部长武内决定采用"手写墙壁报纸"的方式进行信息传播。从地震发生的翌日起至 3 月 17 日，《石卷日日新闻》共发行手写墙壁报纸，即号外 6 份。

1. 《石卷日日新闻》"墙壁号外"的形式

号外所使用的纸张为经报纸用纸裁剪后的印刷用纸。根据日本国会图书馆电子资料库中所显示的长度标识，号外纸张的长度为115厘米左右。号外的右上方为粗体油性水笔所题报纸名称和日期，顶端为每份号外主要内容提炼出的大标题，号外的具体内容使用相对较细的油性水笔抄录。

2. 《石卷日日新闻》"墙壁号外"的报道内容

6份墙壁号外中，除了2011年3月15日使用大标题以外，其余5份号外均采用顶部大标题的方式进行醒目提示，从表7-3来看，号外的主要内容集中在地震、海啸受灾情况、电力等生命线的恢复、救援/互助情况、避难信息、安否信息等。

表7-3 《石卷日日新闻》"墙壁号外"报道主要内容

日 期	大标题	主要内容
2011年3月12日	日本最大级地震、大海啸	东北地区太平洋冲地震；截至12日的受灾情况；标语"请依据正确的信息采取行动"
2011年3月13日	各地救援队到达	受灾情况逐渐明朗；从电力恢复向"生命线"的恢复
2011年3月14日	来自全国的物资供给	物资供给情况；余震提醒；避难所信息、附近避难所情况调查；安否确认
2011年3月15日	无	志愿者中心成立；广播安否信息报名方式；征集护理志愿者；商店经营者提供免费饮食
2011年3月16日	齐心协力渡过难关!!	来自全国的激励信息；女川町5000人安否不详
2011年3月17日	街道灯火逐渐通明	超过1万户恢复通电；避难所开始通电，开始看见希望！

3. 《石卷日日新闻》号外的发行

关东大地震中，部分报社也采用誊写号外的方式进行信息传递，但是从发行的方式来看，主要在人口相对集中的地区进行分发。而《石卷日日新闻》号外虽然也采用手写的方式，但是采用了在避难人数相对集中的主要避难所张贴的方式进行"发行"。直至2011年3月17日，报社恢复通电后，将当日"墙壁号外"的内容通过打印机打印，并通过自行车、徒步、拼车等方式，共向避难所发放500份A4纸规格的号外。2011年3月18日，

《石卷日日新闻》开始正式向避难所发放 A4 纸规格打印版号外，"墙壁号外"发行活动暂时告一段落。2011 年 3 月 19 日，印刷机器开始正常运转，报纸恢复正常出版。

第四节　东日本大地震中的广播电视报道分析

东日本大地震发生后，日本国内广播电视媒体采取紧急的应对措施，实行地震特别报道体制。作为公共广播机构的 NHK 在地震发生时自动启动地震紧急速报系统，其广播、电视各频率、频道也采取特殊的节目编排方式；灾区地方商业广播电视机构，在受损比较严重的情况下，克服多种困难，为当地灾民提供信息服务；部分在地震中临时成立的 FM 电台，与公共广播电视、地方商业广播电视、社区广播一起在地震中发挥了不可忽视的作用。

一　震后紧急应对：广播电视有关东日本大地震的第一报

（一）公共广播电视 NHK：紧急地震速报系统的启动

1. 日本紧急地震速报系统

根据日本气象厅官方网站上的定义，"紧急地震速报是指，地震发生后在震源地附近的地震仪捕捉到地震波以后，自动计算震源及规模，预测地震的晃动程度（震度）及到达各地的时刻，尽可能尽早地通知地震相关信息的预报及警报"。[①] 2004 年 2 月 25 日，日本气象厅在关东至九州东岸地区开始试验性地推行紧急地震速报系统，并于 2006 年 3 月之前将试验范围扩大至日本全国。2007 年 1 月，日本气象厅在全国范围内正式推行面向一般大众的紧急地震速报系统。

在面向大众推行紧急地震速报系统时，日本气象厅主要采取广播电视及市町村防灾行政无线系统传播的路径，其理由在于：一是在当时的情况下，日本气象厅考虑广播电视及市町村防灾行政无线系统在地震及其他灾

---

① 日本气象厅，http：//www. seisvol. kishou. go. jp/eq/EEW/portal/shikumi/Whats＿EEW. html，最后访问日期：2014 年 2 月 7 日。

害事件中已经发挥了重要的作用,通过这一路径可以更大范围有效地发挥地震速报信息的传播效果;二是虽然日本气象厅当时也已经开始开发和使用最新通信技术的速报系统,但是作为中长期计划,尚不能立即使用和推广。2007 年 10 月 1 日,日本放送协会 NHK 正式开始面向日本国内播出的所有中波、调频广播频率及电视频道启动紧急地震速报系统。

日本气象厅规定了紧急地震速报信息发布的具体要求和涉及内容,即根据地震仪观测到的地震波推测地震的最大震度将达到 5 弱以上时,发布紧急地震速报;速报内容包括地震发生时间、地震的震中、推测的震度 5 弱以上及震度 4 的地区名称(日本全国分成约 200 个地区)。当符合要件的地震发生时,NHK 电视节目在进行效果音提示的同时,还要在电视画面上将地震发生的地点及所预测的震度较强区域的名称,以地图和文字的方式播出;广播节目则自行中断正常的节目播出,在效果音提示后,播出与电视相同的速报内容。

2. 东日本大地震中 NHK 的紧急地震速报

2011 年 3 月 11 日下午 2 点 46 分,东日本大地震发生。NHK 广播第一频率、广播第二频率及广播 FM,电视综合频道、教育频道、BS1、BS2、BS高清等所有面向日本国内播出的频率、频道均开始进行紧急地震速报。

广播的紧急地震速报内容从下午 2 点 46 分 50 秒持续至下午 2 点 48 分40 秒,主要内容如下:

> (速报提示音)现在是紧急地震速报,宫城海面地震,下列地区将会有强烈地摇晃,请做好警戒。宫城县、岩手县、福岛县、秋田县、山形县。现在是紧急地震速报,宫城海面地震,下列地区将会有强烈地摇晃,请做好警戒。宫城县、岩手县、福岛县、秋田县、山形县。刚才是紧急地震速报,请上述地区的人们远离容易倒下的家具,请待在桌子下方,保护好身体。正在驾驶的人员,请不要慌张,请镇定地将车停下。请注意上方掉落的、周围倒塌的东西。有关地震详细的信息,将进一步报道。[①]

---

① 根据 NHK 2011 年 3 月 11 日音频翻译。

NHK 综合频道在地震发生之时，正在直播国会会议，紧急地震速报在效果提示音提示的同时以字幕的形式出现在国会会议直播画面上，播音员进行语音播报："（速报提示音）现在是紧急地震速报，请做好对强烈摇晃的警戒。（速报提示音）现在是紧急地震速报，请做好对强烈摇晃的警戒。现在是紧急地震速报，请以下区域的人们做好对强烈摇晃的警戒，宫城县、岩手县、福岛县、秋田县、山形县。强烈的地震很快就要到来，请保护好自己的身体，免受伤害。请远离容易倒下的家具，以及注意从上方坠落的物品。现在是紧急地震速报，是宫城县、岩手县、福岛县、秋田县、山形县（发生了地震）。请确保自己身体的安全，以免受到伤害。请远离容易倒下的家具。现在国会也能够感受到晃动。国会的晃动还在持续。从发生晃动到现在，已经过了 10 秒……"[1] 在紧急地震速报后，国会直播中断，随后 NHK 播出紧急新闻。

（二）灾区地方广播电视的第一报

1. 灾区广播的震后第一报：以宫城县 FM 石卷、福岛县广播福岛及岩手县岩手放送为例

（1）FM 石卷震后第一报

地震发生后，FM 石卷中止正常的节目播出，随即进入紧急地震速报环节，"这里是广播石卷。刚才发生了大地震，晃动还在持续。正在使用火的人员，请迅速停止用火，请前往安全的地方避难。海岸、沿岸附近的人员，请注意海啸，请迅速离开海岸，往高处进行避难"。[2]

（2）广播福岛（RFC）震后的第一报

地震发生前的下午 2 点 45 分，广播福岛进入《和您在一起的酒》栏目环节，荣川酒造社长宫森优治进入直播间与主持人进行现场访谈。地震发生后（下午 2 点 46 分 19 秒），男主持人深野健司迅速反应，"啊，地震来了。现在直播间正在晃动。大家请注意人身安全。发生了很大的地震，请

---

① 根据 NHK 2011 年 3 月 11 日视频翻译。

② 摘录自早稻田大学新闻学课程硕士研究生齐藤明美对 FM 石卷负责人的访谈记录。

确保人身安全。请确认周围是否有东西坠落。非常大的地震发生了，直播室现在也在晃动。正在沿岸附近的人员，因为可能有海啸的发生请赶快远离沿岸附近。现在直播室内也开始有东西坠落。请先镇定下来。正在开车的人员，请慢慢地将车停下来，并打开双闪灯……请在沿岸附近的人员往高处避难，这是非常大的地震，持续了很长时间，请确保人身安全……"①

（3）岩手放送（IBC）震后第一报

岩手放送在地震发生后的下午 2 点 46 分，立即在节目中使用了与 NHK 类似的提示音，提示音后开始由男女主持人进行交替式紧急地震速报。

女主持人："气象厅的紧急速报，刚刚发生了地震，请确保人身安全，正在驾驶中的人员请提高警惕。"男主持人："现在直播室正在摇晃，请大家镇静。能够感受到强烈的摇晃。请钻到书桌、圆桌等下方，等待摇晃停止。在摇晃过程中，请勿慌张地跑出户外。请远离窗户和家具。正在驾车的人员，请全部将车停在道路的左侧，等待摇晃结束。现在，位于盛冈的直播间也正在剧烈摇晃。震源在宫城县海面……"女主持人："以防万一，请注意防范海啸。"男主持人："现在播报速报。震度 6 的地区为宫城县的北部和中部，震度 6 弱的地区为岩手县的沿海南部，以及岩手县内陆南部、宫城县的南部。为以防万一，请注意海啸。"②

2. 灾区地方电视的应急反应

相比较广播而言，除了公共广播 NHK 以外，商业电视的应急反应要滞后。从 YouTube 公布的"（日本）东北地区太平洋海面地震发生时全部电视台实时多媒体画面"的视频来看，地震发生之时东京的 6 家电视台中，采取紧急地震速报机制的仅有 NHK 电视一家。由于灾区地方电视台大多加入了由东京地区各电视台组建的全国播报网络，由此推断，灾区地方电视台大多数并未实施地震速报机制。

藤田真文对位于岩手、宫城、福岛三县的 15 家地方电视台，在东日本大地震中的报道及面临的问题进行了调查。根据调查结果，东日本大地震

---

① 根据广播福岛 2011 年 3 月 11 日录音翻译。
② メディア総合研究所・放送レポート編集委員会『大震災・原発事故とメディア』、2011、39 頁。

中，相比较岩手和福岛地区的电视台而言，距离沿海较近的宫城县 4 家地方电视台虽遭遇地震、海啸的侵袭，但是尚能够正常播出节目，并于震后的几分钟内开始特别报道。东北放送于地震当天下午 2 点 51 分、仙台放送于下午 2 点 52 分、东日本放送于下午 2 点 50 分启动地震特别报道；宫城电视虽然于下午 7 点才开始灾害特别报道，但是地震发生后的下午 2 点 56 分宫城电视便向所属的（日本新闻网）NNN 全国网络传送信号，至下午 3 点 09 分接入 NNN 全国网络正在直播的《宫根屋》节目，播放宫城电视地震瞬间的画面。① 总体而言，灾区地方电视对于地震的应急反应相对于公共广播电视 NHK 及灾区广播电台显得滞后。

二　广播电视在东日本大地震中的特别报道

（一）公共广播电视 NHK 有关东日本大地震的特别报道

地震发生后，NHK 广播、电视各频率和频道都立即进入灾害时期特别编排播出阶段，直到 2011 年 3 月 25 日才恢复正常的节目编排播出，但是在震后一个月内，其主要的播出内容依旧以地震、海啸及核泄漏为主。

广播方面，广播第一频率在震后随即与电视综合频道并机播出，直至地震当天下午 3 点 30 分开始，切换到自行播出模式，进入灾害特别报道体制。2011 年 3 月 11 日至 3 月 13 日，采用 24 小时不间断更新灾害信息的方式进行播报；2011 年 3 月 13 日后，继续 24 小时播出体制，定时播出与灾害相关的内容。广播第二频率在震后的 3 天内，为服务在日的外国居民，采取多语言播出体制进行 24 小时播出；2011 年 3 月 13 日以后定时播出与灾害相关的新闻。FM 广播频率，与广播第一频率同步，从 2011 年 3 月 11 日下午 3 点 30 分切换至自行播出模式；3 月 11 日下午 6 点 45 分开始播出安否信息，晚 9 点开始播报避难者名单，除了安否信息和避难者名单播报以外，其余内容与 NHK 第一频率相同。

电视方面，综合频道从紧急地震速报开始，便进入 24 小时不间断播出

---

① 藤田真文「ローカルテレビと東日本大震災──全十五局の聞き取り調査から」『メディアが震えた』、2013、38 頁。

灾害报道的模式，一直持续到 2011 年 3 月 18 日。震后两周后，仍然以灾害报道和日常节目相混合的编排方式进行播出。教育频道在地震发生的紧急期内，所播出的内容与综合频道一样，从地震当天下午 6 点 45 分开始播报安否信息，2011 年 3 月 14 日开始增加生活信息；截至 3 月 18 日，教育频道除了早间 7~9 点和下午 4~6 点的儿童节目以外，其余播出内容均为安否信息和生活信息；从 3 月 15 日至 22 日，每天 4 次播出手语新闻；直至 3 月 22 日，教育频道才恢复正常的节目编排播出。卫星电视方面，BS1（卫星第 1 频道）、BS2（卫星第 2 频道）及 BS 高清频道在震后也都切换至灾害报道模式，与综合频道播出同样的内容。其中，BS1 于 2011 年 3 月 13 日上午 7 点 50 分开始在灾害报道中穿插生活信息播报，直至 3 月 19 日恢复正常节目播出；BS2 从 2011 年 3 月 14 日以后与教育频道播出同样的内容，3 月 19 日恢复正常播出；BS 高清频道从 2011 年 3 月 14 日便早于其他频道恢复正常节目编排。

归纳而言，地震发生的紧急时期，NHK 全部广播电视频率、频道全面启动紧急地震速报，地震发生 2 分钟内全面进入灾害报道体制；震后 3 天内，所有频率、频道均全部播报灾害报道；震后 3 天后，综合、卫星第 1 和广播第一仍然以播出灾害报道为主，教育频道、卫星第 2、FM 频率以安否信息和生活信息为主要播出内容。据 NHK 统计，综合电视频道在震后一个月内共播出与地震相关的新闻和节目 571 小时 52 分钟。[①]

（二）商业广播电视的特别报道体制

1. 东京地区商业广播电视[②]

东京地区的商业电视与 NHK 一样，在地震后进入特别报道体制，并取消所有广告播出，具体见表 7-4。

商业广播方面，文化放送在地震发生后取消所有广告播出，进入灾害

---

① 日本放送協会「放送ネットワークの強靱化に関する検討会第 1 会合資料：災害時の放送と機能強化」、2013 年 2 月 27 日。

② 奥田平胤「東日本大震災の災害報道発災後 2 週間のテレビとラジオ」『放送研究と調査』、2011。

特别节目编排，主要播出生活信息和交通信息；2011 年 3 月 14 日恢复正常播出，但是主要内容仍以灾害报道为主。日本放送也是从震后至 2011年 3 月 13 日早晨取消所有广告播出，进行灾害特别报道，之后也以灾害报道为主要内容。TBS 广播从震后到 2011 年 3 月 14 日上午均以灾害报道为主。

表 7 - 4　东京地区商业电视地震特别报道体制节目编排

媒体名称	进入灾害报道特别编排时间	恢复正常节目编排时间	恢复 CM 播出时间
日本电视	2011 年 3 月 11 日 14：57	2011 年 3 月 19 日	2011 年 3 月 14 日 04：00
东京广播	2011 年 3 月 11 日 14：51	2011 年 3 月 16 日 20：00	2011 年 3 月 14 日 05：21
富士电视	2011 年 3 月 11 日 14：50	2011 年 3 月 15 日 00：35	2011 年 3 月 14 日 04：00
朝日电视	2011 年 3 月 11 日 14：51	2011 年 3 月 16 日（持续 103 小时）	2011 年 3 月 14 日 04：53
东京电视	2011 年 3 月 11 日 14：54	2011 年 3 月 12 日 23：55	2011 年 3 月 12 日 23：55

2. 地方商业广播电视的特别报道：以 IBC 岩手放送为例

地震灾区的 IBC 岩手放送（广播电视）、广播福岛、东北放送（广播电视）、仙台放送（广播电视）、东日本放送（电视）等广播电视台，均在地震后开始灾害特别报道编排。各地方广播电视灾害特别报道的主要内容为地震、海啸信息及其受灾情况、以避难所和受众为主要信息源的"安否信息"和与生活线恢复相关的"生活信息"。与阪神大地震时期形成的广播电视报道的基本模式类似，本书选取 IBC 岩手放送作为个案，分析灾害特别报道的特色。

（1）采用广播与电视并机播出的方式

IBC 岩手放送在地震发生后，立即启动紧急地震播报，随后便进入灾害特别报道编排环节，一直持续到 2011 年 3 月 16 日凌晨 3 点，岩手放送的电视开始恢复广告播出，广播也恢复至正常的节目编排。与其他广播电视机构不同的是，岩手放送采用的是广播、电视并机播报的方式同时播报，即在广播的演播室直接架设摄像机，在电视中传送广播直播室直播的音视频。从震后第三天的 3 月 14 日，一直持续到 6 月 30 日。岩手放送采用并机播出方式，最主要是为了解决灾后人力缺乏的实际困难。作为受灾较为严重的地区的地方台，在交通、通信几乎瘫痪的情境下，要实现像往常一样的采访活动变得困难，在灾害的情景下集结所有的资源，打通广播电视播出渠道，可以提升播报效率、解决实际困难。根据藤田真文对灾区电视台的调查记录，岩手放送的制作人员称，"有关我们在直播时直接在演播室架设摄像机的事。广播以安否信息为中心进行报道，就直接架设了一台摄像机……考虑如何在人员有限的情况下进行灾害报道，最初想到的是将广播播出的内容直接播出，采取并机播出的方式"。[①]

（2）播出形式：多窗口同时播出

广播和电视并机播出期间，广播只传播演播室播音员播报的声音信息，而电视则采用多窗口同时播出的方式。一方面展现演播室播报的场景，另一方面播出岩手放送拍摄的震后受灾情况、避难所避难者生活等画面。在播送安否信息时，也会将当地居民手写或传真的信息直接展现在画面中。画面的左侧以大字幕的方式提醒观众所播报内容的概括性信息，如"东日本大地震生活信息""东日本大地震安否信息"等，在画面下方还会实时播放相关信息的字幕。

（3）播出内容：以安否信息和生活信息为主

由于岩手地区的受灾情况较为严重，大部分居民家中断电，虽然岩手放送使用了自备电源实现了正常播出，但是大部分家庭无法正常收看电视，广播媒体便承担起灾害报道的重任。在播出内容方面，随着时间的推移，地震和海啸的基本情况和灾区的受灾情况已经逐步明朗，震后第二天，岩手放送便将重心放置在安否信息的播报上。在安否信息播报的同时，穿插有关生活线恢复的相关信息和日常生活指南性信息。

（三）灾害中广播功能的再认识：东日本大地震中的临时灾害广播

1. 广播媒体在东日本大地震中得到认可

东日本大地震后，日本的学界和研究界对广播在灾害中的功能有了进

---

① 藤田真文「ローカルテレビと東日本大震災——全十五局の聞き取り調査から」『メディアが震えた』、2013、65 頁。

一步的认识，这从政府及相关研究机构的调查中也可以看出。如总务省委托三菱综合研究所进行的"灾害中信息通信理想状态相关调查"中显示，岩手、宫城、福岛三县的 12 个受灾区域对地震时媒介使用的评价，广播以其高即时性等特征获得比其他媒介高的评价，其中对 AM 广播的认可率达到 60.1%，紧居其后的 FM 广播的认可率为 39.0%。[①] 另外，日本民间放送联盟对宫城县仙台市、名取市、气仙沼市、岩手县陆前高田市等四市中临时住宅避难的 500 人进行的"有关地震中媒体是否发挥作用"的调查结果显示，认为地震当天发挥最大作用的媒体是广播，占调查总人数的 43.2%，其次为电视占 10.2%；认为地震次日至第三天发挥作用最大的媒体仍是广播，占调查总人数的 53.2%，报纸的认可率为 14.4%，电视为 13.6%；地震三天后开始至震后一周，广播的认可率为 58.6%，报纸为 34%，电视为 26.6%。[②] 而就广播媒体而言，一些学者认为在东日本大地震中最具特色的当属灾害临时广播。[③]

2. 灾害临时广播：广播媒体发挥作用的重要途径

（1）灾害临时广播及其发展历程

根据《日本放送法施行法则》第 7 条第 2 项第 2 号规定，灾害临时广播电台是指"在暴风、暴雨、洪水、地震及大规模火灾及其他灾害发生时，以减轻受灾程度方面作用为目的"的广播电台。在灾害发生后，根据自治体的申请，符合条件的可以立即发放执照。

回顾日本广播发展史，日本推行临时灾害广播制度还是以 1995 年阪神大地震为契机。在阪神大地震发生之前，该制度尚未推行；地震后，日本政府看到了广播在灾害中所发挥的功能，认为有必要临时增设

① 総務省「災害時における情報通信の在り方に関する調査結果」，http：//www. soumu. go. jp/main_content/000150126.pdf，最后访问日期：2014 年 2 月 10 日。
② 日本民間放送連盟研究所『東日本大震災のメディアの役割に関する総合調査報告書』、2011、12 – 18 頁。
③ 藤田真文「ローカルテレビと東日本大震災——全一五局の聞き取り調査から」。宇田川真之・村上圭子「東日本大震災における臨時災害放送局の活動状況について」『日本災害情報学会第 13 回学会大会予稿集』、2012（10）、195 – 196 頁。市村元「東日本大震災後 27 局誕生した臨時災害放送局の現状と課題」『関西大学経済・政治研究所「研究双書」』、2012、124 – 131 頁。

广播机构服务灾区居民。1995 年 2 月 10 日，日本总务省开始推行临时灾害广播制度，在灾害等非常时期传播某地区特定的生活信息、援救信息等，并于同年 2 月 15 日向兵库县发放第一个牌照，成立"兵库县临时灾害广播电台"（FM79.6）。该电台从 1995 年 2 月 15 日开始一直持续到同年 3 月末，由兵库县厅发送面向灾民的生活信息及行政信息，受到民众较高的评价。从阪神大地震开始，之后的日本历次大型灾害中，如 2004 年新潟中越地震、2007 年新潟中越海面地震、2011 年秋田暴雪等，灾害临时广播均发挥了不小的作用。东日本大地震发生后，灾害临时广播电台的发展迎来一个高潮。

（2）东日本大地震：临时灾害广播电台开设出现高潮

截至 2012 年 8 月，受灾严重的宫城、岩手、福岛及茨城县共开设 30 家临时广播电台。随着时间的推移，受东日本大地震影响的地区已经逐步进入重建时期，部分广播电台也相继完成使命。截至 2013 年 10 月，宫城、岩手、福岛、茨城县境内的临时广播电台为 29 家。[①]

综合来看，东日本大地震中的临时灾害广播电台可以分为两种类型。一种是由受灾自治体作为执照责任人新设的临时灾害广播电台。东日本大地震中，最早获得第一种类型的临时灾害广播电台开办许可的是宫城县大崎市的"大崎灾害 FM"，之后东北地区开设 16 家、关东地区的茨城县开设 1 家，2011 年 12 月岩手县陆前高田市的陆前高田灾害 FM 广播开始运营，截至 2012 年 2 月，共计 19 家。[②] 另一种是将现有的社区广播电台临时变更为灾害广播电台。地震发生后，东北地区的先驱广播有 FM 花卷、奥州 FM、福岛社区放送、广播石卷等 8 家，茨城县的 2 家社区广播，通过申请变更为临时灾害广播。截至 2012 年 2 月，仅东北地区的石卷、登米等 4 家仍继续进行灾害广播信息的播报，其余 6 家均恢复至原来的社区广播。[③]

---

① 総務省「「東日本大震災」に伴う臨時災害放送局の開設状況」，http://www.soumu.go.jp/main_content/000114496.pdf，最后访问日期：2014 年 2 月 10 日。

② 市村元「東日本大震災後 27 局誕生した臨時災害放送局の現状と課題」『関西大学経済・政治研究所「研究双書」』，2012、124 頁。

③ 市村元「東日本大震災後 27 局誕生した臨時災害放送局の現状と課題」『関西大学経済・政治研究所「研究双書」』，2012、124 頁。

（3）灾害临时广播电台开办高潮的原因

有关临时灾害广播开办高潮形成的原因，市村元总结了三点原因。[①] 一是总务省的积极支持，主要体现在对执照申请采取柔性管理的方针，即只要申请便给予许可。无论是新设临时灾害广播电台，还是从社区广播更换的电台，自治体采取电话口头申请便可直接获得许可，书面材料可以后补。另外，总务省对于之前"临时灾害广播不允许播出广告"的方针有所改变，即为保证原有社区广播电台的长期运行，允许以灾害慰问的形式播出广告。在这一方针指导下，2011 年 5 月以后，原有的社区广播开始以"慰问""支援"等字样的形式播出慰问广告，随后逐渐恢复正常商业广告形式；然而在新设广播电台当中并未发现有播出广告的案例。二是现有的社区广播电台向新设广播电台的支援。如岩手县大船渡市的临时灾害广播电台的成立，就是临市奥州 FM 的台长劝说大船渡市政府而成立的；宫城县登米 FM 也直接支援了临市的气仙沼灾害广播的成立；宫城县南三陆町的 FM 南三陆则获得了阪神大地震中应运而生的神户社区广播 FM、Wai Wai 及位于神户市的广播关西的器材支援，同时神户市的大学生志愿者、登米社区广播及 FM 长冈提供了人力支援。三是日本财团的支援及"紧急雇佣创出事业"制度。日本财团支援项目规定：凡是非自治体或其他团体出资组建，并持续播出一个月以上的临时灾害广播电台中，由社区广播变更的临时灾害广播可获得开设补助 20 万日元、运营补助 200 万日元/月；新设的临时灾害广播可获得开设补助 50 万日元、运营补助 150 万日元/月。补助期限为开设后 4 个月内。"紧急雇佣促进事业"制度，由国家在各都道府县设补助基金，用于各种推动劳动就业的活动。临时灾害广播通过该制度，其员工工资可以通过国家补助金得到解决，这也为在地震中失业的灾区居民提供了就业渠道。截至 2012 年 2 月，东北地区的临时灾害广播（电台）中共有 9 家使用该制度雇用职员。[②]

---

① 市村元「東日本大震災後 27 局誕生した臨時災害放送局の現状と課題」『関西大学経済・政治研究所「研究双書」』、2012、125 – 130 頁。
② 市村元「東日本大震災後 27 局誕生した臨時災害放送局の現状と課題」『関西大学経済・政治研究所「研究双書」』、2012、131 頁。

3. 案例研究：临时灾害广播"石卷灾害 FM"的报道

（1）从社区广播向临时灾害广播的变更

广播石卷是石卷地区的一家社区广播电台，在地震发生后，随即中断原先正常的节目编排，进入灾害特别报道体制中。石卷地区的受灾情况较为严重，也影响到了广播石卷的运营，其与信号发送所相连接的回路及部分器材受到损害，临时采取在市政府和信号发送所两地播出的方式进行节目播出。基于该情况，一直致力于灾害、防灾相关报道的前社长相泽雄一郎，迅速前往总务省东北综合通讯局表明希望设置临时灾害广播电台的想法。2011 年 3 月 15 日，基于与石卷市的灾害信息协定，以石卷市市长的名义向通讯局正式提出设置临时灾害广播的申请，并得到许可。石卷市作为临时灾害广播的运营主体，将业务委托给"广播石卷"，并将原先广播石卷的称呼改为"石卷灾害 FM"。根据临时灾害广播的相关规定，广播石卷原先的发射功率由原先的 20 瓦提升至 100 瓦。

（2）石卷灾害 FM 的财源

由于石卷地区受灾情况比较严重，原先广播石卷的重要财源即广告收入降到了地震前的1/4，维持正常的运营和人员报酬发放显得困难。根据临时灾害广播相关制度，广播石卷在震后初期获得了日本财团的支援、获得了运营补助。[①] 此外，由于石卷灾害 FM 的运营主体为石卷市，一部分的财源来自石卷市给予广播电台的委托费用。随着时间的推移，石卷灾害 FM 逐渐恢复了正常的广告播出，主要的财源也逐步转变为中央企业的支援和广告经营相结合的方式。铃木孝也在谈及石卷灾害 FM 运营情况时称，"地震当初未播放的广告在中途也允许播出了。震后初期，作为灾害放送局可以获得运营补助金，现在主要与中央企业的支援一起，自主运营。广播石卷原先是民营企业，收入源最主要是广告。但是，广告赞助（商）也因受灾，

---

① 东日本大地震后的一年内，日本财团共向"石卷灾害 FM"等 22 个临时灾害广播电台捐赠款项（包括向受灾地区发放便携式收音机）174023064 日元。参照日本财团「東日本大震災1年間の活動記録」，http://road.nippon-foundation.or.jp/files/road_project_07.pdf，最后访问日期：2014 年 2 月 11 日。

数量急剧减少"。①

（3）报道的主要内容与特点

一是求救短信蜂拥而至，广播电台成为求救中心。如前文所述，石卷灾害 FM 在地震后，迅速进行紧急地震速报。在地震当天，石卷灾害 FM 收到了大量正遭受海啸侵袭的灾民的求救短信，如："我在凑町 2 丁目 6－1，我是平塚。由于海啸我出不了家门。现在在二楼，一楼已经被水淹没，已经成毁坏状态。房屋正在水中漂移。""我是平塚。母亲被海啸冲走了。我家对面也还有人。""涨潮时很可怕。一楼已经完全损坏，好像要被冲走，很害怕。请想办法早点来救我。拜托了。母亲好像已经去世了。凑町 2 丁目6－1。"②（平塚美智子，石卷市凑町 2 丁目 6－1，分别于 2011 年 3 月 11 日下午 5 点、下午 5 点 35 分、下午 7 点 23 分发出）

在地震当天，类似于这样的求救短信还有很多，都是大多数人在生死挣扎的第一线向电台发出的救援信息。然而，为何广播电台成为灾害求救信息中心，石卷灾害 FM 负责人铃木孝也分析道："往往大家都是向警察或者消防部门求救。为何都向广播电台求救，我也觉得很不可思议。这应该是地震后电话无法接通，信息获取渠道中断的原因。所以，广播在节目中播报了邮箱地址，呼吁大家发送信息。我强烈地感受到，求救信息真是源源不断地到来。"③

二是恢复节目播出后，播报内容以安否信息、避难者名录及生活信息为主。石卷灾害 FM 在地震当天下午 7 点 30 分左右，遭遇停电使信号发送所的备用电池中断，致使电波完全停止。信号发送所位于距电台约 4 公里的地方，由于无法前往修理，节目被迫停止播出。直至 2011 年 3 月 13 日中午，石卷灾害 FM 的转播车才到达信号发送所，将信号与直播车内的播出设备连接起来，重新恢复播出。

---

① 摘录自早稻田大学新闻学硕士研究生（濑川研究室）齐藤明美对石卷灾害 FM 负责人铃木孝也的访谈记录（2012 年 12 月 3 日）。

② 鈴木孝也『ラジオがつないだ命——FM 石巻と東日本大震災』仙台：河北新報出版センター、2012、13－15 頁。

③ 摘录自早稻田大学新闻学硕士研究生（濑川研究室）齐藤明美对石卷灾害 FM 负责人铃木孝也的访谈记录（2012 年 12 月 3 日）。

恢复播出期间的报道内容以安否信息为主。从石卷灾害 FM 的负责人铃木孝也的访谈中也可以证实"恢复播出期间的播报内容主要以安否信息为主。类似于'（某某）现在平安无事吗？我现在在避难所'这样的信息。我们制作了手写的安否确认卡片，由广播的志愿者拿到避难所，让需要的人写好再回收至电台。一天大概能收集 200 张卡片。即便没有收听广播，通过口头传播也能获知安否信息"。①

避难所的避难者名单的播报也占据了很大篇幅。铃木孝也如是说："当时，石卷地区在最顶峰时有近 5 万人进行避难，我们努力将所有避难者的姓名在广播中播报。仅仅播报安否确认及避难者名单，就可以占用一整天的播出时间。连续 10 天，播音员的嗓音沙哑了也继续播报。此外，在播报的时候也会涉及个人信息的隐私问题，但是完全没有时间去特别留意，结果没有引起任何问题，反而都是得到信息的人因为确定了安否而向我们感谢的声音。"②

随着时间的推移，石卷灾害 FM 播报的内容与灾民日常生活相关的信息逐渐增多。铃木孝也在访谈中称："不久，播出的内容中有关生活线相关及行政部门通知等生活信息开始增多。（如）去哪里能泡澡，自来水、电、煤气、交通的情形如何，等等。更进一步，恢复重建的进展状况、支援重建活动的通知等内容也成为报道的重点，一直持续到现在。"③

第五节　东日本大地震中的新媒介与媒介融合

考察新媒介在东日本大地震中所发挥的功能，需要从两个层面来看：第一个层面是基于网络传播的新媒介各种表现形式自身如何进行地震信息

---

① 摘录自早稻田大学新闻学硕士研究生（濑川研究室）齐藤明美对石卷灾害 FM 负责人铃木孝也的访谈记录（2012 年 12 月 3 日）。
② 摘录自早稻田大学新闻学硕士研究生（濑川研究室）齐藤明美对石卷灾害 FM 负责人铃木孝也的访谈记录（2012 年 12 月 3 日）。
③ 摘录自早稻田大学新闻学硕士研究生（濑川研究室）齐藤明美对石卷灾害 FM 负责人铃木孝也的访谈记录（2012 年 12 月 3 日）。

传播；第二个层面是新媒介如何与传统媒介相联合进行信息传播。

一　新媒介在东日本大地震中的信息传播

（一）震后相关网站访问量激增

东日本大地震发生后，包括手机在内的新媒介成为人们获取灾害信息的重要渠道。根据日本 Video Research Interactive 公司的调查数据，东日本大地震发生当天，东北及关东地区通过电脑使用互联网网站的人数为 648 万人，平均每位网络使用者的网络停留时间为 1 小时 9 分钟，较地震前一天使用人数的 818 万人及平均使用时间的 1 小时 22 分钟都有所下降。然而，地震发生第二天开始有所回升，东北及关东地区互联网使用人数为 774 万人；第三天上升为 919 万人；2011 年 3 月 14 日达到高峰 946 万人。[①] 从地震当天的数据可以看出，东日本大地震对通信产生了一定的影响，使用互联网的用户有所下降；但随着通信的恢复，互联网的使用人数和平均使用时间也有所回升。而与互联网网站使用情况不同的是，通过手机连接移动互联网的人数在地震当天达到较高峰值，如："Yahoo 移动"（手机门户）地震当天的推定使用人数为 609 万人，而地震前一天使用人数为 522 万人；"i - Mode"（手机门户）地震当天达到 1973 万人，地震前一天为 1931 万人。[②]

另外，震后一些网站的推定使用人数与地震前相比呈现激增态势。推测访问人数与震前相比，增幅最高达到 29.23 倍；增幅超过 10 倍的网站也不在少数，具体见表 7 - 5。从使用人数激增的网站性质来看，主要集中在救援/援助机构（日本红十字会 29.23 倍）、电力机构（东北电力 24.84 倍、东京电力 24.8 倍）、交通部门（东武铁道 20.90 倍、东急电铁 19.19 倍、东京地铁 18.71 倍、京急电铁 10.62 倍）、地区官网（宫城县官方网站 20.74

---

① Video Research Interactive「東日本大震災における生活者のインターネットメディア接触行動」，http：//www.videoi.co.jp/data/document/VRI_3.11booklet.pdf，最后访问日期：2014 年 2 月 11 日。

② Video Research Interactive「東日本大震災における生活者のインターネットメディア接触行動」，http：//www.videoi.co.jp/data/document/VRI_3.11booklet.pdf，最后访问日期：2014 年 2 月 11 日。

倍），可见地震后人们通过网络渠道获取与生命线密切关联信息的需求较大。

表 7 - 5　震后一周（从 2011 年 3 月 12 日至 18 日）推定访问人数增加的网站一览

域　　名	网站名称	推测接触者（万人）	与前一周（3 月 4 日 ~ 3 月 10 日）之比（%）
tepco. co. jp	东京电力	761	2480
nhk. or. jp	NHK 在线	639	265
mainichi. jp	《每日新闻》网站	560	212
afpbb. com	AFPBB News	554	259
asahi. com	《朝日新闻》网站	524	362
iza. ne. jp	IZA	329	214
jreast. co. jp	JR 东日本	322	408
jiji. com	时事通讯社	320	261
nikkei. com	《日本经济新闻》网站	306	439
jma. go. jp	气象厅	183	329
ustream. tv	UStream	158	303
fresheye. com	Fresheye	157	204
gigazine. net	GIGAZINE	148	306
sankeibiz. jp	SankeiBiz	122	708
jartic. or. jp	日本道路交通信息中心	105	429
reuters. com	Reuter	102	336
metro. tokyo. jp	东京都官方网站	101	294
tokyometro. jp	东京地铁	79	1871
cnn. com	CNN	78	554
tohoku - epco. co. jp	东北电力	77	2484
jrc. or. jp	日本红十字会	76	2923
togetter. com	Togetter （Twitter 综合）	72	417
city. yokohama. lg. jp	横滨市官方网站	70	845
prayforjapan. jp	Pray For Japan	70	0
odakyu. jp	小田急电铁	69	458
news24. jp	日本电视台新闻 24	68	238
jr - central. co. jp	JR 东海	65	330
tobu. co. jp	东武铁道	65	2090

续表

域　名	网站名称	推测接触者（万人）	与前一周（3月4日~3月10日）之比（%）
pref. miyagi. jp	宫城县官方网站	64	2074
tokyo – np. co. jp	《东京新闻》网站	62	461
chunichi. co. jp	《中日新闻》网站	62	237
getnews. jp	ガジェット通信	62	303
ntt – east. co. jp	NTT 东日本	62	513
rocketnews24. com	RocketNews24	61	238
machi. to	Machi – BBS	55	213
kahoku. co. jp	《河北新报》	53	727
response. jp	Response	53	244
keikyu. co. jp	京急电铁	50	1062
seibu – group. co. jp	西武集团	50	567
tokyu. co. jp	东急电铁	50	1919

注：摘录推测访问人数 50 万人以上的网站。

资料来源：Video Research Interactive「東日本大震災における生活者のインターネットメディア接触行動」，http：//www. videoi. co. jp/data/document/VRI_3. 11booklet. pdf，最后访问日期：2014 年 2 月 11 日。

通过移动互联网门户网页连接到其他移动网页或 SNS 媒体界面的用户数，在震后也出现了增长的趋势。根据日本 Video Research Interactive 公司的调查数据，震后一周内（2011 年 3 月 12 ~ 18 日），通过 i – Mode 移动门户网站连接到东京电力网站的用户数是前一周的 398. 71 倍，连接到每日新闻网站的用户数是前一周的 43. 56 倍，连接到 Twitter 的用户数为前一周的 2. 38 倍；通过 Yahoo 移动连接到东京电力网页的用户为前一周的 72. 22 倍，连接到 Twitter 的用户数为 1. 93 倍。[①]

（二）安否信息服务延伸至新媒介平台

从前文的研究中可以知晓，日本媒体尤其是广播在灾害中发挥功能的

① Video Research Interactive「東日本大震災における生活者のインターネットメディア接触行動」，http：//www. videoi. co. jp/data/document/VRI_3. 11booklet. pdf，最后访问日期：2014 年 2 月 11 日。

重要途径便是安否信息的提供。在东日本大地震中，安否信息的传播从广播媒介延伸至新媒介。虽然在阪神大地震中，阪神地区的一些大学、研究机构及企业已经开始研发安否信息提供系统，通过互联网和手机进行安否信息的确认，包括商用的局域网也开设安否信息专栏，但是由于互联网普及程度较低，整体利用率不高。在 2004 年日本新潟中越地震中，使用互联网和手机进行安否信息确认的用户规模相比阪神大地震有所增加，然而尚未达到普及程度；2011 年东日本大地震，通过手机和互联网使用"灾害用留言拨号系统"（语音留言）和"灾害用留言板"（互联网）进行亲友安否信息确认的用户数量大幅度增长（见表 7 – 6）。

表 7 – 6　各传播渠道安否信息开设情况

单位：件

传播渠道	系统名称	提供者	开始时间	2011 年 3 月 11 日登录数	2011 年 3 月 12 日登录数	震后 1 个月内累计登录数	新潟中越地震累计登录数
固定电话	灾害用留言语音系统	NTT 东日本、西日本	2011 年 3 月 11 日下午 5 时 47 分	367500	674700	2726300	112700
手机	灾害用留言板	NTT DOCOMO	2011 年 3 月 11 日下午 2 时 57 分	708334	230343	1479702	106216
		KDDI AU	2011 年 3 月 11 日下午 3 时 21 分	558300	166916	1067315	暂缺
		SOFTBANK	2011 年 3 月 11 日下午 2 时 55 分	448724	113162	904498	暂缺
		WILLCOM	2011 年 3 月 11 日下午 2 时 56 分	3162	1884	9632	暂缺
		E – MOBILE	2011 年 3 月 11 日下午 2 时 57 分	约 150	约 70	约 450	暂缺

续表

传播渠道	系统名称	提供者	开始时间	2011 年 3月 11 日 登录数	2011 年 3月 12 日 登录数	震后 1 个月内 累计登录数	新潟中越地震 累计登录数
互联网	灾害用宽带 留言板 （web171）	NTT 东日本·西日本	2011 年 3 月 11 日下午 3 时 46 分	24900	14500	83800	暂缺
	Person Finder	Google	震后约 2 小时后	3000	16 日 (200000)	超过 600000	暂缺
	红十字会 灾害留言板	国际红十字会	2011 年 3 月 12 日上午 1 时 49 分	暂缺	711	5914	暂缺

　　其中，在众多新媒介安否信息服务中，值得一提的是日本 Google 公司推出的 Google Person Finder（GPF）。GPF 不单单是一个安否信息提供系统，更是一个集合各种安否信息服务的聚集地，即是一个网络安否信息综合平台。最初，GPF 提供的是"避难所名单服务"，通过网站征集各避难所的名单图片，将其电子化上传至网络。"避难所名单服务"是从 2011 年 3 月 14 日开始与岩手县政府合作、从 2011 年 3 月 17 日开始与宫城县政府合作、从 2011 年 3 月 20 日开始与福岛县政府合作开展的业务。通过这样的合作，Google 开始接收来自政府机关的信息。后来，GPF 在网站上开通了"寻人登记"系统和"安否信息提供"系统。寻人登记系统，主要登记的内容包括姓名（含假名标音）、性别、年龄、住址、特征说明、登记人信息，还可以上传被找寻人的照片；"安否信息提供"需要登记的内容除了基本特征以外，还需提供是否本人登记、与所提供安否信息相关的人最后见面时间及地点等确定信息。此外，GPF 还与网络视频网站 YouTube 合作，于 2011 年 3 月 18 日开设"消息频道"，提供由受灾者发出的简单述说目前状态的视频；该频道与 TBS、朝日电视台以及 NHK 都进行了联动合作，后来《朝日新闻》《每日新闻》等纸媒也加入合作序列。

（三）新媒介成为相关机构、个人直接发布有关灾害信息的平台

除了提供安否信息以外，新媒介在东日本大地震中成为包括政府部门在内的相关机构以及个人发布灾害相关信息的平台。

1. 官邸、省厅及自治体等政府部门的新媒介灾害信息传播

日本首相官邸官方网站，在地震后随即特别开设"东日本大地震应对——首相官邸灾害对策网页"，地震发生后的下午 2 点 50 分发布"官邸对策室设置"，下午 3 点 27 分发布"总理指示"；下午 4 点 57 分上传官房长官记者会的视频；灾害当天"灾害应急对策基本方针"也上传至该页面。随着地震及核泄漏事件的不断发展，信息也不断进行更新上传。该网页还将各省厅、自治体的相关信息进行汇总链接，方便网民相对集中地查找官方发布的信息。此外，日本首相官邸还在 Twitter 上开设"首相官邸（灾害信息）"账号，通过社交媒体平台及时发布有关东日本大地震的信息。

各省厅也相应地采取应对措施，在其网页上进行灾害信息传播。其中，文部科学省启动"紧急时迅速放射能影响预测网络系统"（SPEEDI），设定假想条件对放射能的泄漏情况进行预测计算，并将所预测的结果在网页上公开。为不了解核泄漏具体情况的网民提供相对科学的判断依据。

除了在网页和 Twitter 等新媒介上发布文字信息以外，相关机构还使用 YouTube、NICONICO 视频（直播网站）、Ustream 等视频网站进行信息发布。其中，NICONICO 网站设置的"震灾特别节目"持续三天在晚上播出，尤其是地震当天晚上，更是获得超过 100 万的点击量。[①] 东京电力、原子力安全/保安院、官方长官等记者见面会也在视频网站上进行实时直播。一些政治家和专家不仅通过传统媒介进行评论和解释，而且通过互联网进行意见表达，这一途径使他们在时间和内容上更少受到约束和限制，更容易与受众进行互动和沟通。最重要的是，这些视频网站具有历史视频存储功能，受众可以随时根据自己的喜好和需求进行点播，突破了观看传统电视和历

---

① 遠藤薫「メディアは大震災・原発事故をどう語ったか」東京：東京電機大学出版局、2013、73 頁。

史视频困难的限制。

2. 新媒介成为个人灾害信息发布的平台

新媒介的普及和便利性，使个人用户也能够较为迅速便捷地将发生在周边的新闻和相关信息上传至互联网。如：视频网站上有很多用户上传了地震、海啸发生时周边情况的影像记录；相关领域的专家也通过新媒介渠道对灾害相关科学知识进行详细解读，如东京大学原子核领域教授早野龙五在 Twitter 上对核辐射相关信息进行普及传播。"人人都是信息传播者"，在新媒介时代，灾害相关信息的传播渠道大为拓展。

二　新媒介与传统媒介在东日本大地震中的合力

在东日本大地震中，以互联网传播为技术基础的新媒介与传统的报纸、广播电视等媒介的联合，成为此次地震中灾害信息传播最鲜明的特色。

1. 报纸与新媒介的联合

（1）报纸的 PDF 化

在东日本大地震中，部分传统报纸选取与地震相关的信息，将其集中制作成 PDF 版本在网页上公开。制作上传 PDF 版本，主要是出于震后带来的交通中断而导致发行困难、受众无法及时获知灾害相关信息的考虑。《日本经济新闻》的 PDF 版本，从 2011 年 3 月 11 日开始至 2011 年 4 月 19 日结束，历时 1 个多月[①]。相比较而言，《每日新闻》的 PDF 版本持续的时间较长，从 2011 年 3 月 11 日地震发生之日起一直持续到现在[②]，所上传的 PDF 版本中，从 2011 年 3 月 11 日至 3 月 17 日是直接将《每日新闻》报纸的 PDF 版全部上传，而 2011 年 3 月 18 日以后则只上传震灾专版《希望新闻》部分。2011 年 3 月 11 日至 2012 年 3 月 31 日，每天都有《希望新闻》PDF 版本上传；自 2012 年 4 月起，随着《希望新闻》发行频率变为一周一次，相应的 PDF 版本也变更为一周上传一次。

---

① 日本経済新聞「震災関連 PDF 版の公開を終了しました」，http://www.nikkei.com/topic/20110420.html，最后访问日期：2014 年 2 月 13 日。

② 毎日新聞，http://mainichi.jp/feature/20110311/kibou/etc/pdf.html，最后访问日期：2014 年 2 月 13 日。

（2）传统报纸利用社交媒体的传播

东日本大地震中，日本全国发行的报纸以及灾区地方报纸都在不同程度上使用社交媒体的平台进行信息传播，主要使用的社交媒介平台有 Twitter、博客、BBS 论坛、Facebook 以及 Person Finder，等等。

从全国发行的主要报纸来看，《朝日新闻》使用了 Twitter、Facebook 及 Person Finder；《读卖新闻》使用了 Twitter 和 BBS 论坛；《每日新闻》使用了 Twitter、博客、Facebook 以及 Person Finder。相比较而言，灾区地方报纸使用社交媒体的种类单一，《河北新报》《岩手日报》《福岛民报》均主要使用 Twitter 这一平台，除《河北新报》使用博客、《福岛民报》开设 Facebook 账号外，其余报纸均无使用其他社交媒体平台的记录（具体见表 7 - 7）。

表 7 - 7　报社规模及东日本大地震中使用社交媒体情况一览

报社名称		发行数（万）	Twitter	博客	BBS	Facebook	Personal Finder
全国报纸	朝日新闻	778.5	○（部分◎）			△	◎
	读卖新闻	998.3	○		○		
	每日新闻	345.4	○（部分◎）	○			◎
灾区地方报纸	岩手日报	20.7	◎				
	河北新报	45.3					
	福岛民报	26.9	◎			○	

注：○表示地震前开设，◎表示以地震为契机开设，△为 2011 年 4 月以后开设。所统计的发行数均为各报纸的晨报。

资料来源：日本 ABC 协会《新闻发行社报告》从 2011 年 1 月至 6 月各报纸发行数量的平均数，藤代裕之・河井孝仁「東日本大震災における新聞社のツイッターの取り組み状況の差異とその要因」『社会情報学』第 2 巻 1 号、2013、63 頁。

从内容来看，面向全国发行的报纸当中，《朝日新闻》在 Twitter 上有 6 个账号，因此《朝日新闻》在使用社交媒体方面显得相对积极；灾区地方报纸中，《河北新报》开设了 3 个账号，在地方灾区报当中显得较为积极。以《朝日新闻》为例，其粉丝最多的账号为 "@ Asahi"，主要将其官方网站上有关地震的新闻进行转发；"@ asahi_tokyo" 不仅仅介绍网站的报道，而且发送 Twitter 运营者的感想和评论；"@ Asahi_Shakai" 向用户收集问题和新闻的同时，还对在 Twitter 上流传的不确定性信息向相关当事人进行采访确认；"@ asahi_fukushima" 是《朝日新闻》福岛分社的账号，主要介绍福岛分社震灾中的采访状况。此外，从 2011 年 3 月 13 日起，《朝日新闻》还将 Twitter 上反映较好的内容进行摘录、印刷，以《支援通信》的方式进行出版。《每日新闻》的 Twitter 账号主要以每日官方网站上的内容为主；2011 年 3 月 15 日以后为配合纸版的灾区特别专版"希望新闻"，又新设专门账号，主要发送支援灾区的信息。灾区地方报纸《河北新报》的 3 个账号中，"@ yukan_kahoku" 主要发送该报记者通过骑自行车采访而来的信息，以及有关仙台市中心及出现罹难者的沿海地区状况、医疗及学校相关信息和街道状态、开业店铺及道路状况，并与粉丝进行实时互动；《福岛民报》账号发送的信息主要将焦点放置于避难所的动态，如发送在避难所产妇生孩子的信息、在避难所配置老花眼镜的呼吁信息，等等；及时接收粉丝的建议，集中在一个账号上对外发送信息。

2. 广播电视与新媒介的联合

从东日本大地震中，广播电视与新媒介的联合总体情况来看，除了与报纸同样使用新媒介平台进行文字信息发布、受众互动以外，主要体现在广播和电视媒体使用新媒介平台，与原本的广播电视节目同步播出方面。

（1）广播和新媒介的联合

一是使用既有的网络传播渠道实时同步播出。如前文所述，在东日本大地震之前，公共广播 NHK 在其官方网站上开通了在线实时收听业务，东京及大阪地区的 13 家商业广播①也联合成立了网络广播网站 radiko。在地震中，公共广播和商业广播使用既有的网络传播渠道进行同步播出灾害特别节目，成为东日本大地震中广播与新媒介联合的最主要的表现形式。

然而，就 radiko 而言，原有的播出根据网络登录的 IP 地址，对用户在线收听广播的所在区域有所限制，即东京地区的用户只能收听关东地区电

---

① 关东 7 家加盟电台为 TBS 广播、文化放送、日本放送、广播 NIKKEI、InterFM、TOKYO FM、J - WAVE；关西 6 家加盟电台为朝日放送、每日放送、广播大阪、FM COCOLO、FM802、FM OSAKA。

台在 radiko 上的在线播出内容。在地震的特殊情境下，为了使灾害信息向更广泛的范围传播，radiko 从 2011 年 3 月 13 日下午 5 点开始取消了基于 IP 地址的区域限制，面向全国播出。[①] 据此，东北受灾区域的居民，即便没有广播设备，也可以继续通过电脑和智能手机，收听 radiko 的 13 家加盟电台的震灾特别节目。2011 年 3 月 25 日，中京地区 7 家电台[②]加盟 radiko，相应地也采取了无区域限制播出。自 2011 年 4 月 12 日起，关东地区的加盟广播重新恢复区域播出限制；而关西和中京地区的加盟广播于 2011 年 4 月 1 日便恢复地域播出限制。此外，KDDI 通讯公司，在该公司的智能手机以及部分普通手机上开通了"LISMO WAVE"的服务，用户通过移动互联网络可以收听全国商业广播电台的节目，部分东北地区的商业广播电台也与"LISMO WAVE"同步播出见表 7-8。

表 7-8 使用 KDDI 网络实时播出节目的电台

电台名称	播送区域	开始网络播出时间	网络播出中止时间
FM 青森	青森县		
FM 岩手	岩手县		
Date fm	宫城县		
FM 秋田	秋田县	3 月 15 日 下午 8：00	4 月 30 日
FM 山形	山形县		
福岛 FM	福岛县		
TOKYO FM	东京都		
InterFM	东京都等地区		
Bayfm78	千叶县	3 月 29 日 上午 11：00	

资料来源：村上聖一「東日本大震災・放送事業者はインターネットをどう活用したか」『放送研究と調査』、2011（6）、15 頁。

二是通过官方网站和其他视频网站的播出。使用官方网站进行同步播出的只有公共广播 NHK。从地震后，NHK 广播第一频率便开始实行网络同

---

① radiko「東北地方太平洋沖地震への緊急対応として」，http：//radiko. jp/newsrelease/pdf/20110313_radiko. pdf，2011-3-13/2014-2-14。

② 中京地区 7 家电台为：中部日本放送、东海广播放送、岐阜放送、广播 NIKKEI（中京）、ZIP-FM、三重 FM 放送、FM 爱知。

步播出，以地震报道节目为中心一直持续至 2011 年 3 月 22 日。一些灾区地方广播通过 UStream、NICONICO 网络直播网站，进行实时同步播出。如：东北放送广播从 2011 年 3 月 15 日至 22 日，将自主制作的地震特别节目通过 UStream 和 NICONICO 实行同步播出；广播福岛主要使用 UStream 进行实时播出，从 2011 年 3 月 15 日一直持续至 5 月；福岛 FM 同样使用 UStream 进行实时播出，从 2011 年 3 月 22 日持续至 4 月 28 日。

（2）电视与新媒介的联合

一是电视台通过在线视频网站实现灾害特别节目同步直播。与中国不同的是，出于版权等因素的考虑，日本各大电视台官方网站均未提供免费的电视同步直播业务。因此，各电视台本身并没有网络直播体系。东日本大地震发生后，日本主要电视台通过 UStream、NICONICO 在线视频网站进行同步直播。

公共广播电视 NHK 综合电视于 2011 年 3 月 11 日晚上 7 点 40 分通过 NICONICO 视频网站直播，晚上 9 点 30 分通过 UStream 直播，13 日凌晨后开始在雅虎直播。有关互联网的节目实时播出，日本广播电视法没有做出明确的规定。但是，考虑灾害的特殊情况，NHK 基于广播电视法第 20 条第 2 项第 2 号 "协会所播出的节目以及编辑后的资料可以通过电信回路供公众使用" 的规定以及具体实施基准①，开始互联网直播业务。商业广播电视中，TBS 电视台于 2011 年 3 月 11 日下午 5 点 42 分开始通过 UStream 开始直播，也是包括 NHK 在内的所有电视台中最早实现网络实时直播的电视台。随后，富士电视台、朝日电视台也开始在 UStream、NICONICO 上实现直播。灾区地方电视台 IBC 岩手放送、岩手 Menkoi 电视台也使用 UStream 进行网络直播。

有关播出的效果，通过相关视频网站的点击率可以看出。2011 年 3 月 11 日以后，UStream 网站的点击率开始急升。截至 2011 年 3 月 11 日下午 1

---

① 日本广播电视法第 20 条第 2 项第 2 号虽然规定 NHK 的音视频及相关资料向公众开放，但是根据该条该项的具体实施基准，向公众开放需附带一系列条件，如节目播出一个月后才可以公开等；但是基准同时规定，灾害、危机管理信息及其他的紧急信息不受附带条件限制，应积极采取措施。

点，24 小时视听数略超过 25 万人，但是从 2011 年 3 月 11 日下午 1 点以后，24 小时的视听人数迅速攀升，达到近 133 万人。随着地震特别节目的同步直播，网站的使用人数一直维持在 130 万人左右；虽然震后 10 天开始有所减少，但是仍维持在平时视听人数的 2 倍以上。[1]

二是视频点播业务。除了视频直播以外，NHK 电视和一些商业电视台也在其网站上制作专辑，将与地震相关的视频集中起来，供用户点播使用。如：NHK 盛冈、仙台、福岛各分局各地区有关东日本大地震的视频上传至官方网站，供点播使用。其中 NHK 福岛，以"福岛故乡与新闻"为题，将面向福岛播出的晚 6 点的电视新闻上传至网络，使因核泄漏而在县外避难的人们能够通过网络，了解到县内发生的动态。商业电视台方面，TBS 与朝日电视台两家电视台联手，从 2011 年 3 月 18 日开始，在 YouTube 网站上开设 YouTube 消息信息频道，给灾民提供相关视频信息，共上传近 200 条视频。[2]

总　结　东日本大地震中的媒介功能之考察

一　实践的视角：东日本大地震中媒介的功能定位

东日本大地震发生之时，媒介发展已经步入融合时代。传统媒介与基于互联网传播的新媒介在灾害报道中发挥了重要的作用，更值得一提的是传统媒介与新媒介在媒介融合的背景下，在灾害报道中开始联合，呈现灾害报道中的媒介融合特征。

（一）报纸在东日本大地震中的功能定位

1. 传统报纸灾害报道模式已经相对稳定和成熟

在阪神大地震中，传统报纸的灾害报道已经形成相对稳定的模式。从

---

① 村上聖一「東日本大震災・放送事業者はインターネットをどう活用したか」『放送研究と調査』、2011（6）、13 頁。

② YouTube 消息情报チャンネル，http：//www.youtube.com/user/shousoku/featured，最后访问日期：2014 年 2 月 14 日。

东日本大地震的报道来看，报纸在灾害报道方面的基本思路和框架没有太大的改变，即以灾害基本情况为主的灾情报道、受灾者及避难者现状、政府及相关部门的对策、生命线的恢复状况、生活信息等主要方面。报道形式方面，全国报纸主要通过动态报道反映事件的进展，通过灾害特别报道体现一定的主题，通过社论表达一定的观点，通过慰问广告在自律的同时保证经济收入；灾区地方报纸，在上述形式的基础上还刊登遇难者名单。总体而言，延续了前几次重大地震的报道模式。有所不同的是，由于东日本大地震的受灾范围较广，包括东京地区在内的关东地区受灾情况都较为严重；加之核泄漏问题尚未得到解决，全国报纸对东日本大地震的关注状态较为持续。

2. 与新媒介的融合：报纸在灾害中的功能拓展

与历次地震不同的是，此次地震中，各大报社均采用新媒介传播平台进行信息传播，使报纸在灾害事件中所发挥的功能得以拓展。一方面，借助新媒介平台，报纸所有的发行限制得以突破。在灾害事件中，报纸往往因为交通、通信等中断而无法发行，或者只能在小范围内以号外的形式发行。在新媒介环境下的灾害中，只要能够正常连接互联网，报纸就可以以电子版的形式发行，用户随时可以接收来自报纸的信息。此外，以往报纸发行还受到区域限制，通过电子版的发行，地域性的限制变得模糊，即便在外避难的灾民也可以通过互联网了解到当地的信息。另一方面，提升了传播速度和互动性。传统报纸的传播速度受发行渠道的影响，往往需要一定的周期，而且作为印刷媒介，与受众的互动性相对也较差。由于这些弱项，报纸在灾害中尤其是非常时期能发挥的作用有限。新媒介传播平台的使用，使报纸的弱项在一定程度上得以弥补。电子报纸的发行使受众能在较快的时间内了解灾害相关的信息，互联网、社交媒体上的信息发布使得灾害信息传播的交互性、双向传播变为可能。

3. 号外的变迁：发展与回归

号外作为报纸的一种特殊形式，在灾害中，尤其是非常时期往往能够发挥作用。东日本大地震中的号外，顺应新媒介环境，改变了传播形式和途径，电子版的互联网传播减少了"依靠人力、多据点发放"的艰辛，并且发行范围由原先的以受灾地为主，瞬间拓展至世界每个可以连接上互联网的地方。这一点是也号外发展的体现。

然而，在新媒介环境下，号外实现上述功能的前提是有技术层面的保障，若制作设备损坏，无法连接互联网，则一切归零。东日本大地震中，受灾较严重地区的报社，毋论连接互联网，甚至连基于计算机技术的电子制作设备都受到损坏，无法使用现代技术制作报纸或号外。在这样的情景下，号外便又回归至其最为原始的状态。《石卷日日新闻》的"墙壁号外"，制作依靠人工的手写，传播渠道为避难所的墙壁，发行途径为人工运送、张贴。这在新媒介已经充分渗透生活、新旧媒介实现融合的今天，虽然显得不可思议，但在当时的情景下的确是种有效的传播方式。因此，从日本灾害报道史的角度而言，东日本大地震中的号外既是一种发展，又是一种回归。

（二）广播电视在东日本大地震中的功能定位

从前文的研究中可以看出，在阪神大地震中，广播电视在地震中的报道模式已经基本成熟。综合而言，东日本大地震中广播电视报道仍在阪神大地震报道模式的框架中，即报道内容以受灾信息、安否信息及生活信息为主，报道形式以 24 小时连续不间断特别节目为主。然而，在东日本大地震中，由于政策环境、媒介环境的变化，广播电视在东日本大地震中的功能发挥又呈现新的特征。

1. 紧急速报体系的广泛应用

自 2007 年起，主要依靠行政力量推行的广播电视灾害紧急速报体系得以在全日本范围内实现推行。东日本大地震发生前，紧急速报体系已经在多次灾害中得以运用。因此在东日本大地震发生之时，从各媒介的应对来看，紧急速报体系的使用已经较为成熟。作为基于日本法律建立的灾害应对公共机构，NHK 的紧急速报体系从技术层面已经可以实现实时乃至预报的功能，也能起到很好的防灾减灾功能。而各大商业广播电视机构，虽然没有法律层面的硬性规定，但是在地震发生的时间内，也都可以以最快的速度和训练有素的播报方式，进行紧急地震速报。速报，在最短时间内，传播与灾害相关的基本细节，并做出各种提醒警报，对于处在灾害情景下的听众来说，是做出应对行为的重要指南。

2. 灾害临时广播：广播在灾害中功能的凸显方式

阪神大地震中，一些因地震发生而临时获得行政许可开办的广播电台在灾害中发挥了重要作用，使广播在灾害中的功能再次受到肯定。东日本大地震发生后，基于阪神大地震等地震中获得的经验，行政部门采用了相对灵活的审批方式，放宽了灾害临时广播的审批手续，并采取一定的方式给予财源上的补助。行政上的推动，加上对广播功能的认识，带来了东日本大地震中灾害临时广播开办的高潮。灾害临时广播因其发射范围较小，服务对象相对集中，容易使灾害信息较有针对性地传播至各受灾地区。广播的"窄"化传播，使以生活信息、安否信息为主要内容的广播媒体功能更有针对性地发挥出来。

3. 与新媒介的融合：强化了广播电视媒体在灾害中的功能

对广播而言，与新媒介的融合，使广播在灾害中的功能发挥更为凸显。在灾害事件中，广播以其速报性、移动性较强等特征，加之接受终端的轻便携带化发展，成为灾害中尤其是紧急情况下人们可依赖之媒介。但是，传统广播的信息传播也有其局限性，如发射区域的限制（尤其是 FM、社区广播等功率小的电台），稍纵即逝的线性传播带来的不易保存性，等等。东日本大地震中，NHK 的在线直播及商业广播的在线平台 radiko 的在线播出，突破了广播的区域性限制，非灾区的用户通过网络可以收听灾区当地的广播节目，更加了解灾区的实际情况和需求；部分电台使用音视频网站上传音频，也解决了广播稍纵即逝的缺陷。从某种意义上而言，新潟地震中确立的、阪神大地震中沿用的"广播报道主要面向灾区"的报道模式在新媒介环境中有所变化。

对电视而言，在灾害事件中通过新媒介平台传播，一方面，同广播一样延伸了传播范围，在日本以往的地震中，灾区电视台需要通过连接全国电视网络，才能实现节目的跨区域传播；在新媒介环境下，电视台可以通过网络平台，迅速地将相关信息传播至更广的范围，让更多地区的人知道灾区的实情，有助于支援活动的展开。另一方面，通过在线视频网站，受众可以实现对传统电视台播出节目的点播，弥补了线性传播不易保存的缺陷。

（三）新媒介在东日本大地震中的功能定位

1. 灾害中的融合平台：为传统媒介传播提供新的渠道

从东日本大地震中，传统媒介借助新媒介平台、与新媒介联合进行灾害传播的实践来看，新媒介在灾害事件中成为各种媒介融合传播信息的平台。一方面，对于传统媒介而言，在原有的传播渠道基础上有所拓展，使内容得以多渠道传播；另一方面，传统媒介通过新媒介平台的传播，原先存在的缺陷在一定程度上可以得到弥补，从而在灾害情境下更好地发挥功能。

2. 新媒介本身成为灾害事件中的信息来源

除了作为其他媒介的传播渠道外，在东日本大地震中，新媒介本身已经成为灾害信息发布的重要来源，即一手信息来源。从政府等相关部门官方网站和社交媒体的及时更新，到个人在互联网及社交媒体的信息发布，以及海量的安否信息和生活信息，都体现了新媒介作为信息来源的强大功能。区别于传统媒介的是，通过互联网发布的信息，时效性、更新率大为提高；但同时带来的问题是，新媒介信息传播由于在"把关人"环节相比传统媒介有所欠缺，从而导致信息的真实性、可靠性有可能存在问题，反而会导致谣言、流言等现象的产生，使新媒介产生负面效应。

3. 社交媒体在东日本大地震中的功能

东日本大地震中，各式的社交媒体在灾害信息传播中发挥了不可低估的作用。社交媒体的共性特征之一是使传收之间的互动变得更为直接和便利，使灾害中的信息需求与满足变得更加明朗，对于媒介而言可以更有针对性的传播受众所需要的信息。东日本大地震中，官邸、各行政机构、媒体、相关公共机构及个人通过 Twitter、Facebook 等。另外，社交媒体具有强大的网络连接性特点，使灾害中的信息传播朝网络化方向发展，人们通过简单的信息共享行为，便可以将信息传播的半径扩大，提高灾害信息传播的到达率。以往，大众媒介是灾害信息的主要发布者，受众是信息接受者；新媒介环境下，尤其是社交媒体的使用，人人都可以通过新媒介平台进行灾害相关信息发布，使原先单一的传收关系变成双向的传播关系。

（四）东日本大地震中媒介传播的综合评价

日本民间放送联盟研究所于 2011 年实施了"东日本大地震时媒介所发挥作用的综合调查"，调查对象分为灾区临时住宅居住者及网络用户两个部分，其中有关地震发生后媒介接触情况、地震前后媒介的信赖度变化、各类媒介信赖度评价结果有如下几点。

1. 地震后媒介的有用度调查

调查（见表 7 - 9）将地震发生后的调查时期分为三个阶段：一是地震发生当日，二是地震发生次日和第 3 天，三是地震发生 3 天后至 1 周。从地震后各种渠道所传播的安否信息、生活信息及受灾情况信息这几个主要方面来进行，调查媒介接触者对各种渠道的传播是否起到作用做出综合评判。根据调查结果（回答"非常有用"和"很有用"的结果），在地震发生后的一周内，受访者对广播媒介的有用度评价最高；临时住宅的受访者认为报纸的有用度高于电视，网络调查的受访者认为电视的有用度高于报纸。

表 7 - 9 地震发生后不同时期媒介有用度调查

单位：%

临时住宅调查		网络调查	
地震发生当日			
1. 广播	43.2	1. 广播	66.3
2. 家人、邻居、朋友等	40.4	2. 电视	37.1
3. 自治体、警察、消防等	10.4	3. 家人、邻居、朋友等	31.2
4. 电视	10.2	4. 报纸	13.6
5. 自身经验和知识	8.0	5. 手机短信	11.1
次日和第 3 天			
1. 家人、邻居、朋友等	55.0	1. 广播	68.9
2. 广播	53.2	2. 电视	41.4
3. 自治体、警察、消防等	18.4	3. 家人、邻居、朋友等	36.3
4. 报纸	14.4	4. 报纸	25.9
5. 电视	13.6	5. 手机短信	18.7

续表

临时住宅调查		网络调查	
3 天后至 1 周			
1. 广播	58.6	1. 广播	64.1
2. 家人、邻居、朋友等	55.0	2. 电视	60.3
3. 报纸	34.0	3. 家人、邻居、朋友等	41.4
4. 电视	26.6	4. 报纸	39.8
5. 自治体、警察、消防等	22.6	5. 手机短信	30.6

资料来源：木村幹夫「ラジオへの高い評価・信頼が顕著——『東日本大震災時のメディアの役割に関する総合調査 報告書』より」『月刊民放』、2011（12）、40 頁。

2. 震灾前后媒介接触时间及信赖度的变化

根据调查结果（见表 7-10），受访者媒介接触时间方面（回答"非常大程度""很大程度""略微"上升的合计结果），临时住宅的受访者中上升最快的媒介是电视（含车载、手机电视），其次为报纸、广播（含广播车）；网络调查的受访者中媒介接触时间上升最快的媒介是广播（含广播车），其次为地震新闻相关网站、Twitter。信赖度方面（回答"非常大程度""很大程度""略微"上升的合计结果），临时住宅受访者对广播媒介的信赖度上升最快，其次为电视（含车载、手机电视）、报纸；网络受访者信赖度上升最快的媒介也是广播（含广播车），其次为报纸、电视（含车载、手机电视）。

表 7-10　震灾前后媒介接触时间及信赖度的上升比例

单位：%

	临时住宅调查		网络调查	
	接触时间	信赖度	接触时间	信赖度
广播（含广播车）	28.2	39.6	54.9	59.0
电视（含车载、手机电视）	50.2	33.2	36.7	33.9
报纸	32.6	27.4	36.5	34.5
杂志	7.6	3.8	11.4	7.1
书籍	6.2	3.4	12.5	6.3
Twitter	2.4	1.8	37.7	12.5
SNS、论坛	4.0	3.0	31.1	12.6

续表

	临时住宅调查		网络调查	
	接触时间	信赖度	接触时间	信赖度
地震新闻相关网站	7.2	5.8	51.6	27.9
视频网站	3.6	2.0	35.6	18.4
自治体、政府、公共机构的信息		12.4		18.8

　　资料来源：木村幹夫「ラジオへの高い評価・信頼が顕著——『東日本大震災時のメディアの役割に関する総合調査報告書』より」『月刊民放』、2011（12）、40頁。

3. 各媒体的信赖度调查

　　根据网络用户对震后一周内关于各类媒介传播内容的信赖度调查结果（见表7-11），广播媒介仍占首位，为64.2%；其次为电视和报纸。新媒介方面，手机短信及新闻、地震、灾害相关网站的信赖度相对较高，但是与传统媒介的信赖度还有一定差距。

表7-11　网络用户关于地震发生一周内各类传播渠道的信赖度评价

单位：%

		非常信赖和很信赖	一点都不信赖和基本不信赖
传统媒介	广播	64.2	1.2
	电视	48.9	8.4
	报纸	43.4	6.6
	通过手机、固定电话与家人、亲戚、朋友的通话	36.1	9.5
新媒介	手机短信	31.5	10.9
	Twitter	3.7	10.7
	SNS、论坛等社交媒体	5.7	10.6
	新闻、地震、灾害相关网站	16.7	9.8
	视频网站	5.2	10.6
	避难所、救灾现场等地，自治体、自卫队、政府等组织的信息提供	14.7	9.2
	避难所、救灾现场等地，志愿者及志愿者组织的信息提供	11.2	8.4
	家人、亲戚、朋友的口头传播	40.3	3.1

　　资料来源：木村幹夫「ラジオへの高い評価・信頼が顕著——『東日本大震災時のメディアの役割に関する総合調査　報告書』より」『月刊民放』、2011（12）、40頁。

4. 小结

从日本民间放送联盟的调查结果来看，地震发生时及发生后的非常时期内，无论从有用度评价，还是媒介接触程度和信赖度来看，广播都占据首位。可见，从受众的角度而言，广播是地震中最有用和最值得信赖的媒介。综合而言，传统媒介的电视和报纸的评价也相对较高。从震后媒介接触时间来看，新媒介的接触时间在一定程度上有所上升，反映出对于受众而言，新媒介已经作为重要的灾害信息接收渠道。然而，新媒介在灾害中的可信赖度远远低于传统媒介。

二 理论的视野：媒介功能理论框架下的分析

（一）环境监视功能

东日本大地震中，报纸、广播电视及新媒介在震后第一时间内便开始有所反应行动，通过各自的传播手段和方式进行灾害相关信息传播，发挥环境监视功能。综合而言，东日本大地震中的媒介环境监视功能发挥的平台有所拓展。如果说，阪神大地震中新媒介的灾害信息传播已经开始崭露头角，那么东日本大地震中的新媒介灾害信息传播已经开始抬头，并且与传统媒介不断融合，形成合力。

相比较阪神大地震而言，传统媒介在灾害信息传播形式和内容方面，并无太大的改变，依旧延续之前历次地震中形成的传播模式；有所区别的是，传统媒介的信息传播渠道较前几次地震有所拓展，借助新媒介平台传播以及与新媒介的合作，促进传统媒介环境监视功能的进一步发挥。此外，传统媒介在灾害中的环境监视功能定位再次得到确定，如广播媒介在灾害中的功能和地位得到进一步确认，并促使临时灾害广播这一特殊形式在地震中有所发展。

（二）联系功能

由于传统媒介有关灾害信息传播的模式已经基本固定，因此，在东日本大地震中，报纸、广播、电视在灾害联系功能的发挥上，总的来说并没有很大变化，报纸依旧是通过深度报道、社论、解释性报道、主题报道等多种形式，广播电视是通过现场直播或连线、推出系列主题节目等方式，发挥媒介在灾害中的联系功能。然而有所区别的是，新媒介传播环境下，新媒介的交互性、连接性、即时性等诸多特征，使围绕灾害主题的评论、解释、诠释等变得更为直接、详细及深入。尤其是新媒介和传统媒介的不断融合，使各种媒介的传播优势更好地发挥，在灾害联系功能发挥方面起到更好的作用。

（三）缓解压力功能

大量有关灾害受灾情况的传播，使人们对于灾害的认识越发明朗；人们通过安否信息，可以知晓家人或朋友安全与否；生活信息的提供更是直接为人们提供生活指南。东日本大地震中，媒介的主要报道内容依旧主要集中在这三个方面。有所不同的是信息传播渠道的拓展，尤其是安否信息的网络化发展，使人们知晓家人、朋友安全与否的渠道增加、速度增快。因此在某种程度上，东日本大地震中媒介进一步发挥了缓解社会紧张情绪的作用。然而，新媒介环境带来的问题可能在缓解社会紧张情绪层面起到相反的作用。网络媒体、社交媒体等新媒介的"把关人"作用发挥有限，使一部分不实、有误信息得以传播，借助新媒介平台反而传播得更快、更广，在某种程度上导致社会不安情绪的加剧升级。

（四）动员功能

与阪神大地震相同，东日本大地震中媒介动员功能的发挥主要体现在精神层面的动员和救援、援助层面的动员。精神层面的动员，主要通过反映灾害中人们互相帮助、积极乐观心态的主题报道和社论中的舆论引导；救援、援助层面的动员，通过大量报道日本国内外对灾区物质资料、救援资金等方面的救助，艺人、名人及非灾区居民对灾区的祝福及相关志愿者活动等内容，集中体现国内外对日本地震的关注和支援，形成强大的救援舆论声势，有利于实现进一步的救援动员。新媒介环境下，多种传播渠道和传播形式，使精神层面的动员和救援、援助层面的动员能够进一步发挥。

（五）经济功能

如前文所述，媒介在灾害中的经济功能发挥主要考察的内容是灾害中广告的刊登和播出。从关东大地震时起，日本媒介在历次地震中都会启动广告刊登自律法则，即在一段时期内以慰问广告代替商业广告的传播。东日本大地震中，大部分媒介仍然采取了这样的自律模式处理广告。然而，针对长期形成的广告自律模式，人们所持观点不一。根据朝日新闻、产经新闻、每日新闻及读卖新闻四家报社联合发起的"4家报纸有关震灾影响的调查"中，认为慰问广告"只是流于形式"的占调查总人数的37.0%，认为慰问广告"比起什么都没有来说还是好的"占调查总人数的36.9%，反对和支持的比例相当；而对于企业在地震中是否应该采用自律的方式刊登广告，86.1%的调查者认为"企业对广告活动采取自律模式会导致日本经济停滞"，87.2%的调查者认为"企业需要刊登与地震相关的服务介绍广告"[1]。总体而言，受众还是希望企业在震后不中断广告的刊登或播出，以确保经济的持续发展。对于商业性媒介而言，广告的不间断播出是其维持经济功能的重要保障。

---

① J-MONITOR「4紙共同震災影響調査報告書」，http：//adv. yomiuri. co. jp/download/j-monitor/j-monitor201105. pdf，2011-05-01/2014-03-11。

第八章　日本灾害事件中媒介功能的变迁及媒介传播实践的启示

第一节　日本灾害事件中媒介功能变迁的考察

如前文所述，社会学视野中的媒介功能有几个层面的含义：一是函数意义上的大众传播功能，即大众传播活动过程中各构成要素的变量及变量之间的函数关系；二是作为媒介特征意义上的功能；三是大众传播的社会性使命，即人们对媒介的期待或媒介应承担的使命；四是作为大众传播活动的功能，即大众传媒的传播活动实践。[①] 本书的前文研究主要集中在第四个功能的探讨上，即媒介在灾害事件中的传播活动的研究。本节将在前期研究的基础上，梳理媒介在灾害事件中传播活动的变迁，在此基础上归纳总结媒介特征意义上的功能，并放置媒介社会功能理论的分析框架中梳理媒介功能的变迁。

一　实践的视角：灾害事件中媒介传播的变迁

（一）印刷媒介灾害传播的变迁

1. 号外的变迁：报纸在震后非常时期传播的发展变化

纵观日本报纸号外发展的历史，从有史料可考的范围来看，最早在地震中通过号外传播消息的活动始于 1889 年 7 月 28 日（明治 22 年）的熊本

---

① 竹内郁郎『マスコミュニケーションの社会理論』東京：東京大学出版会、1990、60 - 68 頁。

地震。① 在 1891 年发生的浓尾地震中，号外的报道规模有所扩大。但总体而言，明治时期地震中的号外传播是零星出现的状态。真正迎来号外在地震中的活跃，当属进入大正时期（1912 年）发生的关东大地震。关东大地震以后的历次地震中，号外成为震后非常时期信息传播的重要渠道。从本书所选取的地震中的号外传播情况来看，主要呈现以下变迁特征。

一是传播途径的改变。一方面，号外的传播途径随着时间的推移，朝着更加便捷化方向发展，传播速度也逐渐提升。关东大地震中的号外，主要是通过人工在人口密集区发放或采用各报社的零售系统进行发放的形式；东南海地震和三河地震发生之时，由于正处于太平洋战争时期中，战时严格的媒介管控制度导致地震消息处于限制传播状态，这两次地震中暂时未发现号外的发行记录；新潟地震发生之时，电子传输系统尚未普及，报纸报道的图片传送使用直升飞机传输，在地震中也出现过使用直升飞机发行号外的情况；东日本大地震中，PDF 版号外的出现，使号外的传播途径有了新的突破，即实现基于互联网技术的无纸化传播。

另一方面，地震中号外的传播途径在特定情境下会出现"回归"。2011年的东日本大地震距离 1923 年发生的关东大地震，已经有了近 90 年的历史。在新媒介发展势头正旺、新传播渠道和平台层出不穷的媒介环境下，东日本大地震中却出现了以墙壁为传播途径的手写号外。"墙壁号外"是报社在无法通过任何一种现代传播途径进行信息传播的情况下的应急行为，它的出现一方面说明了即使在新媒介环境情境下，灾害等外力因素的干涉和破坏，可以导致一切新兴传播途径的失灵；另一方面恰恰说明了人类最原始的传播方式的强大生命力。因此，"墙壁号外"不仅仅是号外的一种回归，更是新闻传播的一种回归。

二是传播范围的改变。号外传播途径的改变带来的最直接的结果便是号外的传播范围的改变。在关东大地震中，依靠人力和零售系统的发行，号外的传播范围被限制在受灾较为严重的地区；新潟地震中的飞机传送号外的方式，使号外的传播范围从灾区拓展到非灾区；东日本大地震中电子

---

① 小林宗之「大震災と号外——地震発生第一報の変遷」『生存学』、2012（5）、231 頁。

号外在互联网的传播，使号外可以传播至世界上任何连接互联网的地方。此外在阪神大地震中，不仅仅灾区当地的报纸和在日本全国范围发行的报纸会发行号外，其他地区的报纸也会发行号外，这一现象在东日本大地震中亦有出现，体现了在灾害传播历史漫长的积累过程中，灾害中发行号外的意识已经得到日本报业的关注并达成了共识，这不仅仅是号外传播范围的改变，更是日本报业灾害中号外传播理念的进一步强化。

三是传播内容的变化。总体而言，号外的传播内容变化不大。从关东大地震到东日本大地震，地震中的号外基本集中在与灾害有关的最新信息上。早期的地震号外主要以受灾情况为主，直至东日本大地震中的号外出现了大量的生活信息。其间，也有在地震中发行的号外内容并非都是地震相关内容的情况出现，早期的号外为纯新闻信息，之后也有出现号外刊登广告的情况，如新潟地震中《朝日新闻》的号外。因此，在传播内容方面，号外内容由单一的受灾信息向受灾信息和生活信息并存情况方向改变，事实上顺应了灾害报道整体范围拓展的发展规律。而在地震中刊载与地震无关的报道内容和商业广告，虽然在日本地震号外传播史上并不多见，但是着实能反应某个特定阶段、特定报社号外编辑思路的变化。

四是传播形式的变化。早期地震中的号外以文字信息的方式进行传播，如关东大地震中的号外均为文字号外。新潟地震中的号外，开始出现以图片的形式展现地震受灾情况，并占据较大的篇幅。之后的阪神大地震和东日本大地震中的号外，同样以图文的形式进行信息传播。在号外中使用图片传播的方式，容易让受灾情况更加直观地呈现，从而提升纸质媒介的感官效果。诚然，地震号外中图片的使用，必须依赖顺畅的图片传输系统；在尚未出现电子图片传输系统的相当长的一段时期内，异地报道的图片往往依赖交通工具，在紧急情况下更是使用直升飞机传输以提升传播速度。因此，传播形式的变化在某种程度上取决于媒介生产技术水平。

2. 震后恢复期内报纸灾害传播的变迁

灾害社会学将灾害发生的时期分为以下几个阶段：灾害发生期（灾害发生时）、灾害扩大期（从灾害发生后数小时至 1 天）、救出/救援期（灾害发生后 2~3 天）、恢复期（从灾害发生后 1 周至 1 个月）、重建期（灾害发生 1 个月后）。前文对报纸的研究主要考察的是各地震发生 1 个月内媒介传播的情况，即从灾害发生期、灾害扩大期至救出/救援期、恢复期这四个阶段。从震后 1 个月内的报纸报道情况来看，主要呈现以下几点变化。

（1）报纸灾害报道基本模式的形成与发展

关东大地震中，报纸的主要内容由灾害相关新闻信息、避难者名单以及慰问广告构成。其中，避难者名单和慰问广告的出现具有历史性意义，这两大类内容几乎成为关东大地震以后历次重大地震报纸报道的"必选内容"；东南海地震和三河地震中，由于战时报道管制的制度，关东大地震中确立的报道模式未能延续，最基本的与灾害相关的新闻信息也未能充分刊登，可以说在一定程度上是一种历史的倒退；新潟地震中的报纸报道模式，又恢复到关东大地震时期的基本报道模式，基本是以灾害新闻信息、避难者名单和慰问广告三大部分组成；阪神大地震中的报纸报道，出现了生活信息专栏，生活信息成为报纸灾害报道的重要内容，一直延续至东日本大地震时期。从历史的进程来看，日本报纸灾害报道的基本模式已经在关东大地震中初具雏形，后历经战争时期的倒退，至新潟地震以后又逐步开始在基本模式上有所发展。

（2）报纸报道内容倾向的变迁

本书根据每个地震的实际情况，对地震中的报纸报道进行了分类目上的量化统计。虽然前后的类目标准有所差别以及每次地震的具体情况有所差异，但是总体而言可以看出报道内容倾向层面呈现一定的变化：关东大地震中，唯一未中断出版的《东京日日新闻》在震后一个月内，政府及相关部门的措施、地震及受灾情况和生活线恢复的内容最多；在东南海地震和三河地震中，有关地震及受灾情况的报道内容较少，政府及相关部门措施的报道最多；新潟地震中的报纸报道，总体而言是政府及相关部门措施相关报道最多，地震及受灾情况报道和救援、援助、捐款及慰问的相关报道也较多；阪神大地震和东日本大地震中的相关报纸报道，也集中在政府及相关部门措施，地震及受灾情况报道，救援、援助、捐款及慰问三个方面。

从地震报纸报道的内容倾向变迁来看，有关政府及相关部门措施的报道为历次重大地震中报道最多的内容，前后并无太大改变；有关地震及受灾情况方面的内容，除了太平洋战争期间的东南海地震和三河地震受到限制以外，在其余历次地震中的报道中均占据较大分量；从新潟地震以后，救援、援助、捐款及慰问相关的报道在整个灾害报道中所占据的分量开始逐渐增多，成为又一个报道的重点。

（3）报纸评论的考察：有关灾害主要观点的变化

考察灾害情境下报纸的评论性文章，可以知晓报纸对于灾害事件主要观点倾向。本书所选取的日本历次重大地震中，报纸基本上都组织了不同形式的评论性文章，主要有社论、观众建言、论说等形式。关东大地震中，《东京日日新闻》评论性文章的内容主要集中在震后如何恢复重建的建议上。东南海地震和三河地震中，无论是全国报纸还是灾区地方报纸，都未刊登社论，但是灾区地方报纸《中部日本新闻》摘登了大量军部官员的讲话，激励日本民众克服灾害困难继续投入战争后需生产。新潟地震、阪神大地震中，全国报纸和灾区地方报纸的社论主要内容也大多是震后恢复重建的建议和对策。由于东日本大地震灾害事件较为复杂，夹杂核泄漏事故，全国报纸和灾区地方报纸的评论性文章的主要内容方向集中在政府及相关部门的应对、灾区的恢复重建、核泄漏事故的影响等方面。

综合而言，除了东南海地震和三河地震，其余的历次重大地震的报纸评论主要关注的焦点是灾区的恢复重建，尤其是对恢复重建的对策建议。东南海地震和三河地震受战时媒介管制的影响，直接取消了专门的社论，并通过摘录官员的讲话进行战争后备生产的舆论引导，反映出当时报纸报道的关注焦点并不在灾害本身。东日本大地震中，因为事件的复杂性，使报纸有关政府及相关部门是否在灾害中有所作为成为评论焦点；由于核泄漏事件也是日本历史上未曾遭遇过的重大灾害事件，自然成为关注的焦点。

（4）灾害特别报道所呈现的报道关注点的变化向"人本主义"发展

特别报道是报社在某一段时间内根据某特定的主题进行的特别策划报道，通过研究日本历次重大地震中的特别报道，可以知晓一段时期内该报纸重点关注的内容。比较而言，关东大地震中的《东京日日新闻》所推出的特别报道，无论在内容上还是篇幅上都相对简单，两个主题式连续报道只是以较少的篇幅报道受灾较为严重地区的情况和灾区人们恢复重建的状态。而东南海地震和三河地震中，面向全国发行的三家报纸和灾区地方报纸未策划特别报道，但是灾区地方报纸《中部日本新闻》中对典型人物宣传报道较多，且内容多具煽动性，其宗旨仍是为战争服务。新潟地震中，《新潟日报》推出由市民讲述震中体验和调查灾区受灾和重建情况为主要内容的特别调查报道。阪神大地震中，《神户新闻》的特别报道以灾民为主要视角，推出与灾民共存、共同努力的励志特别报道"活着"和传递受灾者声音的特别报道"现在的我"。东日本大地震中，《河北新报》于2011年3月15日推出"避难所的现在"连续特别报道，后于3月22日起推出记述灾区人民震后勇于克服种种困难，呈现自立向上精神的特别报道"坚持"①，与阪神大地震中《神户新闻》的"活着"较为类似。

总之，在20世纪初期的地震中，报纸的灾害特别报道并不是灾害报道的常用形式。关东大地震中特别报道规模不大，可推测为由于当时地震的破坏程度较大，通信和交通中断，在当时的情境下深入进行特别报道显得困难，就其报道内容来看也相对局限在灾害本身和恢复重建的情况上。太平洋战争时期的两次地震中，报纸受政府媒介管制政策影响未出现灾害特别报道，取而代之的是典型人物宣传完全为战争服务。新潟地震中的报纸特别报道体现了报道的视角开始向"人"的关注，关注受灾者在地震中的状态。大量的调查性报道，将灾区震后面临的各方面问题进行深度呈现，并提供实时方案，体现报纸在灾害事件中的社会责任。阪神大地震中的报纸特别报道，开始出现从精神层面对灾民的鼓励和支持，同时还关注灾民在震后的生活状态和需求，进一步体现了对"人"的关注。东日本大地震中的报纸特别报道，其视角依旧放置在"人"上，无论是避难生活的写照，还是精神层面的鼓励，都体现了灾害报道以人为本的理念。

(二) 电子媒介灾害传播的变迁

1. 震后"第一报"的变迁：广播电视震后应急反应的发展变化

日本的广播业务始于1925年，电视业务始于1953年。在广播刚开始业

---

① 河北新報特別縮刷版『3.11 東日本大震災1ヵ月の記録』東京：竹書房、2011。

务的历史阶段，并没有在大的灾害中发挥出特别的功能，尤其是日本进入战时特别体制以后，广播更是沦为战争的工具。勿论是地震、台风等自然灾害，即便是一般的气象预报都限制播出。日本业界的普遍观点认为，广播真正在灾害中发挥一定的功能是在 1964 年的新潟地震中。从本书所选取的几次地震的情况来看，新潟地震是日本电视业务首次真正面临考验的大型灾害。

（1）从节目遭受中断到地震速报体系的建立

在新潟地震和阪神大地震中，无论是公共广播电视 NHK 还是灾区地方广播电视，其正常播出均受到地震的影响而出现中断，因此，两次地震中的"第一报"的出现时间均与地震发生时间有所间隔。东日本大地震中，公共广播电视 NHK 已经建成成熟的地震速报体系，震后第一报可以在地震发生之时自动弹出，出现时间几乎与地震发生时间保持一致；商业广播电视虽然在技术层面尚未建成与 NHK 同样的速报体系，但是在地震发生时，未受地震影响的节目主持人会以人工方式进行地震速报的提醒。在近 50 年的发展历程中可以看出，日本的广播电视，尤其是公共广播电视已经从灾害发生时节目遭受中断向与灾害发生时间几乎同步播出灾害"第一报"的发展方向转变。

（2）地震"第一报"内容的变化

在新潟地震中，地震"第一报"只是交代了地震发生的事实，但具体的震源地、震度和受灾范围等详细的信息并未能体现；阪神大地震中的"第一报"与新潟的类似，第一时间并没有详细播报地震的具体信息，在后来播报震度信息时，有关神户地区震度的确切消息却经历了多次的更改，信息一度出现混乱。而在东日本大地震中，公共广播电视 NHK 的地震"第一报"中出现地震的震源地和震度较强的地区的信息，商业广播电视中部分机构也进行了震源地和震度较强地区的播报。此外，无论是公共广播电视还是商业广播电视均能在地震"第一报"中反复进行灾后正确应对措施的提醒。

2. 广播电视灾害传播的变迁

（1）广播电视灾害特别报道体制的确立和发展

广播在日本刚开始出现之时，并未在灾害中发挥积极作用，究其主要原因，一方面是新兴媒介技术的发展水平所限，向大众的普及程度和人们对其作为新媒介的认知需要一定时间；另一方面是受特殊的战争时代背景和战时媒介体制的影响，广播成为战争宣传的工具。电视媒介作为电子媒介的另一种形式，较广播登场较晚，但是由于时代背景的不同，其刚出现不久，便在灾害中开始发挥作用。

日本业界普遍认为，1964 年的新潟地震是广播电视媒介在灾害传播中正式发挥作用的开始。在新潟地震中，广播电视在震后恢复播出后立即启动灾害特别报道体制，灾害特别报道体制的最主要特征是 24 小时不间断滚动播出与灾害相关的信息。新潟地震中，公共广播 NHK 的灾害特别报道体制无论持续时间还是播报信息量，都较商业广播具有优势；而从媒介视角而言，无论是公共电视还是商业电视，均在持续时间和报道内容等方面较广播稍显逊色。

阪神大地震中，灾害特别报道体制得以进一步发展：公共广播 NHK 在多个频道、频率长时间持续进行灾害播报，播报时间为历史之最；地方商业广播电视也同样采用长时间、主题集中的特别报道体制，虽然在特别报道的应急方面逊色于公共广播电视，但是其持续时间和报道规模均较新潟地震时期有所发展。

东日本大地震中，广播电视特别报道的应急反应时间和报道规模较阪神大地震又有所发展。面向全国播出的公共广播电视 NHK，其所有频道、频率几乎与地震发生时间同步进入灾害特别报道体制，持续 3 天；东京地区的商业广播电视也各自都在第一时间内进入灾害特别报道体制，持续时间短则 24 小时，长则一周左右。灾区地方的商业广播电视中，在震后也在第一时间内进入灾害特别报道体制，虽然部分机构因地震破坏较为严重，播出被迫中断（如石卷灾害 FM），但是在恢复正常后仍以灾害报道为主要内容。与前几次地震不同的是，东日本大地震中媒介的灾害特别报道呈现融合的态势，如广播与电视的联合播出、广播电视通过互联网渠道的传播。

（2）广播电视灾害报道基本模式的变迁

纵观日本广播电视灾害报道基本模式的发展历程，可大致分为三个发展阶段。

第一阶段：以报道灾害事件的受灾情况为主。早期的日本广播电视灾害报道的主要内容以灾害新闻播报、公报、气象时报等信息为主。例如，在 1934 年 9 月 21 日发生的室户台风中，广播每隔一小时就进行灾害新闻、公报、气象时报等信息的播报；在 1959 年 9 月 26 日发生的伊势湾台风中，灾区的广播电视台主要发布台风信息和警报，并提醒居民蓄水以应对停水、准备手电筒应对停电等情况的出现。这样以播报受灾情况为主的播报形式一直持续到新潟地震发生之前。

第二阶段：以确认人员是否安全为主的安否信息登场。从前文可知，安否信息的雏形出现在 1959 年的伊势湾台风中，真正登场并发挥重要作用是在 1964 年的新潟地震中。在新潟地震之后的历次重大灾害中，安否信息作为一个固定的播报形式出现在广播电视媒介中，尤其是最终成为广播媒介灾害报道的重要内容。阪神大地震中，安否信息的需求更是达到井喷状态，通过广播电视播出的安否信息并不能完全满足需求。总之，从新潟地震以后，安否信息和灾害受灾信息便成为广播电视灾害报道的主要内容。

第三阶段：以受灾信息、安否信息和生活信息为主要内容的灾害报道基本模式的确立。阪神大地震中，以传递受灾地区生活相关信息为主要内容的生活信息成为受灾地区广播电视台播出的重要内容。至此，日本广播电视灾害报道的基本模式形成，即以受灾信息、安否信息和生活信息为主要内容构成。2011 年东日本大地震发生后，仍延续了该报道形态。

（3）从单一的信息传播机构向防灾机构的发展

从早期的广播电视报道内容来看，广播电视机构仅仅是灾害相关信息的发布平台，所发挥的作用也是其信息传播最基本的功能。受 1959 年伊势湾台风损失惨重的教训，日本的广播电视机构意识到广播电视机构在灾害事件中不仅仅是一个信息传播的工具，更应当成为引导人们在灾害中如何采取应对措施的防灾机构。在 1961 年的室户台风中，广播电视机构不仅仅播报来自气象台的台风信息和警报，还播报各个区域的实际状况和居民应采取何种行动才能获得一定成效的指导信息，使广播电视的防灾功能得以初显。1964 年新潟地震中，广播电视在灾害中作为防灾机构的地位得以确立，至此，广播电视机构在灾害中不只是单一的信息传播机构，更是重要的防灾机构。

二 媒介特征的视角：不同媒介在灾害事件中的功能定位

(一) 灾害事件中媒介形态的变迁

回顾本书所选取的灾害事件中的媒介传播历程，可以发现在不同时期的灾害事件中，所使用的媒介传播形态有所不同，总体呈现传播渠道增多，且有向融合方向发展的倾向。

关东大地震中，灾害信息传播的主要渠道为印刷媒介的报纸。东南海地震和三河地震中，出于战时媒介管制等原因，广播和报纸的灾害信息传播活动范围比较有限，但是相对而言，报纸尤其是地方灾区报纸仍是主要的灾害信息传播渠道。新潟地震中，电子媒介开始正式登场，特别是使广播在灾害信息传播中的优势得以发挥；作为印刷媒介的报纸，尤其是灾区地方报纸以较大篇幅深入报道灾害事件，与电子媒介一道成为灾害媒介信息传播的主要渠道。阪神大地震中，灾害媒介传播发生了一定的变化，一方面基于互联网技术传播的新媒介形式开始崭露头角；另一方面，传统的广播电视本身，也衍生出社区广播、有线电视等新的媒介形式，开始在灾害中发挥作用。东日本大地震中，灾害媒介传播则呈现新的形态，一方面报纸、广播电视等传统媒介使用传统的传播渠道进行信息传播，并通过灾害临时广播等特殊的媒介形式发挥功效；另一方面，基于互联网传播的新媒介也成为灾害信息传播的重要载体；更重要的是，在东日本大地震中，传统媒介和新媒介实现了联合，以融合的方式进行灾害信息传播。

(二) 不同媒介形态在灾害事件中的功能特征

从前文的研究结果来看，不同的媒介形态在灾害事件中所发挥的功能有所区别，不同的媒介形态在灾害信息传播环节所体现的优势和劣势上也存在差异。灾害事件中媒介信息传播需要考虑以下几个主要因素。一是基于媒介的物理特征而体现的耐灾性、信息传播的范围和携带性。媒介的耐灾性，即媒介在灾害事件中的存活能力和恢复能力；媒介信息传播的范围，即传播范围能够达到何种程度，是全国范围内传播，还是局限在媒体所在地传播；媒介的携带性，即在灾害事件中是否能够随身携带、随时接收信息。二是信息传收的模式，是一对一的个人信息传播，还是一对众的大众传播，或是众对众的多路径传播，还是传收双方的交互传播。三是媒介传播的时间特征，即媒介的速报性、存储性、更新性等。四是受众使用的便利性，即媒介是否有选择使用的可能、能否简易操作、是否具有检索功能，等等。

1. 报纸在灾害事件中的功能特征

从本书所选取的几次地震事件中报纸的传播活动来看，报纸的耐灾性总体偏弱。关东大地震中，关东地区的报社几乎全部受灾，仅有《东京日日新闻》未中断发行。阪神大地震中的《神户新闻》在地震后也面临无法正常出版发行的风险，虽然最终通过与《京都新闻》的灾害互助协议实现正常的出版，但是仍反映出关东大地震70多年后，报纸在灾害中的抗灾能力较弱。究其原因，报纸的出版、发行所涉及的环节较多，其中任何一个环节遭受灾害的破坏，便会导致正常信息传播过程的中断。日本的报纸一般可分为面向全国发行的和灾区地方发行的，但是具体信息传播可达到的范围，依赖报纸本身的订购数量、发行渠道及发行方式，即报纸在灾害事件中并非"强制性"的信息传播渠道。从携带性来看，报纸携带较为方便，但是随着时间的推移，报纸的重量和尺寸大小可能会减弱其在灾害中的携带性。

从信息的传收模式来看，报纸媒介属于大众传播的范畴，即一对众的传播。而从传收双方的互动性来看，报纸媒介的互动性较弱，受众虽然可以通过其他渠道进行互动、反馈，但是由于报纸出版流程耗时较长，互动性相对较弱。从媒介传播的时间特征来看，报纸由于存在出版、发行诸多环节，其速报性功能不强。从日本地震中报纸的传播实践来看，号外作为一种特殊形式，在灾害事件中对报纸速报性功能进行了一定的弥补，但是与电子媒介相比较，尤其是广播而言，仍无法匹敌。在信息的存储性方面，纸张易保存的特征，使报纸成为易存储、基本不受容量限制的媒介。在信息的更新性方面，一般的报纸可分为日报和晚报，加之灾害中号外的发行是随时的，使报纸在更新性方面具有一定的优势。

从受众使用情况来看，报纸因其具有较强的存储性，使受众可以随时进行可选择性的阅读，满足对某一特定方面的信息需求；从操作层面而言，也不存在任何障碍；作为传统媒体，报纸在受众层面的信赖程度较高，这也会成为人们在灾害非常时期选择信息传播渠道的重要参考因素。不足的是，传统的纸质报纸无法实现检索的功能，只能逐字、逐段、逐版进行阅读查找。

2. 广播在灾害事件中的功能特征

相比其他媒体，广播在灾害事件中的耐灾性较强。关东大地震中，广播尚未登场。太平洋战争中，广播的耐灾性功能被用于战争宣传，很长一段时间内广播成为播报空袭警报的渠道，以致东南海地震和三河地震发生之时，广播仅仅播出了地震发生的简单事实。新潟地震中，广播的耐灾性功能得以突出，虽然在灾害发生后也出现中断播出的情况，但是在灾害中的"复活"能力要强于当时的新兴电子媒介，即电视。阪神大地震和东日本大地震中，广播的耐灾功能得以进一步彰显，成为灾害中最为坚挺的媒介。也正是因为如此，在东日本大地震中，日本政府部门放宽了审批手续，促成大批灾害临时 FM 在灾后应急开办。

从传播范围来看，日本的公共广播 NHK 已经建成全国范围内的网络，商业广播电视也建成全国性的合作网络。新潟地震中，NHK 新潟分局在主要立足新潟地区的同时，兼顾全国的听众，通过全国新闻网，将最新信息传播至全国范围；阪神大地震中，在服务范围相对窄化的社区广播开始发挥作用，并带来了社区广播发展的潮流；东日本大地震中，公共广播、商业广播及社区广播、灾害临时 FM 共同发挥作用，其传播的范围几乎覆盖至各层级的区域。因此，广播在灾害中既可以实现广域范围内的传播，又可以实现窄域范围内的传播。从携带性的角度来看，广播刚开始登场时，接收终端为真空管式收音机，其携带性并不强；新潟地震发生之时，半导体收音机已经得到普及，使广播成为灾害中携带性较强的媒介，人们可以随时随处收听节目；阪神大地震以后，随着技术的进一步发展，通过车载广播、移动电话收听广播节目的方式普及，广播的携带性进一步凸显。

　　从信息传收模式来看，与报纸一样，广播的传播属于一对众的大众传播范畴。互动性方面，受众需要借助电话连线、互联网平台等方式实现与广播节目的互动，在灾害情境下，能否顺利实现互动则取决于其他通信手段是否通畅，因此，广播媒介在灾害中的互动性一般。从时间特征来看，广播媒介具有极强的速报功能，一旦灾害发生，广播中断正常的节目播出，播报灾害相关的信息。在新潟地震、阪神大地震中，公共广播 NHK 在震后极短的时间内便切换至灾害播报状态；东日本大地震中，公共广播 NHK 几乎与地震发生时间同步播出灾害地震速报。在更新性方面，广播可以通过现场连线、随时播报等方式，实现信息及时滚动播出。由于广播的线性传播特征，其在存储性方面相对较弱。

　　从受众使用便利性方面来看，由于广播是线性传播，受众只能遵循节目播出流程进行信息获取。虽然通过互联网传播平台也可以实现广播节目的点播功能，但是在灾害情境下，受众使用广播媒介的可选择性较弱；同样，广播媒介也无法实现对播出内容的检索。在可操作性方面，广播接收终端的操作和使用基本不存在困难，可操作性强。

3. 电视在灾害事件中的功能特征

　　从电视媒介的物理属性来看，电视媒介在耐灾性方面表现一般。从本书所选取的几次地震中的传播实践来看，新潟地震、阪神大地震以及东日本大地震中，电视媒介尤其是灾区地方商业电视在地震中均有遭受破坏的情况发生，由于技术层面的相对复杂性，电视媒介在灾后的"复活"能力也相比广播而言较弱。有关电视的传播范围，基本与广播的传播范围一样，既有 NHK 的全国电视播出网络，又有立足地方播出的商业电视台，还有立足更基层区域的 CATV，可以实现多层次区域的播出。从目前电视媒介的接收终端和播出所需要的物理条件来看，电视媒介的携带性较差。虽然也有移动电视终端的出现，但是相对而言普及率不高。

　　从信息传收模式来看，与报纸、广播一样，电视的传播属于大众传播的范畴。与广播一样，电视媒介的互动需要借助其他的传播渠道和通信手段，在灾害事件中的互动性一般。从时间特征来看，电视媒介也同样具备极强的速报功能，但是在灾害情境下，其速报功能的发挥取决于其"耐灾"

能力。新潟地震和阪神大地震中，电视的震后应急反应相比较广播而言有所滞后；东日本大地震中，同广播一样，NHK 电视频道也同步发出紧急地震速报，但是部分灾区的商业电视台因为物理受损设备，需要借助其他的媒介平台进行信息传播。同广播媒介一样，电视媒介在灾害中也可以实现随时更新播出，而在存储性方面的功能同样较弱。

从受众使用便利性方面来看，电视媒介与广播媒介有着类似的特征，可选择性较弱、无法实现内容的快速检索，接收终端操作方便、可操作性强。

4. 新媒介在灾害事件中的功能特征

阪神大地震和东日本大地震中，以局域网、互联网、移动互联等为技术基础进行传播的新媒介形式悉数登场，并开始发挥作用。不同新媒介形式在灾害事件中所体现的功能特征有所差异，主要是传播的硬件差异上。但是，在传收模式、时间特征及受众使用的便利性等方面的功能特征基本相同。

从新媒介形式传播的硬件设备来看，主要分为计算机和移动电话、平板电脑等移动终端。从耐灾性的角度来看，移动终端的耐灾性能要强于固定的计算机设备；从传播范围来看，由于都是基于网络技术进行传播，可以到达任何连接网络的范围；而在携带性方面，移动终端的优越性更为明显。

在传收模式方面，新媒介可以实现一对一、一对众、众对众的多种传播模式，相比较传统媒介，新媒介有着超强的互动性。在连接网络的地方，可以随时实现互动的功能。从时间特性来考察，互联网有着极强的速报性，无论是个人还是组织机构，只需登录互联网便可以立即传播相关信息。但是，在灾害情境下，互联网速报性功能的实现仍旧依托于通信线路和终端的耐灾性。从技术层面而言，互联网由于耐灾性落后于广播，因此其速报性功能不如广播媒介稳定。同理，其信息更新的速度也在某种程度上取决于其耐灾性。在数据存储方面，海量的网络数字空间使新媒介有着较强的优越性。

从受众使用的便利性来看，新媒介传播内容的可选择性较强，受众可以根据需求检索自己所需要的信息。但是，相比较传统媒介而言，新媒介在操作层面相对复杂，需要具备一定的技能才可以熟练使用。

三　媒介功能理论框架下的考察

前文以媒介社会功能理论为基础，对历次重大地震中的媒介功能进行了总结。总体而言，灾害事件中的媒介功能发挥并未能超出媒介社会功能的框架，这说明媒介社会功能理论具有普遍性的意义。然而，在灾害情境下，并非理论中的媒介社会功能都会发挥作用，因此本书所选取的分析视角主要集中在环境监视功能、社会联系功能、缓解压力功能、动员功能、经济功能五大方面。从历史的视角来看，虽然历次重大地震中的媒介传播都在媒介社会功能理论的框架之下发挥作用，但是细化到每个具体功能的内部可以发现其发展变迁的轨迹。

（一）环境监视功能的变迁

处于印刷媒介发展阶段的关东大地震中，一方面，由地震引发的火灾将关东地区几乎烧毁，绝大部分报社也未能幸免，因此，当时的大众媒介在震后一段时间内环境监视的功能部分是失灵的，只能通过号外等方式进行信息传播的弥补；另一方面，在有关因谣言而起的"朝鲜人虐杀"事件中，大众媒介出于种种原因未能正确地传递消息、消解谣言带来的危害，反而在某种程度上造成暴力集群事件的升级。

在刚步入电子媒介时代的东南海地震和三河地震中，无论是既有的印刷媒介报纸，还是新兴的电子媒介广播，都未能免于日本战时体制的控制。在战争和自然灾害的双重事件背景下，当时的大众媒介成为战争宣传的工具，对两次地震只是做出轻描淡写式的简要传播，而有关灾害更深层次的内容则未能报道。可以说，在这两次地震中，媒介的环境监视功能也是失灵的。

在电子媒介发展的另一阶段即新潟地震中，报纸、广播和电视对地震的基本情况、受灾情况及受灾原因等都进行了充分的报道。广播在灾害中环境监视的功能在新潟地震中得到肯定，电视作为新兴媒介虽然在震后应急反应、播出内容、用户使用等方面受到了一定的限制，但是总体而言起到了监视震后环境变化的作用。

在多媒体发展时代背景下的阪神大地震中，媒介环境监视的平台有所拓展，一方面传统媒介通过发展新的媒介形式、扩充报道内容等方式，提升灾害中环境监视的能力；另一方面基于局域网、互联网传播的新兴媒介也开始在灾害事件中登场，成为环境监视的新平台。

在媒介融合时代背景下的东日本大地震中，媒介环境监视功能的发挥呈现新的特点：一方面，媒介发挥环境监视功能的信息传播渠道较以往有所拓展，基于网络传播的新媒介形式在东日本大地震中开始大显身手，并与传统媒介不断融合形成合力，共同发挥环境监视功能；另一方面，部分传统媒介在灾害中环境监视功能得以进一步确认，如广播在灾害中较强的媒介优势促使临时灾害 FM、社区广播作为广播媒介的特殊形式得到发展。

（二）社会联系功能的变迁

媒介在灾害中的联系功能发挥主要体现在对灾害事件的解释、诠释和评论方面。从本书的研究结果来看，日本的媒介在历次地震中都发挥了一定的社会联系功能，主要体现在：一是采用解释性文章、评论性文章对地震相关的方方面面进行深度解读、评论；二是通过安否信息、避难者名单等信息的传播方式，促使人们在震后取得联系。

从媒介社会联系功能发挥的途径来看，早期关东大地震中的报纸虽有连续报道、解释性报道和评论性文章，但总体而言规模并不是太大；太平洋战争时期的东南海地震和三河地震中，地震基本事实报道都未得到解决，媒介的社会联系功能自然也无从发挥。新潟地震中，报纸的多种形式的深度报道和评论性文章、广播电视的特别节目，较为深入地对地震相关的方方面面进行解读，发挥了媒介的社会关联功能。阪神大地震和东日本大地震中，媒介发挥社会关联功能的基本方式没有变化，最显著的变化体现在传播渠道和平台方面，传统媒介的新传播形式和新媒介的登场，使媒介发挥社会功能的渠道得以拓展。

媒介通过特定内容的信息传播，使人们在震后直接获得的相互联系，或是在一定程度上促使正常社会秩序的恢复。关东大地震中的报纸，开始大篇幅刊登避难者名单，这是一种最直接地让人们获得相互关联的方式。避难者名单的刊登成为后来历次重大灾害事件中报纸媒介的"必选内容"。不仅仅如此，这一信息传播方式实现了从印刷媒介向电子媒介，甚至向新媒介的延伸。新潟地震以后，广播电视安否信息开始登场，并在阪神大地震和东日本大地震中向互联网平台发展。通过广播电视的实时传播和互联网安否信息平台的信息传播，安否信息使人们获取联系的信息传播周期大为缩短，更为重要的是实现了从原先较弱的互动性向极强的交互性发展，使人们在灾害中更为便利地获取联系。另外，阪神大地震以后，广播电视媒介中出现了生活信息，所传播的内容大多是维持人们最基本生活所必需的信息。人们通过获取媒介传播的生活信息，逐渐从被灾害中断的生活中恢复，这正是媒介发挥促进正常社会秩序恢复功能的重要体现。

（三）缓解压力功能的变迁

一方面，媒介发挥缓解社会紧张情绪的功能依赖于对灾害相关基本信息的准确、公开、透明的报道，即媒介环境监视功能的较好发挥。关东大地震中，媒介在环境监视功能方面部分失灵，导致了"朝鲜人暴动"的谣言的四起，最终导致重大的朝鲜人大虐杀惨案的发生、升级，媒介在其中非但没有起到缓和社会紧张情绪的作用，反而起了反作用。在东南海地震和三河地震中，媒介未能详细报道灾害的具体情况，媒介所传播的文章和评论，都将地震灾害的危害淡化，甚至认为灾害是战争的绊脚石，整个媒体的基调是将社会情绪转移到支援战争方面，直接冲淡、忽视灾害可能带来的紧张情绪。新潟地震中，报纸、广播、电视三种主要媒介合力，较为充分地发挥了环境监视的功能，也因此新潟地震中极少出现流言蜚语，更无集群暴力事件的发生。阪神大地震中，虽然媒介信息传播渠道较新潟地震有所拓展，但是仍出现了一些谣言。针对谣言，一些媒体科学解释、直接公开相关事件事实，使"谣言止于事实"，发挥了缓解社会不安情绪的功能。东日本大地震中，由于新媒介和社交媒体的"把关人"作用发挥有限，反而容易为谣言提供滋生的土壤，加之新媒介传播速度较快、范围较广，使谣言不容易被击破，从而加剧人们的不安情绪。因此，灾害事件中媒介社会紧张情绪缓解功能的发挥，与媒介传播平台的多少、新旧并无直接关联，最重要的是所传播的灾害相关信息是否真实、准确。

另一方面，媒介可以通过特定内容的信息传播缓解社会紧张情绪。在新潟地震中正式登场的安否信息，是缓解人们因为无法知晓亲朋好友安危而焦虑的最直接方式；阪神大地震中出现的生活信息，也可以缓解因灾害而导致的部分日常生活无法正常进行而带来的不安。

（四）动员功能的变迁

根据前文对历次地震中媒介动员功能的分析，可知媒介在地震中发挥的动员功能主要体现在两个方面：一是精神动员层面，即通过评论、特别报道等多种方式提振精神，积极应对灾害事件；二是救援、援助动员层面，通过评论、有关救援/援助等方面的报道，促成人们对灾害事件的关注和支援。

在关东大地震中，媒介的动员功能主要体现在精神动员层面，通过组织评论性文章动员普通市民积极重建，并有利于推动政府进行震后重建。在东南海地震和三河地震中，媒介的动员功能得到更大程度的发挥，但其动员的主要目的并不是与震后重建、地震救援相关，根本目的是服务战争需要。新潟地震中，媒介的动员功能得以丰富发展，不仅通过直接的评论进行精神层面的动员，而且通过开设救援、慰问专栏的方式，发挥媒介的救援、援助功能。阪神大地震中，精神层面的动员的实现方式有所改变，由以往直接的评论性文章转为评论与饱含积极重建的特别报道相结合的方式。随着安否信息和生活信息的进一步丰富和成熟，援助、救援功能动员的实现途径也得以拓展。东日本大地震中媒介的动员功能的实现渠道比阪神大地震更为丰富，新媒介环境下的多种信息传播渠道和形式，使媒介动员功能得以进一步发挥。

（五）经济功能的变迁

考察媒介在灾害中经济功能的发挥主要是看其商业广告的刊登或播

出。广告的刊登、播出,一方面是反映震后社会经济是否恢复的晴雨表,
另一方面也是商业媒介自身震后得以持续和发展的重要保障。长期以来,
日本的业界认为在灾害事件发生后,媒体大量刊登商业广告与灾害的氛围
不符。于是,从关东大地震开始,日本的媒体使用"慰问广告"这一特
殊的广告形式来替代商业广告。慰问广告的妙处在于,一方面起到了商
业广告的经济功能,确保媒介的收入不被中断;另一方面通过慰问式的
表述,契合了灾害的氛围。这一广告形式,从关东大地震时期印刷媒介
传播,延伸至新潟地震时期的商业广播媒介,后在阪神大地震中又延伸
至商业电视媒介。然而,慰问广告在东日本大地震中继续出现,但引发
了争议,即对灾害事件中媒介是否需要采用如此回避的方式进行广告播
出。根据相关调查,更多人认为企业在灾害事件后仍应当继续保持商业
广告的刊登,以确保经济的正常发展。而对于商业媒体而言,无论慰问
广告还是正常的商业广告,不间断播出广告才能在灾后继续维系生存。

第二节　日本灾害事件中媒介信息传播实践的启示

从本书的整体研究思路来看,一方面是以灾害社会学、媒介功能论等
相关理论为框架,对日本灾害史上重大地震事件中媒介功能及其变迁轨迹
进行梳理;另一方面,本书从媒介信息传播实践的视角对日本媒介在这些
地震事件中的传播行为进行梳理,探讨日本媒介在实践层面所发挥的功能
和作用。本节将基于实践层面的研究和梳理,提炼出日本灾害事件中媒介
信息传播方面的实践经验,以供我国参考。

一　宏观层面:国家对灾害相关法律和制度方面的建设

从 20 世纪 40 年代起,日本政府就从法律和制度层面充实、强化防灾体
制的建设。至今已经形成包括灾害基本法律、灾害预防相关法律、应急对
策相关法律、恢复重建及财政金融措施相关法律等方面内容的灾害法律体
系,以及防灾计划及制度在内的法律、制度体系。

（一）主要灾害基本法律、制度有关灾害信息传播的规定

20 世纪 40～50 年代，日本政府制定的法律主要集中在某一个领域，如灾害救助法、水防法、建筑基准法、治山治水紧急措施法，等等。直到 1958 年伊势湾台风发生以后，日本政府意识到与灾害相关的法律都是在某一领域与某一部门相关的法律，在灾害发生之时，需要考虑法律之间的关联性和整合性，在具体操作层面相对困难，需要构建一个统筹性、综合性的法律体系。

1961 年，日本《灾害对策基本法》作为普遍适用性质的一般法出台，进一步明确了包括灾害信息传播在内的防灾相关的责任和任务。该法在信息传播领域的规定主要体现在：一是确定 NHK 作为灾害指定公共机构；二是规定灾害发生后，都道府县知事及市町村长等，除了在其他法律中特别规定的情况下以外，可以要求《放送法》第 2 条第 23 号中所规定的基干放送事业者提供信息，或者可以要求从事互联网信息传播并在政令所规定范围内的从业者提供互联网传播的信息；三是要求包括 NHK 在内的公共机构制订相关的业务计划，并要求每年进行讨论。另一部基本法《大规模地震对策特别措施法》于 1978 年颁布，其中有关灾害信息传播的规定，基本上是以《灾害对策基本法》为基础制定而成的，规定了大规模地震中的指定公共机构，并要求相关公共机构制订地震防灾强化计划和应急计划。这两部有关灾害的基本法，在时代的发展和变迁过程中，尤其是历经重大灾害事件后，会进行适时修订和调整。《灾害对策基本法》自 1961 年发布以来，历经 1962 年、1995 年、2012 年及 2013 年的四次修改；《大规模地震对策特别措施法》于 1995 年阪神大地震后也进行了修改。

除了基本法律以外，日本政府还制订了一系列防灾计划，其中较为典型的是 1963 年发布的《防灾基本计划》，该计划中也将灾害发生后信息收集和联络列为灾害应急对策的重要一环，"地震信息（震度、震源、震级及余震的情况等）及海啸警报，受灾信息及相关机构所实施的应急对策的活动信息是应急对策得以有效实施所不可欠缺的内容。因此，根据地震的规模及受灾程度，国家、公共机构、地方公共团体等部门，当迅速进行信息

的收集和联络。在此情况下，需要将含有概括性的信息及地理空间信息在内的众多信息，有效地通过通信手段、器材及信息传输体系进行传达、共享，及早把握受灾规模"。①

（二）媒介法有关灾害信息传播的规定

作为直接与媒介传播行为相关的法律，《放送法》也明确规定了广播电视机构在灾害情景下的传播行为，该法第 108 条规定："基干放送事业者，在进行国内基干放送时，发生暴风、暴雨、洪水、地震及大规模火灾和其他灾害时，或者有发生这些灾害的可能时，必须要播放防止灾害发生或者对减轻受灾起作用的内容。"② 原本《放送法》中并未对灾害情境下的广播电视机构的传播行为做出规定，2010 年《放送法》修订的过程中，追加了上述规定，从法律层面进一步强化了广播电视机构在灾害情境中所需承担的责任。

（三）全国瞬时警报体系的建设

从前文的研究可以看出，在东日本大地震中，日本广播电视机构，尤其是公共广播电视机构在地震发生的瞬间随即启动了紧急地震速报系统。紧急地震速报系统是日本政府在全国范围内建成的地震紧急应对系统，并于 2007 年开始投入使用。在紧急地震速报系统的基础上，日本政府已经建成应对包括各种类型灾害事件在内的突发事件的"全国瞬时警报体系"，简称为 J - ALERT。将没有充裕时间应对、处理的事态相关的信息，如弹道攻击信息、海啸信息及紧急地震速报等信息，由国家（内阁官房、气象厅经由消防厅）通过人造卫星进行信息发送，由安装在市区町村内或是与广播电视、互联网相连接的 J - ALERT 接收终端接收信息，唤醒与之相连的自动启动装置，将信息通过防灾行政无线、广播电视及紧急速报短信等途径进行传播，进行突发事件信息警示（具体信息传播流程见图 8 - 1③）。

---

① 中央防災会議『防災基本計画』、2012、33 頁。
② 『日本放送法』、2011。
③ 日本总务省消防厅官方网站，http：//www.fdma.go.jp/html/intro/form/pdf/kokuminhogo_unyou/kokuminhogo_unyou_main/J - ALERT_gaiyou.pdf，最后访问日期：2014 年 3 月 12 日。

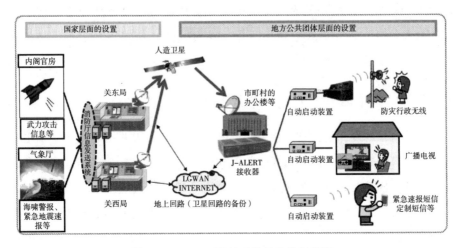

图 8-1　J-ALERT 系统信息传播流程

就地震而言，在地震第一波后报警系统就会启动，让人们能在地震第二波到来前做好准备，其间仅相隔 1~3 秒，而正是这几秒钟的时间，往往可以挽救很多人的生命。灾难的发生往往毫无征兆，而速报系统虽然无法预测灾害，却能在灾害发生的第一时间实现警示功能，让人们做好灾害应急准备，在一定程度上可以减少人员伤亡、财产损失等。由此可见，灾害速报系统的建设对于防灾抗灾具有很大的作用。

从媒介体制还是地理特征而言，我国的实际情况虽然与日本存在差异，但是日本全国范围内的瞬时警报体系的设置与运行机制，在一定程度上能为我国建立、完善突发事件应急警报体系提供参考。

二　中观层面：媒介应急机制的建设

从中观层面来看，作为最先直面灾害的媒介，在已有法律、规制的基础上建立行之有效的应急机制是媒介面对灾害时能够及时、正确地做出反应的关键。随着媒介环境的不断变化，媒介本身所承担的内容也发生了相应的变化。在电子媒介出现之前，纸质媒介承担了灾害中信息传递的全部工作；当电子媒介出现后，灾害第一时间的信息传递则交给了广播、电视；到网络普及后，大量的安否信息可以快速地通过网络确认。因而，从日本的经验来看，立足于我国媒体的现实情况，在不断变化的媒介环境中，我国媒体可以从不同媒介的特点和媒介之间的互补视角出发，建立有效的应急机制。

（一）媒介层面相关制度的建立

纵观日本的报纸、公共广播电视和商业广播电视，虽然在地震等灾害后立即进入灾害应急体制，但是从制度建设的完备性来看，当属公共广播电视 NHK 最为成熟和完善。究其原因，主要是日本政府从法律层面规定了公共广播电视 NHK 作为灾害的公共机构，应当承担起法律层面的责任。因此，NHK 根据相关法律的精神，也制定了有关灾害的一系列内部制度和规定，主要体现在日常非灾害时期的预防性制度和灾害发生后的应对制度两大方面。

相比较而言，NHK 将制度建设的重点置于非灾害时期的预防方面。早在 1962 年 10 月，也就是日本《灾害对策基本法》实施的第二年、《防灾基本计划》实施后的几个月后，NHK 便制定了《日本放送协会防灾业务计划》。该计划是基于《灾害对策基本法》及《防灾基本计划》制订而成的，其主要目的是"灾害发生时，确保节目的播出以及接收，力求灾害对策措施较为顺畅和恰当的实施，以达成作为公共放送机构的使命"①；主要由"总则：防灾体制的确立、防灾设施/设备等的整备"、"灾害预防计划：对职员实行防灾教育；通过放送普及防灾思想，进行防灾训练"、"灾害应急对策计划：放送对策、放送设施对策及信号接收对策"、"灾害恢复计划：恢复计划的制订、恢复工事的实施"及"地震防灾强化计划的制订"等部分组成。②《日本放送协会防灾业务计划》成为 NHK 灾害预防的最基本的行动指南，之后随着时代的变迁也进行了数次修订。在该计划的基础上，NHK 制度建设的重点进一步具体到常见的灾害类型地震层面上，于 1980 年制订了地震防灾强化计划，主要包括"大规模地震警戒宣言法令时的应

---

① 小嶋富男「NHKの災害報道の現状と課題について」，http：//www. bousai. go. jp/kaigirep/chousakai/kyoyu/4/pdf/04－02shiryo05－nhk. pdf，最后访问日期：2014 年 3 月 20 日。
② 小嶋富男「NHKの災害報道の現状と課題について」，http：//www. bousai. go. jp/kaigirep/chousakai/kyoyu/4/pdf/04－02shiryo05－nhk. pdf，最后访问日期：2014 年 3 月 20 日。

急"、"地震防灾应急对策：警戒宣言等的传达以及情况报告、非常组织的
设置、为实施地震防灾应急对策的动员，以及准备活动、地震预测信息等
的放送"、"大规模地震相关的防灾训练"及"地震防灾方面的必要教育"
等几个方面。① 此外，NHK 还制定了主要针对大规模地震预报相关信息通报发
布以后的防灾应急对策——地震防灾应急对策规程（1965 年 6 月 27 日制定）。

在灾害发生时的应对制度的建设方面，NHK 制定了灾害对策规定
（1965 年 10 月 18 日最终修订），该规定以"台风、水害、火灾及其他特殊
灾害发生之时，为确保放送的播出及信号接受，确立灾害对策，并且使得
对策措施顺畅且恰当地实施，以达成公共放送的使命"为主要宗旨，规定
内容主要由"灾害对策活动体系""信息联络""灾害对策活动的实施"
"预算措施""报告措施""地震防灾应急对策"等部分组成。②

（二）媒介灾害报道层面规范性准则的实施

除了制度层面的建构，NHK 在日常的报道过程中，也对灾害情境下报
道所需要遵守的基本准则做出了规定。NHK 在 2011 年发布的《放送指南》
中，将"灾害、非常事态"单列，按照灾害及非常事态的不同类别进行细
分，规定遭遇各自事件所需要遵守的行为准则。《放送指南》所规定的 NHK
灾害信息传播最基本的功能是：将地震发生和海啸信息迅速且正确地传达，
以及播报因台风和大雨而导致受灾发生的可能性增强的信息，尽可能减少
受灾；基于灾害对策基本法，尽可能传递避难指示和避难劝告；基于地区
防灾计划，尽可能传播避难准备信息，尤其是应当传播对靠自身力量进行
避难有所困难的高龄者和残障者的避难和防灾有用的信息；尽早传播受灾
的情况，以促成包括国家、自治体等行政机构、医疗机构以及志愿者组织
在内的广泛的救援；向受灾者传播必要的信息以支持生活再建，同时通过
继续报道受灾者的现状，以促成面向恢复重建而进行的长期性支援；不仅

---

① 小嶋富男「NHKの災害報道の現状と課題について」，http：//www. bousai. go. jp/kaigirep/
chousakai/kyoyu/4/pdf/04-02shiryo05-nhk. pdf，最后访问日期：2014 年 3 月 20 日。
② 小嶋富男「NHKの災害報道の現状と課題について」，http：//www. bousai. go. jp/kaigirep/
chousakai/kyoyu/4/pdf/04-02shiryo05-nhk. pdf，最后访问日期：2014 年 3 月 20 日。

仅是灾害时期，平日里也积极地进行防灾事宜，为营造安全的社会而努力；通过传播预测火山爆发、洪水、海啸等受灾所涉及范围的灾害预测地图，以及自治体防灾计划要点等途径，为在更广的范围内向人们普及防灾知识而努力。① 此外，该指南还规定了灾害中对受灾者的采访准则，"在进行采访和播报之时，避免因灾害而失去亲人的遗族感到悲伤的、涉及受灾者隐私的内容是基本原则""应谨慎让受灾者感到不快的采访态度"，"灾害发生时，不仅要尽早传达受灾情况，而且要播出以促成行政及志愿者团体实施必要的救援为目的的内容"。②

从 NHK 的经验来看，制度建设和规范性准则，使从业者应对灾害报道的意识较为深入。据 NHK 文化研究所媒介研究部部长盐田幸司的介绍，NHK 在对新员工的入职教育中，会特意强调灾害等非常时期应对的培训；在日常的工作中，也会进行应对灾害的紧急训练。③ 通过制度、准则的建设和日常的应急演练，保证媒介从业人员能够在第一时间从灾害发生后的混乱中快速进行反应，并准确地进行信息的传播。我国疆域辽阔，各类灾害也频繁发生，日本在建构媒介应对灾害的制度和灾害报道规范性规定等方面的应急机制对我国有一定的参考意义。

（三）媒介间的分工合作体系的构建

从本书对日本历次地震中的经验分析可以看出，日本媒介在历经多次灾害事件后，已经建立起相对成熟的灾害分工合作体系，主要体现在两个方面。一是同类型媒介之间的纵向协作。早在 1964 年的新潟地震中，商业广播电视在未建成类似于 NHK 的全国节目播出网络的情况下，开始以合作的方式进行支援，帮助灾区地方电视尽快恢复播出，并将部分节目内容通过东京的合作电视台传播出去；在阪神大地震中，处于瘫痪状态的神户日

---

① 日本放送協会「NHK 放送ガイドライン2011」，https：//www.nhk.or.jp/pr/keiei/bc - guideline/pdf/guideline2011.pdf，最后访问日期：2014 年 3 月 12 日。

② 日本放送協会「NHK 放送ガイドライン2011」，https：//www.nhk.or.jp/pr/keiei/bc - guideline/pdf/guideline2011.pdf，最后访问日期：2014 年 3 月 12 日。

③ 参照 2014 年 3 月 12 日笔者对 NHK 放送文化研究所媒介研究部部长盐田幸司访谈的内容。

报社也通过临近城市的地方报社，即京都新闻社实现了排版、印刷；同样在东日本大地震中，东北地区报纸《河北新报》也通过与报社协定，即与新潟日报社进行报纸的排版和印刷。通过建立日常的合作联盟，或是签订灾害互助协议的方式，为解决灾害事件导致媒体瘫痪或无法实现正常信息传播的难题，发挥了一定的作用。二是不同类型媒体之间的分工与合作。从日本应对灾害的经验可以看出，随着媒介的变迁与发展，在各个媒介变革背景下发生的灾害中，新的媒介在一定程度上延续了既存媒介的部分用途。同时，在灾害引发的不同受灾情况中，即使在当今社会高度普及的通信条件下，传统的号外依旧发挥着重要的作用。因此，灾害中没有可以承担所有的信息传播任务的媒介形式存在。所以，在这种情况下媒介之间的分工合作就显得尤其重要。

从当前我国媒介在灾害中的传播状况可以看到，同一类型媒介的纵向合作与不同媒介的横向合作已有了一定的实践经验。但是，这种合作实际上是紧急情况下的临时行为，是在传播链条有所缺失的情况下，而不得不使用外部资源进行补充的一种特殊的资源整合与共享。因此，形成有效的分工合作机制能够让媒介在发生紧急情况后快速做出反应。分工合作的本质是，在不同的媒介发挥自身特点的基础上，进行相互之间的协调与帮助。正是因为灾害本身和灾后的各种情况的未知性，其对媒介传播的影响也会因此放大。不同的媒介在面对灾害时，所发挥的作用有很大的不同，因而媒介合作具有相当的现实意义和必要性。同时，不同于日本商业媒介竞争激烈，我国媒介在市场上的竞争相对较小，特别是面对极端灾害情况，商业利益完全让位于公众利益，使我国媒介能够更方便地进行分工合作，这就保证了我国媒介之间合作的可能性。

从实践的角度而言，媒介之间的合作应当着眼于两个方面。首先，媒介之间的信息共享，从信息流通的角度来讲，灾后是流言的多发期，特别是灾区容易形成信息"孤岛"，灾区内部的救灾信息的及时传播，灾区内外的信息交流是防止流言产生和传播的两个重要方面。因而，不同的媒介之间进行信息交流能够确保信息链的不间断贯通，进而保证灾害信息的传播，防止流言的产生。其次，不同媒介之间各类资源的支援。在2013年四川雅安地震中，国家应急广播成立雅安临时广播，来自中央人民广播电台、四川广播电视台等隶属于不同部门的从业人员都加入其中。与此类似，东日本大地震后，日本灾区的广播电台也通过借用其他广播电台的播音设备来保证播出的正常进行。可见灾害后，媒介很大一部分可能会遇到技术、人员的困难，因而媒介资源的支援实际上保证了信息的及时、有效传播。

三　微观层面：各媒介形式在信息传播方面的经验

如前文所述，在媒介变迁的大背景中，不同媒介在不同时期所承担的功能和发挥的作用也有了很大的不同。在电子媒介出现之前，报纸承担了灾害中的全部信息传递。而在电子媒介、互联网普及后，报纸在灾害中的功能被广播、电视、互联网、社交媒体所代替，同时这些媒介也弥补了报纸的"先天不足"，同样的过程也作用于广播和电视。可以认为，媒介的变迁实际上突出了不同媒介的特征，而在灾害中，这些媒介的特征又被环境再度放大。因此，从微观层面来说，日本各媒介形式在灾害中的表现值得我们借鉴。

（一）报纸

从本书可以看出，报纸因其信息传递速度相对较慢，在灾害事件中较少承担早期的信息传递任务。但是，报纸在连续报道、深度报道及评论性文章等方面更能发挥优势。同时，号外作为报纸的一种特殊形式，在非常时期能够发挥特别的功能。东日本大地震中出现的以墙壁为传播途径的手写号外，其在现代传播手段遭遇外力破坏而完全无法使用的情况下，实现了传播方式的回归。总结日本印刷媒介在灾害中的功能变迁，可以得知报纸在灾害事件中相比较其他媒介而言，在体现报道深度和观点表达方面有优势。加上号外的特殊形式，在一定程度上承担了报纸的速报功能。

就我国的情况而言，报纸在灾害中的功能呈现与日本较为类似。就汶川地震而言，无论是全国性的报纸，还是四川当地报纸，都刊登了大量的深度报道和评论性文章，并随着灾区重建的逐步深入，报纸的关注也一直持续。然而，号外这一特殊形式在我国报纸的灾害信息传播中较为少见。

在灾害情境下，参考日本报纸所推出的号外这一特殊形式，可以加快报纸信息传播的速度，从而弥补报纸因印刷和发行周期等因素而导致的速报性弱的缺陷。

（二）广播

从前文对日本媒介在历次地震中功能变迁的梳理可以看出，与其他媒介形式相比，广播媒介在灾害中具有较强的优势。在灾害大国日本，人们根据多次灾害事件中的经验，也逐渐养成了灾害中依赖广播媒介的习惯。不论是在受灾地区还是在其他地区，让人们最先接触到灾害信息的往往是广播。以东日本大地震为例，据 NHK 放送文化研究所对灾后媒介接触进行调查，结果显示51%的受访者灾后第一个接触的媒介为广播。①

同样，广播媒介在我国的灾害中也同样发挥重大作用。在汶川地震中，川藏地区的藏语广播通过藏语紧急插播，有效地保护和疏散了当地的藏民。雅安地震中，中央人民广播电台开设的临时电台在灾区开播，传递了大量灾民需要的信息，受到好评。相比而言，日本广播媒介在灾害中所体现的功能，对我国广播灾害信息传播具有一定的借鉴意义。

1. 灾害中广播对内信息传播的方针

从日本广播媒介在灾害事件中的信息传播经验来看，广播媒介主要面向受灾地区发挥功能，即如何最快地恢复灾区的信息流通是广播关键的内容。从广播媒介属性来看，因其具有较强的抗灾性，相比较其他媒介而言，更适合面向受灾地区传播。因此，根据多年的灾害信息传播的实践，日本确立了灾害事件中广播对内信息传播的方针。

从我国近年来灾害信息传播的实践来看，广播在地震等灾害事件中也发挥了较大的优势作用，成为灾害事件中最先发出信息的媒介。然而，相比较而言，我国基层广播媒介虽然在四级办电视方针下基本覆盖全国，但是基层的广播媒介在报道水平和能力上有所欠缺，尤其是缺乏灾害事件应

---

① 木村幹夫「ラジオへの高い評価・信頼が顕著——『東日本大震災時のメディアの役割に関する総合調査　報告書』より」『月刊民放』、2011（12）、40 頁。

对的经验，在灾害事件中无法较好地发挥作用。因此，中央级和省级广播媒介往往成为灾害信息传播的主要力量，尤其是中央级广播媒介在硬件、人员素质上有较强的优势。基于此，作为面向全国播出或是面向全省播出的媒介，在灾害中更多地实现了对外传播的功能。对于受灾地区的人们而言，在确认亲友安全和维持正常生活秩序等方面有着较强烈的信息需求，这就需要媒介发挥对内传播的功能。因此，对于我国而言，可以参照日本广播媒介灾害中对内传播的总体思路，加强对各基层广播电台包括硬件设施、人员素质等各方面的建设，进而保障灾害等重大事件发生时能有效实现区域信息传播。

2. 灾害信息传播的主要模式：受灾信息、安否信息和生活信息

从日本的经验来看，在广播进行灾害信息传播的初期，是以灾害基本情况及受灾信息为主要传播内容。自新潟地震以后，广播灾害信息传播内容逐渐以受灾信息、安否信息及生活信息为主，并且安否信息、生活信息占据受灾地区商业广播和灾害临时广播的主要位置。而且这一模式逐渐从广播媒介延伸至电视媒介。实际上，安否信息、生活信息的传播是围绕灾害发生后人们最基本的信息需求而进行的。确认亲朋好友灾害后是否安全、获取维系和恢复日常生活相关的信息，都是灾后人们最本能的诉求。因此，日本广播电视媒介在灾害发生后都非常重视这两部分内容的报道。

从我国近年来的广播电视灾害信息传播来看，主要还是集中在灾害基本情况、受灾信息及各地支援信息等方面，而在安否信息和生活信息方面有所欠缺。一方面是与我国灾害信息传播的主体主要为中央级和省级媒介有关，地方广播电视媒介所发挥的作用有限；另一方面还与广播电视的报道视角和关注焦点有关。日本的这一信息传播模式，为我国媒介尤其是广播电视媒介的灾害信息传播提供了借鉴思路。

3. 灾害临时广播电台的建设

灾害临时广播电台是日本特有的广播电台，临时电台大部分脱胎于社区广播，以小范围覆盖为特征，是日本灾后信息传播的重要手段。正是临时电台覆盖社区的特色，使其可以传播符合地域特色的各类细致入微的信息，也更能有效地在灾后有针对性地完成信息传播。另外，日本的社区广播不但作为在灾害中承担了大量信息流通的临时灾害电台，在其恢复至社区广播后，以其立足地域传播的特点在促进灾后地方重建与复兴方面发挥重要作用。

灾害临时广播电台作为广播媒介的特殊形式，如同号外作为报纸的特殊形式一样，承担着非常时期内灾害相关信息传播的任务。灾害临时广播电台的功能也被我国的广播媒介所认识。在 2013 年的雅安地震中，我国国家新闻出版广电总局指挥协调，中央人民广播电台、四川广播电视台、雅安人民广播电台、芦山县广播电视台联合创办了"国家应急广播芦山抗震救灾应急电台"。这是我国首次以"国家应急广播"为呼号，在突发灾害事件中对受灾地区居民定向信息传播的应急频率。

然而相比而言，我国的抗震救灾应急电台与日本的灾害临时广播存在一定的差异，主要体现在电台设置的主体以及信息传播的主要内容层面。以中央级电台为主体而建立的临时广播电台，能否真正立足灾区地方实际情况，能否真正满足灾区居民的信息需求，能否长期参与灾后的重建与地区复兴工作中，都是值得探讨的问题。与日本不同的是，我国尚未出现真正意义上的社区广播，从现有的广播电视规制来看，也尚未达到开办社区广播的条件。因此，完全参照日本的临时灾害广播模式存在一定困难。在现有的情况下，切实可行的借鉴模式便是充分发挥市、县级广播电台的作用，当灾害事件发生时，市、县级广播电台可以成为灾害临时广播电台的主体，在立足灾区进行灾害信息传播的同时，也可以在相当长的一段时间内参与地区的重建与复兴。

（三）电视

不同于广播媒介，电视媒介由于其抗灾性相对较弱，在灾害事件发生后容易受到较大的影响，而其恢复播出时间往往比广播滞后。基于这一特征，日本电视灾害信息传播在实践中形成了"面向灾区以外传播"的主导方针。在日本几次重大灾害中，电视台通过直升机、在受灾区域多点架设摄像机实录等方式，将灾区受灾的实况传出灾区，让全国范围内的观众如临其境地了解到灾区的最新信息，电视媒介所具有的强现场感和画面感也是其优势所在。

同样，我国的电视媒介在灾害事件中也能够迅速反应，在第一时间内将受灾区域的实况传播至全国。但是相比而言，与日本的信息传播方式仍然存在一定的差异。与广播媒介同样，电视媒介在灾害中的信息传播往往也是自上而下的，中央级电视媒介在灾害事件中的报道占据绝对的权威和优势，灾区所在省级电视媒介也较有优势，而灾区地方电视媒介所能发挥的作用有限，即便是灾区当地电视媒介所播报的内容，在全国范围内也很难进行传播。不同于我国，日本电视媒介已经形成了相应的播出网络，其灾害信息传播一般直接由当地媒体采编，再通过电视网络向全国播出，即由地方台直接录制，送入全国播出的网络模式。这一模式可以发挥地方台了解灾区实际情况的优势，以区域的视角向全国观众传递灾区震后实况。另外，直接将视频上传至播出网络，大大加快了传播的速度。因此，对于我国电视媒介而言，增强地方电视在灾害中的应对能力和信息传播能力，是电视媒介要从日本经验中借鉴的主要内容。

（四）互联网

互联网的特点在于其提供了一个全新的信息传播平台，这一平台集成了各个传统的信息传播手段，可以使传统媒介通过网络再度发挥作用。另外，互联网信息传播的交互性，使传统媒介传播意义上的传收关系发生变化，尤其是社交媒体的发展，使原有的传播模式得以改变，信息的网状式交互传播的特征得以凸显，这一特征使互联网成为灾害情景下进行安否信息确认的良好平台。

2011年的东日本大地震是互联网普及后日本发生的最严重的自然灾害，在这次地震中互联网传播最突出的特点有两个。第一，提供了一个多媒体信息传播的融合平台。传统的报纸、广播电视等媒介充分利用互联网这一平台，使信息传播渠道得以拓展、信息传播的范围更为广泛。另外，互联网的信息传播在一定程度上放松了原有的传播规制。体现在广播电视方面，原有的互联网广播电视内容传播有区域和版权的限制。东日本大地震发生后，日本网络广播 radiko 开放了灾区电台和日本主要城市电台的收听限制，人们可以通过网络来收听广播。之后，日本的视频网站也与各大电视台签约，将电视台的内容通过互联网进行实时播出。第二，利用互联网交互性强、传播区域广、海量存储等特征进行安否信息的确认。在东日本大地震之前的地震中，人员的安否信息确认主要通过传统的大众媒介或电话等通信渠道来实现。这一方式最大的缺陷，在于媒体有限的容量无法满足所有安否信息的需求，尤其是线性传播的媒体限制更大。通过互联网设置安否信息确认系统，在弥补传统媒介缺陷的同时，提升了安否信息确认的时效性与有效性。尤其是随着社交媒体的发展，网状、链接式传播功能的凸显使安否信息传播的效力大为提升。在东日本大地震中，谷歌通过其搜索引擎技术推出了 Person Finder，通过比对寻人与被寻者信息相符程度，来确定人员安全与否，这使使用者可以缩短确定人员安全时间，免去了传统手段的复杂过程。

在我国，互联网已成为灾害信息传播的重要渠道。2010 年，甘肃舟曲泥石流事件发生的最早信息就来自微博。在汶川地震、玉树地震中，微博也成为安否信息确认的重要平台。但是相比而言，我国在互联网安否信息确认方面尚未形成体系，主要依靠网民的自发行动。而日本的网络安否信息确认平台、谷歌寻人等高精度的安否信息系统，都值得我国借鉴。

参考文献

一 专著

(一) 日文专著

1. 改造社『大正大震火災誌』東京：改造社、1924。

2. 警視庁『大正大震火災誌』東京：警視庁、1925。

3. 報知新聞社『報知七十年』東京：報知新聞社、1941。

4. 伊藤正徳『新聞五十年史』東京：鱒書房、1943。

5. 朝日新聞社『朝日新聞七十年小史』東京：朝日新聞社、1949。

6. 吉河光貞『関東大震災の治安回顧』東京：法務府特別審査局、1949。

7. 毎日新聞社『毎日新聞七十年』東京：毎日新聞社、1952。

8. 読売新聞社『読売新聞八十年史』東京：読売新聞社、1955。

9. 日本新聞研究連盟『日本新聞百年史』東京：日本新聞研究連盟、1961。

10. NHK 新潟放送『新潟地震と放送』新潟：NHK 新潟放送、1964。

11. 日本放送協会『NHK 年鑑 1965』東京：日本放送出版協会、1965。

12. 新潟日報社『地震のなかの新潟日報』新潟：新潟日報社、1965。

13. 新潟市『新潟地震誌』新潟：新潟市、1966。

14. BSN 新潟放送『新潟放送 15 年のあゆみ』新潟：BSN 新潟放送、1967。

15. 山本文雄『日本マスコミュニケーション史』東京：東海大学出版会、1970。

16. 『現代史資料 40：マスメディア統制 1』東京：みすず書房、1973。

17. 春原昭彦『日本新聞通史』東京：現代ジャーナリズム出版会、1974。

18. 『現代史資料 41：マスメディア統制 2』東京：みすず書房、1975。

19. 日本放送協会『放送五十年史』東京：日本放送協会、1977。

20. 山本文雄『日本マスコミュニケーション史』東京：東海大学出版会，1981。

21. 秋元律郎『現代のエスプリ181号都市と災害』東京：至文堂、1982。

22. 宮本吉夫『戦時下の新聞放送』東京：エフエム東京、1984。

23. 春原昭彦『日本新聞通史：1861年～1973年』東京：新泉社、1985。

24. 春原昭彦『日本新聞通史：1861年～1986年』東京：新泉社、1987。

25. 竹内郁郎『マスコミュニケーションの社会理論』東京：東京大学出版会、1990。

26. 土方正巳『都新聞史』東京：日本図書センター、1991。

27. 読売新聞社『読売新聞百二十年小史』東京：読売新聞社、1994。

28. 神戸新聞社『神戸新聞の100日』東京：プレジデント社、1995。

29. サンテレビ『阪神淡路大震災　被災放送局の記録』、1996。

30. 桂敬一『マルチメディア時代とマスコミ』東京：大月書店、1997。

31. 野田隆『災害と社会学システム』東京：恒星社厚生閣、1997。

32. 大矢根淳『ソローキン災害における人と社会』東京：文化書房博文社、1998。

33. 早川善治郎『概説マス・コミュニケーション』東京：学文社、2000。

34. 廣井脩『災害：放送・ライフライン・医療の現場から』放送文化基金、2000。

35. 日本放送協会編『20世紀放送史（上）』東京：日本放送協会、2001。

36. ラジオ関西（AM神戸）震災報道記録班『RADIO：AM神戸69時間震災報道の記録』神戸：長征社、2002。

37. 春原昭彦『日本新聞通史：1861年～2000年』東京：新泉社、2003。

38. 日本コミュニディ放送協会『日本コミュニディ放送協会10年史：未来に広がる地域の情報ステーション』東京：日本コミュニティ放送協会、2004。

39. 大矢根淳・浦野正樹・田中淳・吉井博明『災害社会学入門』東京：弘文堂、2007。

40. 田中淳・吉井博明『災害情報論入門』東京：弘文堂、2008。

41. 河北新報特別縮刷版『3.11 東日本大震災 1ヵ月の記録』東京：竹書房、2011。

42. 里見脩『新聞統合：戦時期におけるメディアと国家』東京：勁草書房、2011。

43. メディア総合研究所・放送レポート編集委員会『大震災・原発事故とメディア』東京：大月書店、2011。

44. 『IBC 岩手放送．その時、ラジオだけが聴こえていた』東京：竹書房、2012。

45. 鈴木孝也『ラジオがつないだ命——FM 石巻と東日本大震災』仙台：河北新報出版センター、2012。

46. 花田達朗・教育学部花田ゼミ『新聞は大震災を正しく伝えたか』東京：早稲田大学出版部、2012。

47. 藤竹暁『図説日本のメディア』東京：NHK 出版、2012。

48. 遠藤薫『メディアは大震災・原発事故をどう語ったか』東京：東京電機大学出版局、2013。

49. 丹羽美之・藤田真文『メディアが震えた：テレビ・ラジオと東日本大震災』東京：東京大学出版会、2013。

（二）英文专著

1. Merton，Robert K. 1957. Social Theory and Social Structure. Glencoe：Free Press.

2. Wilbur Schramm. 1957. Responsibility of Mass Communication. New York：HARPER & BROTHERS Publishers.

3. Wright，Charles R. 1959. Mass Communication：A Sociological Perspective. New York：Random House.

4. Lasswell，Harold D. 1960. The Structure and Function of Communication in Society, in Mass Communication（edited by Wilbur Schramm），Urbana：University of Illinois Press.

5. Fritz，C. E. 1961. Contemporary Social Problems：An Introduction to the Sociology of Deviant Behavior and Social Disorganization，edited by Robert

K. Merton and Robert A. Nisbet. New York: Harcourt, Brace & World.

6. Barton, A. H. 1969. Communication in Disaster: A Sociological Analysis of Collective Stress Situations. New York: Garden City.

7. Erikson, K. T. 1976. Everything in its Path: Destruction of Community in the Buffalo Creek Flood. New York: Simon and Schuster, & Wilbur Schramm, William E. Porter, Men, Women, Messages, and Media: Understanding Human Communication, Second Edition, New York: HARPER & ROW, PUBLISHERS, 1982.

9. Quarantelli, E. L. 1998. What Is a Disaster: Perspectives on the Question. London: Routledge.

10. R. W. Perry & E. L. Quarantelli (Eds.), What Is a disaster? New Answers to Old Questions. Philadelphia: Xlibris, 2005.

11. Ronald, W. P. 2007. Handbook of Disaster Research. Edited by Havidán Rodríguez, Enrico L. Quarantelli, Russell R. Dyne, New York: Springer.

12. Denis, McQuail. 2010. McQuail's Mass Communication Theory (6th edition). Lodon: SAGE Publications Ltd, .

二　论文

（一）日文文献

1. 「現地座談会：伊勢湾台風下におけるNHKの活動と体験」『放送文化』、1959（12）、42 頁。

2. 姜徳相「つくりだされた流言 – 関東大震災における朝鮮人虐殺について『歴史評論』157 号、1963、9 – 21 頁。

3. 山口林造「新潟地震調査概報」『地震研究所研究速報』第 8 号、1964、36 – 45 頁。

4. 藤原恵「新潟地震の新聞報道」『関西学院大学社会学部紀要』、1964（11）。

5. 姜徳相「関東大震災下朝鮮人暴動流言について」『歴史評論』281 号、

1973、21 – 30 頁。

6. 山田昭次「関東大震災朝鮮人暴動流言をめぐる地方新聞と民衆 – 中間報告として」『在日朝鮮人史研究』、1979（12）、81 – 91 頁。

7. 三上俊治・大畑裕嗣「関東大震災下の「朝鮮人」報道の分析」『東洋大学社会学研究所年報』、1985（18）、41 – 70 頁。

8. 大畑裕嗣・三上俊治「関東大震災下の「朝鮮人」報道と論調（上）」『東京大学新聞研究所紀要』、1986（35）、36 – 37 頁。

9. 大畑裕嗣・三上俊治「関東大震災下の「朝鮮人」報道と論調（下）」『東京大学新聞研究所紀要』、1987（36）、145 – 258 頁。

10. 藤岡伸一郎「禍中の神戸新聞」『総合ジャーナリズム研究』、1995（4）、40 頁。

11. 橋田光雄「神戸の地から動きも退きもしない」『総合ジャーナリズム研究』、1995（4）、41 頁。

12. 小田貞夫「阪神大震災と放送」『放送研究と調査』、1995（5）、2 – 3 頁。

13. 大西勝也「NHK・史上最長時間の災害放送」『放送研究と調査』、1995（5）、4 – 5 頁。

14. 平塚千尋「被災者の目線に徹した地元民」『放送研究と調査』、1995（5）、8 – 9 頁。

15. 小田貞夫「災害放送の評価と課題——被災地アンケート調査の分析から」『放送研究と調査』、1995（5）、10 – 21 頁。

16. 廣井脩「災害放送の実態と課題」『放送研究と調査』、1995（5）、22 – 25 頁。

17. 平塚千尋「マルチメディア時代の災害情報」『放送研究と調査』、1995（5）、34 – 35 頁。

18. 小田貞夫「阪神大震災放送はどう機能したか」『放送研究と調査』、1995（5）、43 頁。

19. 平塚千尋「地域災害情報機関としてのケーブルテレビ」『放送研究と調査』、1995（6）、22 – 23 頁。

20. 川上善郎「阪神大震災とコンピューター・ネットワーク：インターネット、ニフティサーブ等における震災情報の内容と構造」『情報研究』、1995、29 – 54 頁。

21. 五藤寿樹「災害時におけるインターネットの利用と課題：阪神大震災の事例から」『オフィス・オートメーション』、1995（3）、62 – 66 頁。

22. 羽島知之「新聞号外 61 社が第 1 報を」『総合ジャーナリズム研究』、1995（4）、37 – 39 頁。

23. 平塚千尋「マルチメディア時代の災害情報」『放送学研究』、1996（3）、75 頁。

24. 荏本孝久・望月利男「阪神・淡路大震災に関わる新聞記事情報の整理：震災の時系列分析に向けて」『地域安全学会論文報告集』、1996、293 – 298 頁。

25. 川端信正・廣井脩「阪神・淡路大震災とラジオ」『放送東京大学社会情報研究所調査研究紀要』、1996、83 – 95 頁。

26. 福岡啓子「関東大震災時豊橋における朝鮮人暴動に関する流言報道」『愛大史学』、1997（6）、113 – 152 頁。

27. 村上大和・中林一樹「阪神・淡路大震災に関する新聞報道の比較分析：阪神版と東京版の情報の相違について」『地域安全学会論文報告集』、1998、226 – 231 頁。

28. 三上俊治「阪神・淡路大震災における安否放送の分析」『東洋大学社会学部紀要』、2002（1）、119 – 133 頁。

29. 木村玲欧「戦時報道管制下の震災報道――地元紙は震災をどのように伝えたのか」『月刊地球』、2004（12）、832 – 843 頁。

30. 飯田汲事「1944 年東南海地震の地変、震害および発生について」『愛知工業大学研究報告』第 11 号、1976、88 頁。

31. 中森広道「災害の社会学から災害社会学へ」『社会学論叢』、2010、38 頁。

32. 小野真依子「戦時報道管制下の震災報道」早稲田大学修士論文、2010。

33. 渡辺良智「新聞の東日本大震災報道」『青山学院女子短期大学紀要』、

2011、70 – 71 頁。

34. NHKメディア研究部番組研究グループ「東日本大震災発生時・テレビは何を伝えたか」『放送研究と調査』、2011 (5)、2 – 7 頁。

35. 村上聖一「東日本大震災・放送事業者はインターネットをどう活用したか」『放送研究と調査』、2011 (6)、13 – 15 頁。

36. 瓜知生「3 月 11 日東日本大震災の緊急報道はどのように見られたのか」『放送研究と調査』、2011 (7)、2 – 15 頁。

37. 執行文子「東日本大震災・ネットユーザーはソーシャルメディアをどのように利用したのか」、2011 (8)、2 – 13 頁。

38. 木村幹夫「ラジオへの高い評価・信頼が顕著――『東日本大震災時のメディアの役割に関する総合調査報告書』より」『月刊民放』、2011 (12)、40 頁。

39. 田中孝宜・原由美子「東日本大震災：発生から24 時間テレビが伝えた情報の推移」『放送研究と調査』、2011 (12)、262 – 271 頁。

40. 小林宗之「大震災と号外――地震発生第一報の変遷」『生存学』、2012、228 – 240 頁。

41. 市村元「東日本大震災後 27 局誕生した臨時災害放送局の現状と課題」『関西大学経済・政治研究所「研究双書」』、2012、124 – 131 頁。

42. 島崎哲彦・山下信「災害情報とラジオの機能」『東洋大学大学院紀要』、2011、19 – 36 頁。

43. 宇田川真之・村上圭子「東日本大震災における臨時災害放送局の活動状況について」『日本災害情報学会第 13 回学会大会予稿集』、2012 (10)、195 – 196 頁。

44. 藤代裕之・河井孝仁「東日本大震災におけるソーシャルメディアを利用した情報流通の特徴」『社会情報学会（SSI）学会大会研究発表論文集』、2012、271 – 274 頁。

45. 藤代裕之・河井孝仁「東日本大震災における新聞社のツイッターの取り組み状況の差異とその要因」『社会情報学』第 2 巻 1 号、2013、59 – 73 頁。

（二） 英文文献

1. Wright, Charles R. Functional Analysis and Mass Communication, The Public Opinion Quarterly, 1974（24）: 606 - 607.

2. Kreps, G. A. Sociological Inquiry and Disaster Research, Annual Review of Sociology, 1984（10）: 312.

3. Tierney, Kathleen J. From the Margins to the Mainstream? Disaster Research at the Crossroads, Annual Review of Sociology, 2007（33）: 503 - 525.

（三） 中文文献

1. 宋守全、陈英方，1984，《关于地震虚报和谣言问题的调研概况及大震对策问题的调研设想——兼述国内几年来开展地震社会学研究工作的现状及其展望》，《国际地震动态》，第5~6页。

2. 灾害学杂志编辑部，1988，《全国地震社会学研讨会在唐山召开》，第47页。

3. 顾建华，2002，《地震社会学进展综述》，《国际地震动态》第16页。

4. 蔡骥，2012，《一门关于灾害共生实践的学问——日本灾害社会学述评》，《国外社会科学》第128页。

三 研究报告

（一） 日文研究报告

1. 建設コンサルタンツ協会「阪神・淡路大震災被害調査報告書」、1995。

2. 伊藤和明・廣井脩・黒田洋司・田中淳・中村功・中森広道・川端信正「1995 年阪神淡路大震災調査報告」、1996。

3. 内閣府「1923 関東大震災報告書」中央防災会議災害教訓の継承に関する専門調査会、2006。

4. 内閣府「災害教訓の継承に関する専門調査会報告書 1944 東南海地震・1945 三河地震」、2007。

5. 総務省消防庁「平成 23 年（2011 年）東北地方太平洋沖地震第 148 報」、2011。

6. 総務省「平成 22 年通信利用動向調査の結果（概要）」、2011。

7. 日本民間放送連盟研究所「東日本大震災のメディアの役割に関する総合調査報告書」、2011。

8. 藤吉洋一郎「東日本大震・災宮城県のラジオ放送が果たした役割」、2011。

（二）英文研究报告

1. Alcika Kreimer. 1980. The Role of the Mass Media in Disaster Reporting: A Search for Relevant Issues. Disasters and The Mass Media. National Academy of Sciences.

2. Quarantelli, E. L. 1980. Sociology And Social Psychology of Disasters: Implications for Third World and Developing Countries, The 9th World Civil Defense Conference in Rabat, Morocco, November 5.

3. James F. Larson. 1980. A Review of the State of the Art in Mass Media Disaster Reporting. Disasters and The Mass Media. National Academy of Sciences.

4. Quarantelli, E. L. 1984. Inventory of Disaster Field Studies in the Social and Behavioral Sciences 1919 – 1979. Miscellaneous Report#32, Disaster Research Center, University of Delaware.

5. Frideman, B. D., Lockwood, L. Snowden and D. Zeidler. 1986. Mass Media and Disaster: Annotated Bibliography. Miscellaneous Report # 36. Newark, Delaware: Disaster Research Center, University of Delaware.

6. Quarantelli, E. L. 1987. The Social Science Study of Disasters and Mass Communications. Preliminary Paper #116, Disaster Research Center, University of Delaware.

四　网络文献及参考网站

1. 毎日新聞紙面 PDF, http: //mainichi. jp/feature/20110311/kibou/etc/pdf. html Radiko「東北地方太平洋沖地震への緊急対応として」http: //radiko. jp/newsrelease/pdf/20110313_radiko. pdf, 2011 – 03 – 13/2014 – 02 – 14。

2. 日本経済新聞「震災関連 PDF 版の公開を終了しました」http：//www. nikkei. com/topic/20110420. html，2011－04－20/2014－02－13。

3. 日本放送協会「NHK 放送ガイドライン2011」https：//www. nhk. or. jp/pr/keiei/bc－guideline/pdf/guideline2011. pdf，2011－04－30/2014－03－12。

4. Video Research Interactive「東日本大震災における生活者のインターネットメディア接触行動」http：//www. videoi. co. jp/data/document/VRI_3. 11booklet. pdf，2011－10－1/2014－02－11。

5. 総務省「災害時における情報通信の在り方に関する調査結果」http：//www. soumu. go. jp/main_content/000150126. pdf，2012－03－01/2014－02－10。

6. 日本財団「東日本大震災 1 年間の活動記録」http：//road. nippon－foundation. or. jp/files/road_project_07. pdf，2012－03－11/2014－02－11。

7. 日本コミュニディ放送協会「コミュニディ放送の現況について」http：//www. soumu. go. jp/main_content/000224827. pdf，2013－05－14/2014－01－20。

8. 日本総務省消防庁官方网站「J－ALERT 概要」http：//www. fdma. go. jp/html/intro/form/pdf/kokuminhogo_unyou/kokuminhogo_unyou_main/J－ALERT_gaiyou. pdf，2013－07－01/2014－03－12。

9. 日本コミュニディ放送協会，http：//www. jcba. jp/community/index. html。

10. ラジオ関西（AM 神戸）官方网站，http：//jocr. jp/sinssai/sinsai6. html。

11. 日本電気通信事業者協会，http：//www. tca. or. jp/database/index. html。

12. 日本政府統計の総合窓口，http：//www. e－stat. go. jphttp：//www. tca. or. jp/database/index. html。

13. 日本新聞協会，http：//www. pressnet. or. jp/data/media/media01. html。

14. 日本気象庁，http：//www. seisvol. kishou. go. jp/eq/EEW/portal/shikumi/Whats_EEW. html。

15. 総務省，http：//www. soumu. go. jp/soutsu/tohoku/rinziFM. html。

16. YouTube 消息情報チャンネル，http：//www. youtube. com/user/shousoku/featured。

五　报纸等媒体资料

1. 東京日日新聞号外　1923 年 9 月 1 日~1923 年 9 月 11 日。
2. 東京日日新聞　1923 年 9 月 1 日~1923 年 9 月 30 日。
3. 読売新聞　1935 年 7 月 3 日、1935 年 11 月 3 日、1935 年 11 月 8 日、1935 年 12 月 18 日、1935 年 12 月 28 日、1936 年 3 月 16 日、1936 年 4 月 1 日、1936 年 6 月 27 日、1944 年 12 月 8 日~1945 年 1 月 9 日、1945 年 1 月 14 日~1945 年 3 月 3 日、1964 年 6 月 16 日~1964 年 7 月 15 日。
4. 朝日新聞　1944 年 12 月 8 日~1945 年 1 月 9 日、1945 年 1 月 14 日~1945 年 3 月 3 日、1964 年 6 月 16 日~1964 年 7 月 15 日。
5. 毎日新聞　1944 年 12 月 8 日~1945 年 1 月 9 日、1945 年 1 月 14 日~1945 年 3 月 3 日、1964 年 6 月 16 日~1964 年 7 月 15 日。
6. 新潟日報　1964 年 6 月 16 日~1964 年 7 月 15 日。
7. 名古屋大学灾害对策研究室《中部日本新聞》有关东南海地震（1944 年 12 月 8 日~1945 年 1 月 9 日）和三河地震（1945 年 1 月 14 日~1945 年 3 月 3 日）报道的资料数据库。

六　法律法规

1. 灾害救助法（1947 年法律第 118 号）（厚生劳动省）
2. 消防法（1948 年法律第 186 号）（消防厅）
3. 水防法（1949 年法律第 193 号）（国土交通省）
4. 放送法（1950 年法律第 132 号）（内阁府）
5. 灾害对策基本法（1961 年法律第 223 号）（内阁府、消防厅）
6. 大规模地震对策特别措置法（1978 年法律第 73 号）（内阁府、消防厅）

后 记

本书是在本人博士学位论文基础之上修改而成的。当初选择日本灾害信息传播研究作为课题，是基于以下几点考虑。一是日语专业的学科背景，我长期以来关注日本社会、关注日本媒介信息传播领域，能够较为直观地感受到灾害对于灾害大国日本的特殊意义。可以说，灾害这个视角已经贯穿日本整个社会发展之中，媒介信息传播也不例外。二是我在博士就读期间，日本发生了日本历史上人类可观测的最大震级的地震，即大家熟知的"3·11日本地震"。此次地震还带来了海啸、核泄漏等诸多次生灾害，给日本社会发展带来了一定程度的冲击。时至今日，日本仍处于此次灾害的复兴阶段。然而从对"3·11日本地震"媒介报道的观察来看，日本媒介又表现出超强的应急能力。这不禁促发了我的好奇心：为什么日本媒介在灾害应急方面会如此出色？在日本灾害史上，媒介的灾害信息传播是一以贯之表现如此，还是有一个批判、继承与发展的过程？在导师雷跃捷教授的鼓励下，带着原始的好奇，我开始收集资料，决定以历史的视角来回望日本灾害信息传播发展进程。很幸运，素未谋面的早稻田大学新闻学院濑川至朗教授，通过邮件看了我粗浅的研究计划书以后，爽快地表示愿意指导我在日本期间的研究工作。在濑川教授的推荐下，我有幸获得日本国际交流基金日本研究项目的资助，在早稻田大学政治经济学术院新闻学院以外国研究员的身份，在收集大量资料的基础上开展为期9个月的研究工作。

然而，在实际的研究过程中，我所遇到的问题远远地超过当初的设想：年代久远的地震媒介资料查找本身就比较困难；面对珍贵的资料，如何使用相对科学的方式来研究也很困难；如何从众多的灾害事件中寻找出信息传播的发展变化也是难点；更为困难的是，由于在日时间受到限制，容不得花太长时间来对一些问题进行深入思考，等等。所以，此次研究存在不足与遗憾，姑且只能当作研究日本灾害信息传播中微乎其微的一个起点。

文章初稿完成后的这些年，我疲于面对生活中诸多事务所带来的猝不及防，忙于将自己从原有的工作领域正式转型至科研学术领域。几经周折，终于踏入高校之门，又开始忙于重新适应工作环境甚至生活环境。生活总是这样，在你觉得处于一个节点可以稍事休息时，却发现已经犹如陀螺一般无法停止。这几年，我的这篇论文犹如心结一般伴随。时常想要为前期研究的遗憾进行弥补，却又不得不面对现实，显得心有余而力不足。而在这几年内，日本又发生了几次较为重大的自然灾害，如 2016 年的熊本大地震。同样，日本媒介信息传播也发生了一定的变化。而日本学者对于近几次地震的研究也在不断地深入，出现一些新的动向。所有这些，都在提醒我们需要继续将日本灾害信息研究的课题持续下去。从这个意义而言，我前期的研究成果或许也是一种让自己更好、更深入地持续这个课题研究的方式。

如果说从我稀里糊涂读上研究生算是自己研究生涯的起点的话，这十几年的时光全身心投入科研也不过是近几年才有的事。于我而言，可以说目前仍处于科研的起步阶段。这十几年走了太多弯路，也浪费了太多光阴。所幸在内心力量的驱使和外力的推动下，慢慢地找寻到回头之路；所幸在这些蹉跎的岁月里，总是能遇到让人生觉得温暖而又光亮的人。

在此，特别感谢硕士、博士期间的导师中国传媒大学传播研究院雷跃捷教授。他在我人生的每个重要节点上都给予了鼎力支持与帮助，而所有这些也都将成为我教学科研道路上的重要示范。学生虽不才，但仍会努力。特别感谢早稻田大学濑川至朗教授的知遇之恩。他仅凭一封邮件就接受并指导该文写作。在日期间，濑川教授及研究室的伙伴们对该文章提出了诸多宝贵意见。特别感谢南京师范大学新闻与传播学院方晓红教授、张晓锋教授以及其他诸多领导、同事，在我人生最迷茫时候的"收留"，并不断鞭策、激励我前行。我会珍惜来到南师大以后的日子，争取能够在教学科研道路上有所长进。

特别怀念我最亲爱而又慈祥的母亲，感谢您带我来到这个世界上，并一直陪伴我直到博士顺利毕业。您那温暖的笑容始终是我继续前行的动力。感谢父亲，能够以宽容的心态接受我人生中的诸多折腾。

此书的出版，于我而言是一段生活的终结，更是另一段生活的开始。秉着"莫问前程，只管向前"的心态，我将继续前行。

高　昊

2019 年 5 月

南京师大·随园

图书在版编目（CIP）数据

日本灾害事件中的媒介功能：以 20 世纪以来日本重
大地震为例 / 高昊著 . -- 北京：社会科学文献出版社，
2020. 12
ISBN 978 - 7 - 5201 - 7349 - 0

Ⅰ. ①日…　Ⅱ. ①高…　Ⅲ. ①地震灾害 - 地震预防 -
传播学 - 研究 - 日本　Ⅳ. ①P315. 9 ②G206. 3

中国版本图书馆 CIP 数据核字（2020）第 180499 号

日本灾害事件中的媒介功能
——以 20 世纪以来日本重大地震为例

著　　者 / 高　昊

出 版 人 / 王利民
责任编辑 / 张建中
文稿编辑 / 张凡羽

出　　版 / 社会科学文献出版社·政法传媒分社（010）59367156
　　　　　地址：北京市北三环中路甲 29 号院华龙大厦　邮编：100029
　　　　　网址：www. ssap. com. cn
发　　行 / 市场营销中心（010）59367081　59367083
印　　装 / 三河市尚艺印装有限公司

规　　格 / 开　本：787mm × 1092mm　1/16
　　　　　印　张：18　字　数：275 千字
版　　次 / 2020 年 12 月第 1 版　2020 年 12 月第 1 次印刷
书　　号 / ISBN 978 - 7 - 5201 - 7349 - 0
定　　价 / 89. 00 元

本书如有印装质量问题，请与读者服务中心（010 - 59367028）联系

版权所有 翻印必究